拖拉机全书

DK

拖拉机全书

权威的影像历史

Original Title:The Tractor Book

Copyright©2015 Dorling Kindersley Limited, London

本书中文简体版专有出版权由Dorling Kindersley授予北京航空航天大学出版社。

未经许可，不得以任何方式复制或抄袭本书的任何内容。

版权贸易合同登记号：01-2017-8723

图书在版编目（CIP）数据

拖拉机全书 / 英国DK出版社编著；《航空知识》译

. -- 北京：北京航空航天大学出版社，2021.9

书名原文：The tractor book

ISBN 978-7-5124-3181-2

Ⅰ.①拖… Ⅱ.①英… ②航… Ⅲ.①拖拉机-普及

读物 Ⅳ. ①S219-49

中国版本图书馆CIP数据核字(2019)第239984号

拖拉机全书

英国DK出版社

《航空知识》译

策　　划：航空知识杂志社

执行总监：王亚男　俞　敏

翻　　译：罗艳婷　张小梅　罗丽斯　罗舒扬　乙　朝

审　　译：陈　肖

责任编辑：俞　敏

印刷装订：北京华联印刷有限公司

出版发行：北京航空航天大学出版社

　　　　　北京市海淀区学院路37号（100191）

　　　　　http://www.buaapress.com.cn

发行部电话：(010)82317024　传　真：(010)82328026

读者信箱：bhpress@263.net　邮购电话：(010)82316936

开　　本：850×1168　1/16　印　张：16　字　数：823千字

版　　次：2021年9月第1版

印　　次：2021年9月第1次印刷

ISBN 978-7-5124-3181-2

定　　价：208.00元

目录

1900-1920：诞生之初

19世纪末，拓荒者们开始研制农用拖拉车。随后，这些动力强劲的"草原巨人"统治了北美平原，较小的农机车辆也开始在欧洲取代马匹。第一次世界大战的爆发使最初对这些机械持怀疑态度的农民们相信了拖拉机的作用。

1921-1938：成熟时期

尽管全球经济萧条，但这一时期仍然是属于拖拉机的创新时代。在此期间，亨利·福特提出了全新的制造方法来优化拖拉机结构设计，而哈里·弗格森的三点联动装置和液压起重升降系统则革新了拖拉机设计，使拖拉机在功能上得到了革新。

1939-1951：战争与和平

第二次世界大战需要大量拖拉机来执行军事任务，拖拉机已经不仅仅是农业用途。二战期间拖拉机产量剧增，但设计革新非常小。二战后的几年，食物短缺刺激着拖拉机产业，新款拖拉机开始在美国出现。

1952-1964：黄金时代

随着新的制造商进入市场，农场的机械化程度日益提高，一大批功能得到改进的新型号拖拉机进入市场。战后物资短缺的解决，使农民对他们的机器和经销商的要求越来越高。随着新的制造商加入市场，以及农场不断机械化，商家推出了一系列具有进步特征的新机型。

1965–1980：新时代

拖拉机制造商开始瞄准全球市场。由于更加注重拖拉机操作人员的舒适性，这个时代的拖拉机驾驶室变得更加安全和安静。拖拉机制造商开始在全球范围内定位市场。对驾驶员舒适性的追求促使安全性和安静程度更佳的驾驶室推出。对输出动力的需求增加意味着需要制造商生产更大更可靠的拖拉机，但随拖拉机效率的提升，拖拉机市场的需求量开始降低，销量开始下滑。

1981–2000：新技术

高速、动力传动装置和计算机控制系统标志着这是一个拖拉机技术进步的时期。面对经济困难的现实，制造商们合并成全球性的公司。有双离合变速器和计算机控制系统的高速拖拉机是技术提升的特征。

2000年后：21世纪

严格的排放标准和现代农业的要求使得人们更加关注燃油效率。在卫星技术的帮助下，精准农业确保了拖拉机的最高工作标准。

拖拉机工作原理：拖拉机技术

拖拉机是一种极其复杂的机器，其独特的液压系统和发动机的动力使其与众不同。本章介绍拖拉机的基础知识，并概述最重要的历史演变和改进。

拖拉机的革命

什么是拖拉机？查词典可知，它是"用于使用或拖载农场机械的轮式或履带式车辆"。但这是一种相当简单的解释，因为拖拉机已经发展成为有多种应用的复杂机械。

农业是世界上最古老也最大的产业，在当今也是一种巨大的商业活动——一种占据极大比例的全球交易活动。全世界人民都需要食物维持生存，而拖拉机正是让食物得到顺利生产的基础工具。拖拉机与作物育种和化学杀虫齐名，被认为是 20 世纪对农业贡献最大的三要素，后两者的重要突破虽然存有争议。

现代拖拉机是一种高度精密的集合体，结合了最新电子、计算机、数据通信和卫星导航系统。发动机能很好地以最少油耗传送最大功率，同时满足最新的排放要求。变速器不再是一个装有齿轮的简单盒子，而是能通过不断变化的无级调速功实现拖拉机半自动或自动化的行进。

为提高效率，强大的液压系统进行了优化；而最新的驾驶室不仅仅是工作室，也是一个配有最新人体工程学座椅和操作系统的奢华空间。不论如何，正在进行的自动化和计算机改革使现代拖拉机的概念与往日相比有了巨大变化。

19 世纪后期，随着工业化的发展，拖拉机应运而生。同一时期，托马斯·爱迪生给人类带来了电灯，亚历山大·格林汉姆·贝尔发明了电话，但提及拖拉机的发明贡献，发明者并不是那的明晰，因为许多个人或企业都对拖拉机的生产和改进做出过贡献。

美国爱荷华州的华特·帕尔并没有发明拖拉机，但他是北美洲第一次提出将拖拉机投入商业生产的人之一。而有争议的是，华特·帕尔总是宣称其发明了"拖拉机"一词，但证明这一说法的证据很少。当其它美国生产商用"汽油牵引机"来指代他们的产品（指拖拉机），而英国厂商用"农用汽车"对其商品（指拖拉机）做广告宣传时，华特·帕尔的确是这一时期"拖拉机"一词的发明者，但这都取决于你如何定义拖拉机。

当法国发明家尼古拉斯·约瑟夫·库格特 1769 年发明蒸汽拖拉机来牵引大炮时，拖拉机一词是否就用得正如其意呢？英语中的"tractor"（拖拉机）一词是从拉丁语中的"tractus"一词演变而来的，有拖拉、牵引之意，它在普遍用于指代农业原动力的词汇之前，似乎已经应用于指代任何牵引机了。在华特·帕尔使用"tractor"一词之前，英国蒸汽生产商用"tractor"一词来描述用于拖拉或牵引的机械已有数十年之久。

因此，我们虽不能精确的指出拖拉机的来源，但我们可以阐述其对农业的早期影响。如果不具体说拖拉机的繁荣发展，那么到 20 世纪的拖拉机诞生时期，英国和美国都是拖拉机生产的创始国。在北美，农业生产动力化的到来恰逢殖民时期，这一时期工业迅速发展，满足了人类为征服草原和平原时对机器的需求。

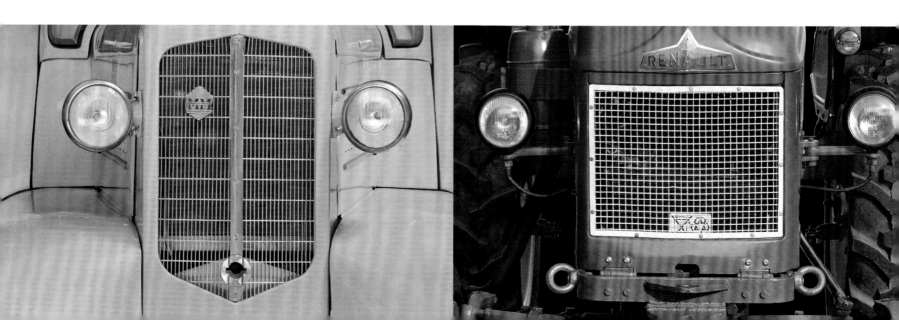

"**农用拖拉机**……是农业生产过程中的强大支柱。"

巴顿·W·库里，美国记者兼工业评论员，《国家绅士》，1916 年

英国农民对"农用汽车"的到来并不看好，但第一次世界大战期间人们对粮食生产的需求剧增，农民们不得不接受"农用汽车"。直到 20 世纪 20 年代，拖拉机推广开来，世界各国都萌芽了拖拉机工业。

有趣的是，许多农田开垦的先驱们都因为拖拉机的到来收获了财富，成了工业家。亨利·福特、乔瓦尼·阿涅利（菲亚特）、安德烈·雪铁龙以及路易斯·雷诺等人意识到农业机动化虽然提供了发展机会，但农业的不稳定性和风险性也是非常大的。正如事实所证，许多拖拉机商业成功的同时，也有无数的拖拉机投资人一蹶不振。

第二次世界大战期间，农业生产中拖拉机的使用数量节节攀升，巩固了拖拉机产业的发展。然而，机械化农业的崛起并非对每一个人都有利，它让许多从事农业生产的工人失去了饭碗。拖拉机也不乏批判者，许多人叹惋拖拉机的到来让马的时代成为了过去。事实上，至少就英国而言，马的时代在任何情况下都是短暂的。英国农场马的数量直到 20 世纪初都未增加，且第一次世界大战之后就开始减少，牛作为主要的牵引动物，反而却持续了几个世纪。

马有过黄金时代，但拖拉机带来了更好的农耕方式改革。在世界不同的地区，拖拉机取代的农耕动物也不一样，拖拉机取代了牛、马、骡子、大象和骆驼。对某些耕种人而言，甚至是农妇都会因为不再需要人工犁地而如释重负。在许多国家，拖拉机不断将农业从自给经济模式变成生产或商业企业行为，但农业方面的变化只是拖拉机的影响之一。

1954 年，英国标准协会将拖拉机这一术语分类为"一种带有轮子或履带的自驱动动力装置"。虽然这一表述给出信息很少，但暗示拖拉机曾是，现在也是远不止一台农业机械那么简单，历史表明拖拉机的影响远不止增加了粮食产量。

拖拉机不仅为乡村人民带来了好处，也为工厂和企业、旅游和探险行业的发展都带来了好处。多年来，拖拉机已发展为具备高适应能力和强大功能的机械设备，它既有军事应用，也有工业应用。拖拉机远涉过南极，横穿过沙漠，也曾渡过英吉利海峡；它扫过积雪，清过海滩，钻过石油，载过火车，运过飞机，也启动过救生艇。在矿井、森林和造船厂中都能找到拖拉机工作的身影。拖拉机的外形可以是轮胎式、履带式，也可以是半履带式。

再回到最初的问题：拖拉机是什么？简单的回答便是：你希望它什么样，它就可以是什么样。

斯图亚特·吉伯德

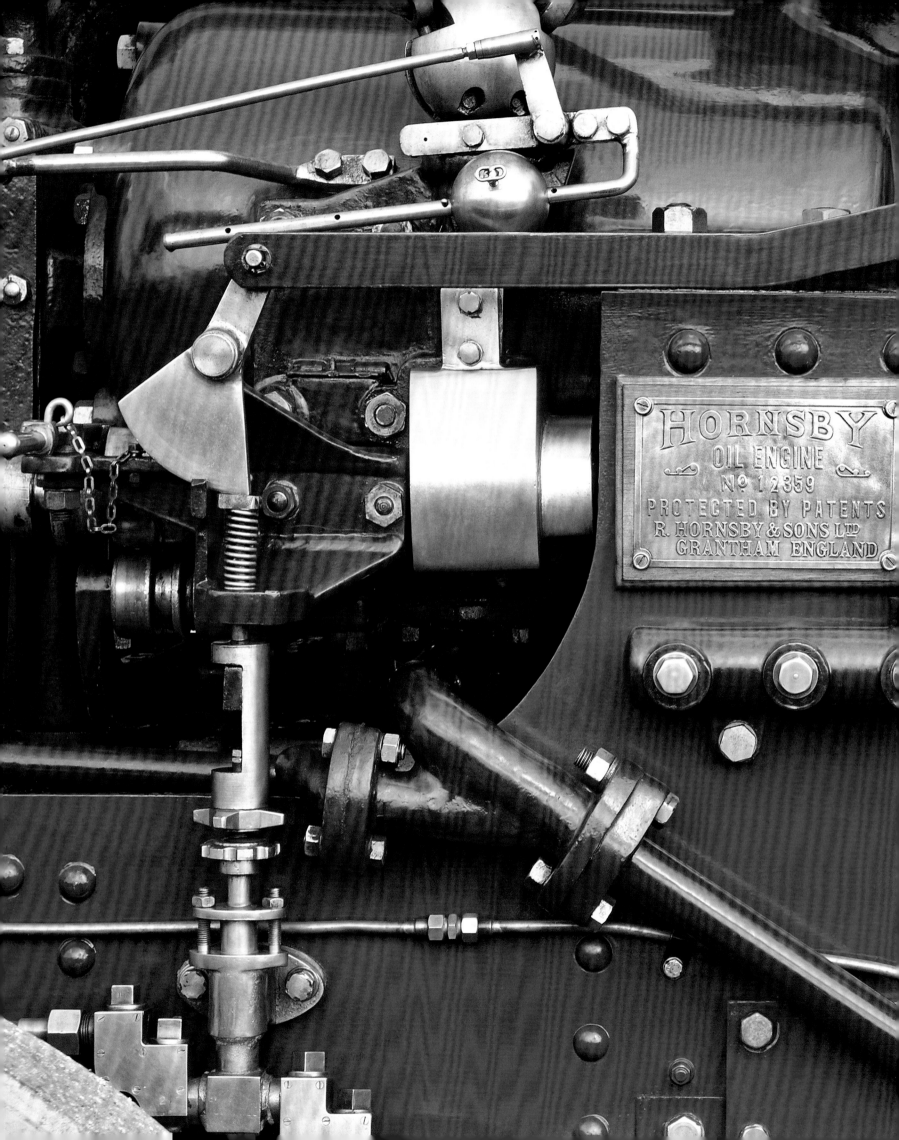

1900 -1920
诞生之初

双城拖拉机

诞生之初

△ 西姆斯农用拖拉机

这可能是英国最早的汽油动力拖拉机，这台"农用拖拉机"由工业界先锋人物弗雷德里克·R·西姆斯在 1902 年研制。

关键事件

▷ **1889** 芝加哥的查特汽油发动机公司在一个鲁梅利蒸汽机底盘上安装了一个发动机，方案可行，但不是一台实用的农用拖拉机。

▷ **1892** 美国爱荷华州的约翰·弗勒利希制造了一台试验型拖拉机。

▷ **1896** 格兰瑟姆的理查德霍恩比和他的儿子们用一个压燃式发动机制造出英国的第一台拖拉机。

▷ **1901** 哈特·帕尔向市场介绍其"第一"拖拉机。

▷ **1902** 丹·奥本成立艾威 (Ivel) 农业机动有限公司制造农用拖拉机。

▷ **1905** 亨利·福特用汽车零部件制造试验拖拉机。

▷ **1907** 德国道依茨公司发布其生产的第一台拖拉机——法尔汽车。

▷ **1908** 第一届温尼伯拖拉机试验大会于加拿大举办，这一活动每年举办一次，直到 **1913** 年停办。

▷ **1914** 公牛拖拉机以 395 美元的价格在美国市场上促销其所有机械产品。

▷ **1916** 德国潜艇对盟军航运的攻击使英国政府相信，它需要拖拉机来增加粮食产量。次年，第一批福特森拖拉机从迪尔伯恩运往英国。

▷ **1920** 英格兰举行拖拉机大会，吸引了产自英国、美国、意大利和瑞士的产品。

19 世纪末，一些先驱者探索了他们所谓的"农业汽车"的概念，但没有一人超越汽车的原型阶段。1901 年，美国爱荷华州的哈特·帕尔（Hart-Parr）开发了一种"农用汽油牵引发动机"，并在之后几年内销售了 16 台，这使其名正言顺地声称自己是美国拖拉机制造行业的创始人。哈特·帕尔的"第一"拖拉机虽然不是第一台制造出来的，但却是第一个获得商业成功的拖拉机。

一时间，美国制造商向英国和欧洲的企业发起了冲击。在北美，优先考虑的是制造大型汽油动力拖拉机来拓荒草原，类似于以前的蒸汽机。在大西洋两岸，拖拉机制造商为那些想要用更加先进的东西来替换马匹的农民制造了轻型的"农用拖拉机"。

但最后，由于供给过剩，大牧场被细分为更小的资产，草原拓荒拖拉机的繁荣也宣告破产。到 1910 年，美国制造商将注意力转向了轻量型的机器，但这并未取得立竿见影的效果。大多数农民对这些机械发明感到恐惧，认为它们是昂贵的新奇事物，甚至是潜在的危险装置。但一场灾难性的事件——第一次世界大战，让他们相信了拖拉机农业可以为保障粮食供应做出贡献。信息通信技术加速了拖拉机的发展，而亨利·福特在 1917 年制造的"福森"F 型，为未来所有的拖拉机树立了基准。

> **"消除农场上的苦差事，把希望放在钢铁和机车上，一直是我最坚定的目标。"**
>
> *亨利·福特 (1863-1947)*

△ 草原犁地

1912 年，在加拿大萨斯卡萨斯的阿斯奎特大草原上，一辆国际泰坦 D 型拖拉机牵引着一台拥有 5 具犁的拖盘。

◁ 明尼阿波利斯钢铁和机械公司于 1919 年上市的大型双城拖拉机。

早期动力

从 19 世纪中叶开始，蒸汽机的马力慢慢增加，并以各种形式出现在世界各地的农场中。蒸汽机最初在农场的任务是脱粒，然后逐渐开始应用于农田耕种。在美洲、欧洲某些地区和俄罗斯的干燥土壤上，直接牵引是最受青睐的使用方式。在英国、德国以及东欧的潮湿土壤上，重型蒸汽机无法在不破坏土壤结构的情况下使用。因此，直到被履带式拖拉机取代前，蒸汽线缆发动机一直被长期使用。

△ 马歇尔牵引机

年份 1908	**产地** 英国
发动机 马歇尔	
气缸 单缸	
马力 7 额定马力	

马歇尔致力于发动机和脱粒机生产，有非常忠实的客户基础。直到二战期间，尽管产量很小，但牵引机的生产仍在继续。

◁ 休伦港

年份 1915	**产地** 英国
发动机 休伦港	
气缸 串列复式	
马力 65 马力	

休伦牵引机的布局与大多数美国制造商所采用的类似。气缸被安装在锅炉的一边，驱动机安装在另一端的装有飞轮的转盘上。烧锅炉用的水来自驾驶舱脚踏板上方的水箱。

▽ 艾佛里下置式

年份 1911	**产地** 美国
发动机 艾佛里	
气缸 2 缸	
马力 40 马力	

这台拖拉机使用当时最好的材料和技术制造，虽然在美国蒸汽机制造领域中很不常见，且价格昂贵，但在蒸汽机主宰那个年代，它获得了良好的声誉。

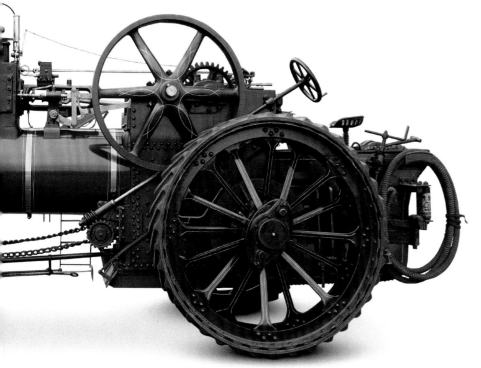

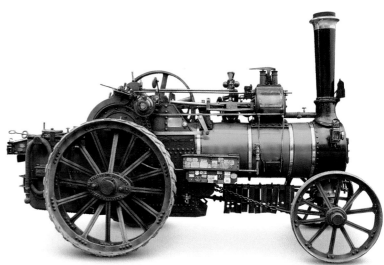

▽ 沃丽斯 & 斯蒂文斯

年份 1916 **产地** 英国	
发动机 沃丽斯 & 斯蒂文斯	
气缸 单缸	
马力 7 额定马力	

沃丽斯 & 斯蒂文斯使用了一种膨胀式发动机，这是一种很不寻常的发动机，多用于牵引作业。当工况良好时，它的经济性会很好，但当机器磨损后，则会带来额外的成本，使用也会变得复杂。

△ 克莱顿 & 沙特尔沃思

年份 1919 **产地** 英国	
发动机 克莱顿 & 沙特尔沃思	
气缸 单缸	
马力 7 额定马力	

克莱顿和沙特尔沃思是林肯发动机最大的使用商。生产的牵引机受到了打谷工人和农民的欢迎。他们生产了大量的便携式发动机和脱粒机，主要用于出口，远销至俄罗斯。

△ 福勒 K7

年份 1919 **产地** 英国	
发动机 福勒	
气缸 复式	
马力 12 额定马力	

K7 是最小的福勒线缆式犁耕机。由于需要多人操作一套小型发动机，因此小型发动机通常并不经济。早期的 K7 标准型动力通常为 10 额定马力，后期型为 12 额定马力。

◁ 福勒 BB1

年份 1920 **产地** 英国	
发动机 福勒	
气缸 复式	
马力 额定 16 马力	

BB1 是英国制造的最成功的线缆式犁耕机之一。最初是由福勒在 1917 年为政府军需部门设计，1918 年，有 46 套用于粮食生产。BB1 一直量产至 1920 年代中期。

艾威 1906 型
拖拉机犁地

THE IVEL

伟大的制造商
艾威农业拖拉机

英国农民打心底厌恶机械的繁杂，内燃机更是被他们视作令人恐惧的装置。尽管如此，丹·奥本成立的艾威公司生产的拖拉机依然找到了拥护者，并逐渐成为早期的出口成功案例。

英国早期拖拉机的发展归功于多数人。包括约翰·斯科特教授、弗雷德里特·西蒙、英国肯特郡的德雷克和佛莱切、美国约克郡的夏普斯以及英国贝德福德郡埃尔斯托的赫伯特·桑德森。然而，打破农业社区保守思想和对马匹的热衷的是贝德佛德郡的开拓者——丹·奥本。

奥本在艾威拖拉机上的成功，毫无疑问要归功于奥本自己。奥本意识到拖拉机的设计必须简洁才能成功，他抓住每一个机会向人们强调拖拉机的功能——在别人失败过的地方组织演示活动创造销售纪录。

奥本出生于 1860 年 9 月 12 日的一个八口之家，他在家排行最小。他的父亲是一名小佃农，也是一名客栈主人、木匠。奥本全家生活在比格尔斯韦德，位于索特梅德大街的安格里·奥姆斯。

丹·奥本
(1860-1906)

奥本与机械的缘分起源自他表兄为其打造的 9 岁生日礼物——一辆自行车。这辆自行车点燃了奥本的创造之源，他 13 岁便加入了当地的机械制造厂当学徒。几年后，奥本打造出了自己的自行车，并成为当地有名的自行车手。

1880 年，奥本得到了安格里·奥姆斯隔壁的房子，将其建成为自行车骑手的活动中心，并以附近流过的艾威河 (River Ivel) 之名命名为艾威酒店。隶属于这一房产下的院子成为了艾威自行车工厂，制造机动车之前，这里曾是奥本生产自行车和滚珠轴承的地方。

一段时间的摩托车、电动三轮车甚至汽车试验之后，奥本开始研发农用拖拉机。奥本研发的第一辆是配备了单一速度（正档或倒档）传动装置的简单三轮结构拖拉机。发动机配备的 24 马力双气缸横置发动机，这是由奥本的自行车骑友，来自英国中部考文垂地区的沃尔特·佩恩提供的。佩恩的哥哥得过奥林匹克自行车赛冠军。第一辆拖拉机是1902 年制造的，同年，艾威农业机动车有限公司成立。奥本为产品促销提供

艾威
完美农场拖拉机

礼品，广泛地宣传其生产的艾威拖拉机。受其影响，包括汽车先锋赛尔温·弗朗西斯·埃奇和赛车手查尔斯·加洛特在内的奥本的朋友以董事的身份加入了艾威公司。

艾威拖拉机在农业展中赢过多项大奖，受到当地和国家级媒体的广泛好评。每一次展示都引来了无数迫切想要在现

促销

1913 年，在产品销售额开始下降后，这本奢华的《艾威》小册子得以发行。

但残忍的命运改变了预期发展。1906年 10 月 30 日，丹·奥本在雷雨交加的夜晚宣传拖拉机时不幸遭遇雷击，引发癫痫致死。奥本仅 46 岁的早逝，将艾威公司置于悬崖边缘。若没有艾威别

"艾威农业机动车是**轻巧的**……一个新领域活动即将开启。"
每日电讯报，1902 年 9 月

出口销售

即将通过里加港口运往俄罗斯的艾威拖拉机正在装箱。截止 1908 年，艾威公司已向世界22 个国家出口拖拉机。

场一睹这台最新机械发明的群众。艾威拖拉机订单最终从国内外纷纷涌入。

几年内，艾威拖拉机出口至世界各地。艾威拖拉机的商路看似会一帆风顺，

出心裁的创造能力和鼓舞人心的领导能力，包括大型艾威拖拉机、双速变速箱和"新模式"发动机在内的规划项目都将搁置。

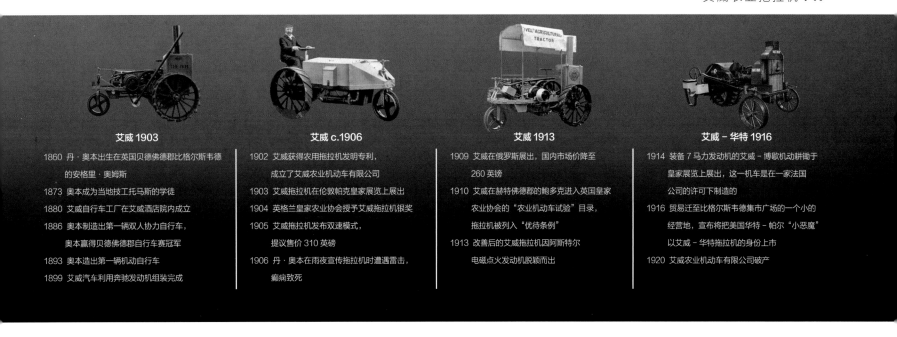

艾威 1903

1860 丹·奥本出生在英国贝德佛德郡比格尔斯韦德的安格里·奥姆斯

1873 奥本成为当地技工托马斯的学徒

1880 艾威自行车工厂在艾威酒店院内成立

1886 奥本制造出第一辆双人协力自行车，奥本赢得贝德佛德郡自行车赛冠军

1893 奥本造出第一辆机动自行车

1899 艾威汽车利用奔驰发动机组装完成

艾威 c.1906

1902 艾威获得农用拖拉机发明专利，成立了艾威农业机动车有限公司

1903 艾威拖拉机在伦敦帕克皇家展览上展出

1904 英格兰皇家农业协会授予艾威拖拉机银奖

1905 艾威拖拉机发布双速模式，提议售价 310 英磅

1906 丹·奥本在雨夜宣传拖拉机时遭遇雷击，癫痫致死

艾威 1913

1909 艾威在俄罗斯展出，国内市场价降至 260 英镑

1910 艾威在赫特佛德郡的鲍多克进入英国皇家农业协会的"农业机动车试验"目录，拖拉机被列入"优待条例"

1913 改善后的艾威拖拉机因阿斯特尔电磁点火发动机脱颖而出

艾威－华特 1916

1914 装备 7 马力发动机的艾威－博歇机动耕锄在皇家展览上展出，这一机车是在一家法国公司的许可下制造的

1916 贸易迁至比格尔斯韦德集市广场的一个小的经营场所，宣布将把美国华特－帕尔"小恶魔"以艾威－华特拖拉机的身份上市

1920 艾威农业机动车有限公司破产

艾威农业机动车有限公司在发展上做出了微小调整，并继续顽强地坚持着，包括将发动机供应商由佩恩换成阿斯特尔。艾威是进入英格兰皇家农业协会于 1910 年在英国赫特福德郡举办的试验会的四家制造商之一，其中还有两家蒸汽发动机制造商。比格尔斯韦德制造商表现得很好，但金牌授予了麦克拉伦蒸汽拖拉机。

进入试验的另一家机动拖拉机生产商是赫尔伯特·桑德森，他们的设计优于处于淘汰边缘的艾威公司。在第一次世界大战期间英国进口大量美国最新机械之后，比格尔斯韦德公司无论是在性能上还是价格上都失去了竞争力。艾威拖拉机销量开始减少，比格尔斯韦德公司不得不迁至更小的经营场地。合资企业在合法许可下成立了法国博歇和美国华特－帕尔机械，此时比格尔斯韦德公司已负债累累。1920 年，艾威农业机动车有限公司破产。

脱粒演示

1904 年，丹·奥本在比格尔斯韦德附件的一个农场为当地承包商展示拖拉机脱粒操作。

拓荒机器

拖拉机发展初期是新思路迭出的时期。部分设计师选择三轮式拖拉机设计，其他设计师倾向于四轮设计，而钟意履带的设计师则选择履带式设计。在重型机械与蒸汽牵引发动机竞争市场的时候，其他拖拉机创始者们则注重开发更加轻质、通用的设计来取代马匹，这一取代现象在英国尤为明显。当时，煤油和汽油发动机主导市场，人们起初对半柴油驱动拖拉机并不感兴趣。大多数制造商几乎没有考虑过拖拉机的驾驶舒适性。

△ 弗勒利希
年份 1892　**产地** 美国
发动机 范·杜森单缸汽油机
马力 20 马力
变速器 前进档 1，倒档 1

第一台弗勒利希拖拉机于 1892 年制造，是制造最早的一批拖拉机。弗勒利希拖拉机由滑铁卢汽油牵引设备有限公司建造，后来，该公司被约翰·迪尔（美国工农业设备有限公司）收购，从此，迪尔公司开始拓展拖拉机市场。

△ 艾威
年份 1903　**产地** 英国
发动机 佩恩 2 缸水平对置发动机
马力 14 马力
变速器 前进档 1，倒档 1

丹·奥本设计的艾威可能是为取代马匹而设计的第一类最成功的拖拉机。除了标准版，奥本还设计生产出了一类特殊的果园版拖拉机——这大概是第一台果园拖拉机。该拖拉机由于具有防弹性而被用到战场救护中。

▽ 夏普割草机
年份 1904　**产地** 英国
发动机 亨伯 4 缸汽油机
马力 未知
变速器 前进档 1，倒档 1

这款拖拉机由威廉·夏普于 1904 年设计生产，虽没有商业成就，但这一原型机却在夏普的兰开夏郡农场服役近 50 年。起初的动力设备是戴姆勒发动机，在该发动机被霜冻坏后，取而代之的是亨伯发动机。

△ 霍恩斯比 – 阿克罗伊德专利
石油拖拉机
年份 1897　**产地** 英国
发动机 霍恩斯比 – 阿克罗伊德
无空气喷射式单缸热球发动机
马力 20 马力
变速器 前进档 3，倒档 1

理查德·霍恩斯比设计了一台拖拉机。在英国出售的第一台拖拉机正是霍恩斯比拖拉机。1909年，英国战争办公室对履带式拖拉机进行了试验。

▷ 哈特·帕尔 20-40
年份 1912　**产地** 美国
发动机 哈特·帕尔双缸石油发动机
马力 40 马力
变速器 前进档 2，倒档 1

几乎所有 1918 年以前设计的哈特·帕尔拖拉机都有如下特征：重型设计、燃烧石油的双缸发动机、为石油基冷却系统而设的突出前塔。20-40 型拖拉机包括所有这些特点，且还有一个单前轮。

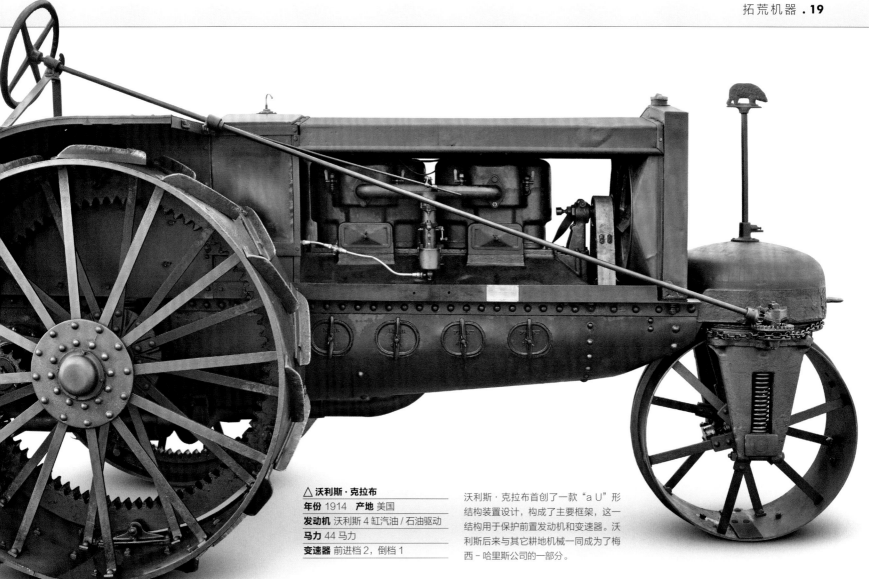

△ 沃利斯·克拉布

年份 1914　**产地** 美国

发动机 沃利斯 4 缸汽油 / 石油驱动

马力 44 马力

变速器 前进档 2，倒档 1

沃利斯·克拉布首创了一款"a U"形结构装置设计，构成了主要框架，这一结构用于保护前置发动机和变速器。沃利斯后来与其它耕地机械一同成为了梅西－哈里斯公司的一部分。

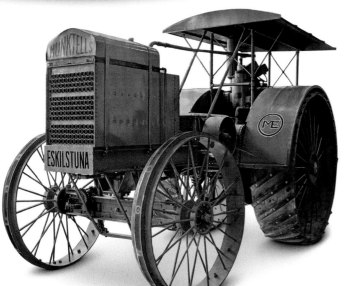

△ 蒙克忒尔斯 30-40

年份 1913　**产地** 苏丹

发动机 蒙克忒尔斯双缸双击球半柴油机

马力 最大 40 马力

变速器 前进档 3，倒档 1

这是蒙克忒尔斯公司制造的第一个也是最大的拖拉机，该公司现在是沃尔沃汽车和卡车公司的一部分。共生产约 30 台，驱动轮直径 7 英尺（2 米），半柴油发动机排量 14.4 升。

▷ 埃利斯－查尔默斯 10-18

年份 1914　**产地** 美国

发动机 埃利斯－查尔默斯双缸平行对置汽油 / 石油机

马力 18 马力

变速器 前进档 1，倒档 1

埃利斯－查尔默斯生产的第一款拖拉机是 10-18 型，该型号采用非常规设计，单前轮与右方后轮在同一侧。末级驱动为主轮内侧的大直径环形齿轮，但这就无法避免泥浆或石头带来的损伤。

◁ 小公牛

年份 1914　**产地** 美国

发动机 吉尔双缸平行对置汽油机

马力 12 马力

变速器 前进档 1，倒档 1

小公牛的小尺寸和特殊设计吸引了人们的关注，它是 1914 年美国最畅销的拖拉机。小公牛的缺点是动力小，牵引力仅为 5 马力，且为单后轮驱动。

霍恩斯比-阿克罗伊德

1896 年推出的霍恩斯比—阿克罗伊德拖拉机，是由理查德·霍恩斯比和格兰瑟姆的后人们依照其发明者——赫伯特·阿克罗伊德·斯图亚特的设计资料制造的。它是英国的第一台拖拉机，也是世界上第一个使用压燃发动机的车辆：阿克罗伊德·斯图亚特的试验，比工程师鲁道夫·迪塞尔的试验要早。这台单缸额定功率为 20 马力的发动机可以使用各种燃油。

阿克罗伊德·斯图亚特在白金汉郡目睹了发生在他父亲的镀锡盘上的蒸汽爆炸，于是想出了压燃发动机的主意。在获得了各种各样石油发动机设计专利后，1891 年，他将制造权售卖给霍恩斯比。之后林肯郡公司完善了这些设计并制造了几种不同尺寸的石油发动机。在这些产品生产前，该公司经理大卫·罗伯茨就表明要开发一款"农业火车头"的动力装置。第一台霍恩斯比-阿克罗伊德专利石油拖拉机于 1896 年制造，第二年，该公司开始组装另外三台拖拉机。热球发动机的工作原理是，先通过压缩空气启动，气体通过烟囱的同时驱动离合杆运动，气体膨胀引发的爆炸会将冷空气吸入，使之循环运动。第一辆拖拉机卖给了慈善家 H·J· 洛克·金，而其它三辆直到几年后出口到澳大利亚前才完工。

离合器操控杆

牵引杆

前视图

后视图

后轮
直径长 6 英尺（1.8 米）

从澳大利亚回归的幸存者

制造于 1897 年，编号为 12359 的霍恩斯比-阿克罗伊德石油拖拉机，是 1906 年 7 月运至澳大利亚的 3 台拖拉机中的 1 台。自被发现后，被遗弃多年的拖拉机在 1984 年被返送回英国。

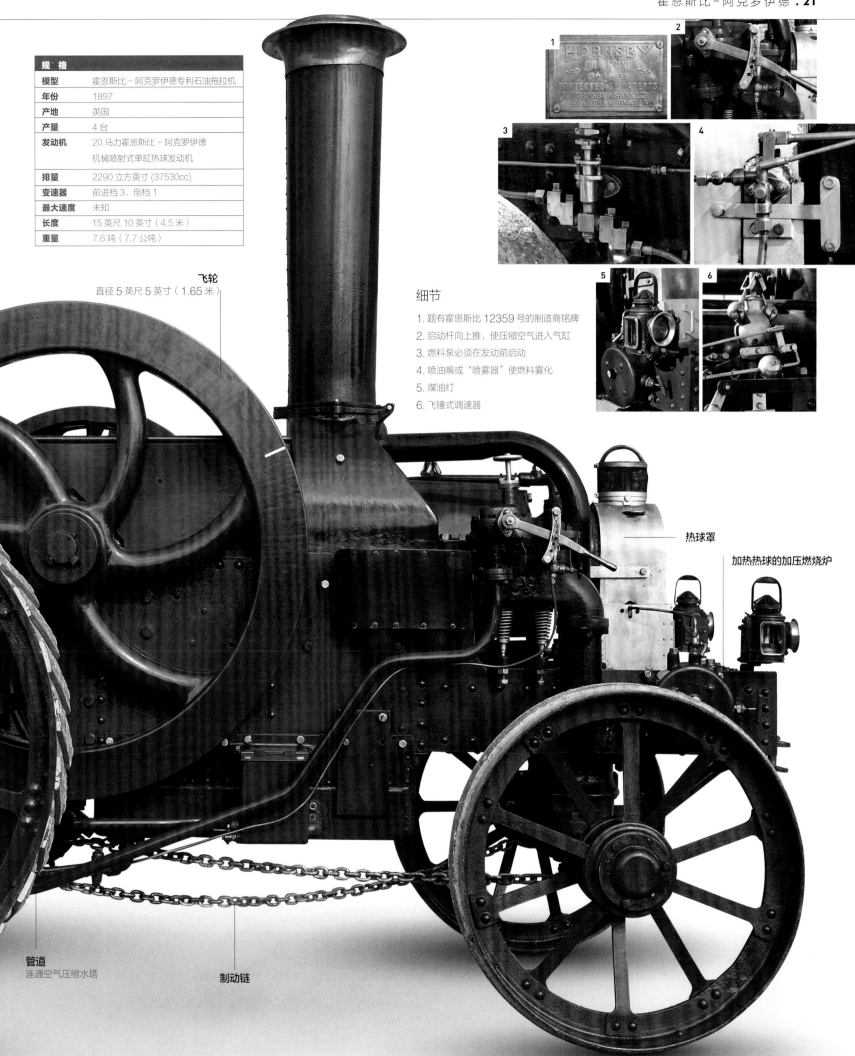

规 格	
模型	霍恩斯比－阿克罗伊德专利石油拖拉机
年份	1897
产地	英国
产量	4 台
发动机	20 马力霍恩斯比－阿克罗伊德 机械喷射式单缸热球发动机
排量	2290 立方英寸（37530cc）
变速器	前进档 3，倒档 1
最大速度	未知
长度	15 英尺 10 英寸（4.5 米）
重量	7.6 吨（7.7 公吨）

飞轮
直径 5 英尺 5 英寸（1.65 米）

细节

1. 题有霍恩斯比 12359 号的制造商铭牌
2. 启动杆向上推，使压缩空气进入气缸
3. 燃料泵必须在发动前启动
4. 喷油嘴或"喷雾器"使燃料雾化
5. 煤油灯
6. 飞锤式调速器

热球罩

加热热球的加压燃烧炉

管道
连通空气压缩水塔

制动链

草原上的重型机器

为大型农场生产拖拉机是美国和加拿大的许多领军企业在拖拉机发展早期时候
的成功秘诀。加拿大草原农场和澳大利亚以及非洲的大型农作物生产地，都为
英国拖拉机企业提供了良好的拖拉机出口市场。这些销路好的拖拉机非常强大，
以当代标准来看，许多拖拉机都提供了强劲的动力。然而，顾客们也需要轻便、
易操纵和良好的可靠性指标，而在拖拉机的前 25 年或更长历史中，不稳定的
点火装置和燃料系统使得可靠性成为一个大问题。

△ 哈特 - 帕尔 30-40 型
"越老越可靠" (Old Reliable)
年份 1910　**产地** 美国
发动机 哈特帕尔双缸平置汽油 / 石油机
马力 60 马力
变速器 前进档 1，倒档 1

30-60 型拖拉机是否真的配得上"越
老越可靠"这个称号，我们不得而知，
也许这只是商家机智的广告。启动
程序涉及 19 个步骤，其中包括人工
转动 1000 磅（454 千克）重的飞轮。
但是它的确是很受欢迎的一款。

△ 国际大亨
初级 25
年份 1912　**产地** 美国
发动机 国际单缸石油机
马力 25 马力
变速器 前进档 1，倒档 1

1911 年，国际拖拉机展于芝加哥开幕，这种新
型号拖拉机首次面世。产量最初每天 6 台，后
增加至 12 台，1912 年达到了日产 14 台的峰值。
该型号拖拉机一直生产至 1913 年初，在与其十
分相似的大亨 15-30 型拖拉机问世前，该款拖
拉机总产量达到了 812 台。

△ 国际巨头 D 型
年份 1910　**产地** 美国
发动机 国际单缸平置石油机
马力 25 马力
变速器 前进档 1，倒档 1

在美国和加拿大，国际巨头拖拉机
系列由迪林经销网销售，而大亨型
由麦考密克销售点提供。国际巨头
D 型拖拉机有 20 马力和 25 马力型，
也有小部分的 45 马力型。

△ 马歇尔殖民 A 类
年份 1908　**产地** 英国
发动机 马歇尔双缸汽油 / 石油机
马力 30 马力
变速器 前进档 3，倒档 1

▷ 凯斯 20-40
年份 1913　**产地** 美国
发动机 J.I. 凯斯双缸汽油 / 石油机
马力 40 马力
变速器 前进档 2，倒档 1

马歇尔的公司于 1904 年进入拖拉机行业，
起初是为了制造大型农用拖拉机。这些
16-31 马力不等的大型机械分布在澳大利
亚、印度、俄罗斯、加拿大以及南美和非
洲等国。直到 1914 年，该型号拖拉机售
出 300 台；第一次世界大战期间停止生产。

1892 年，第一台凯斯拖拉机问世，但并不是
很成功。1911 年，凯斯拖拉机以一台原型机
重回市场，这一重返，使凯斯拖拉机从 1912
年开始量产，并在第一次世界大战期间销量暴
增。20-40 型号是最热卖的一款，也是加拿
大拖拉机试验中的金牌获得者。

◁ 双城 40-65
年份 1913 **产地** 美国
发动机 双城 4 缸汽油 / 石油机
马力 65 马力
变速器 前进档 1，倒档 1

双城拖拉机生产于 1910 年，1911 年以 40-65 型号重新设计，后来修改为 B 型。该拖拉机的主要购买群体是"传统"的打谷农民和市政公路部门。1924 年停止生产。

◁ 费尔班克斯－莫尔斯 15-30
年份 1913 **产地** 加拿大
发动机 费尔班克斯－莫尔斯单缸石油机
马力 30 马力
变速器 前进档 1，倒档 1

费尔班克斯－莫尔斯拖拉机的生产中心位于美国威斯康星州贝洛伊特城和加拿大多伦多。N15-25 机型在加拿大西部找到了市场，据说它的发动机尖锐的声音在几公里外都能听到。1912 年，15-25 机型被 15-30 取代。

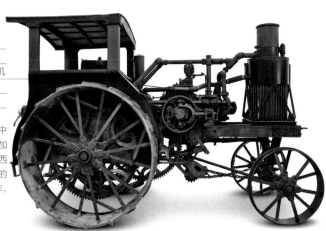

△ 艾弗里 18-36
年份 1916 **产地** 美国
发动机 艾弗里 4 缸水平对置汽油 / 石油机
马力 36 马力
变速器 前进档 2，倒档 1

在加入拖拉机企业行列之前，艾弗里是一家具有影响力的蒸汽牵引设备公司。他们早期的重型拖拉机的一个辨别特征是散热塔，其中水的冷却方式是通过废气驱动铜管中水的循环流动。

▷ 鲁梅利油拖 (OilPull) 型 G 20-40
年份 1919 **产地** 美国
发动机 先进鲁梅利双缸汽油 / 石油机
马力 最大 46 马力
变速器 前进档 2，倒档 1

油拖 (OilPull) 的命名强调鲁梅利发动机能够使用价格低廉、品质低劣的石油，它需要油而非水来冷却。G 型于 1919 年问世，是传统重型机械系列中最后出现的新拖拉机。

草原拖拉机的繁荣与萧条

早期北美洲的汽油驱动"气动"拖拉机既庞大又笨重，设计之初仅为帮助人类完成伤脑筋的草原和平原开垦工作。这一工作的成功将北美拖拉机工业推向了兴盛时期。在大麦盛产区域变得萧条，且大农场被分割成了数个小农场之后，这一兴盛时期仅维持了5年，即从1907年持续到1912年。

鲁梅利油拖机

位于印第安纳州拉珀特的先进鲁梅利脱粒机公司是推动大型拖拉机热销的制造商之一。该公司于1909年制造了第一台拖拉机，并为该拖拉机型号取名油拖 (OilPull)，这类拖拉机采用油而非水进行降温，防止发动机操作温度过高导致石油燃料蒸发。1912年，鲁梅利以1600万美元的营业额，并由2000员工每年生产2500台拖拉机的产量，成为美国第三大拖拉机生产商。

草原重型机械通常以信贷的方式购买。农作物收益不好会造成农民无力偿还贷款并歇业。这样一来，已经过度供给的市场几乎在一夜之间溃败，鲁梅利被迫开始着手轻工业设计。

发动机马力比较：单缸鲁梅利油拖15-30型拖拉机于1912年在萨斯克彻温省梅娜德有了新突破。

英国开荒者

第一次世界大战以前，英国拖拉机生产商最大的问题是缺少客户。由于蒸汽机仅限于为专业承包者提供服务，英国农场中的动力来源于马匹和人，人们对拖拉机不感兴趣。战争的爆发迫使人们不得不使用拖拉机为动力，此时拖拉机大多数从美国进口而来。战争前后才开始着手生产拖拉机产品的英国公司没有哪一家获得了长期的成功。

△ 奥尔代斯通用型

年份 1917-1918	**产地** 英国
发动机 奥尔代斯和奥尼恩斯 4 缸汽油 / 石油机	
马力 25-30 马力	
变速器 前进档 3，倒档 1	

奥尔代斯通用型拖拉机由奥尔代斯和阿尼恩斯公司发售。由于配置高，包括前后悬挂装置、驾驶室顶棚、变速器和后轴制动器，导致该型号拖拉机价格不菲。

▷ 桑德森通用 G 型

年份 1916	**产地** 英国
发动机 桑德森双缸汽油 / 石油机	
马力 23 马力	
变速器 前进档 3，倒档 1	

第一次世界大战期间，由于人们需要通用 G 型拖拉机来加速战时食物生产供给，这使得桑德森机型达到了销售巅峰。其中一份 G 型拖拉机订单来自诺福克郡皇家农场，这也是王室的第一辆拖拉机。

耕地机

耕地机热潮短暂且不均衡。这一次热潮从第一次世界大战持续到 20 世纪 20 年代戛然而止。美国和部分欧洲国家对这种型号拖拉机的需求很高，但其它国家和地区则反之。价格通常比同类拖拉机便宜，但价格优势随着福特森拖拉机的出现便不复存在。耕地机缺点包括笨重、操作繁琐。昂贵、高产的耕地机，例如德国生产的 65 马力斯托克拖拉机很少能吸引消费者。

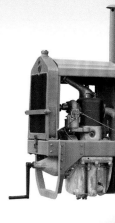

△ 克劳利农用拖拉机

年份 1920	**产地** 英国
发动机 布达 4 缸汽油 / 石油机	
马力 30 马力	
变速器 前进档 2，倒档 1	

原版拖拉机由克劳利兄弟农场于 1912-1913 年间在艾塞克斯设计并生产。在家族企业克劳利农用拖拉机公司被接管之前，该型号部分拖拉机是由莱斯顿的加勒特生产。

△ 格拉斯哥
年份 1919 **产地** 英国
发动机 沃基肖 4 缸
汽油或汽油 / 石油机
马力 27 马力
变速器 前进档 2，倒档 1，三轮驾驶

格拉斯哥拖拉机完全是苏格兰风格，设计者是苏格兰人，在格拉斯哥镇附近制造。与众不同的特征包括 3 轮驱动，垂直放置的发动机。年产量一度接近 5000 台，1924 年停产。

△ 奥斯汀 R 型
年份 1919 **产地** 英国
发动机 奥斯汀 4 缸汽油 / 石油汽车发动机
马力 25 马力
变速器 前进档 2，倒档 1

1922 年，R 型拖拉机在英国以 60 台的周产量获得短暂热销。大约在 1926 年，该产品在法国受到消费者欢迎。之后英国市场针对法国客户需求提供改进方案。

▷ 威克斯 - 敦戈新单型
年份 1919 **产地** 英国
发动机 沃基肖 4 缸汽油 / 石油机
马力 22.5 马力
变速器 前进档 3 倒档 1

休·敦戈想提高他在肯特郡农场的生产效率，便设计了一款拖拉机，当地的工程公司威廉姆·威克斯于 1914 年开始为休·敦戈生产这款拖拉机，同时还收到了来自一些农民的订单，这催生了一款改良版——新单型拖拉机，该改良版于 1918 年生产。

◁ 加纳通用型
年份 1919 **产地** 英国
发动机 加纳 4 缸汽油 / 石油机
马力 30 马力
变速器 前进档 3，倒档 1

由位于爱荷华州滑铁卢城的威廉姆·加洛韦公司生产。英国进口经销商亨利·加纳有限公司对加纳拖拉机设计的广告卖点是——适合战时食品生产运动中招聘的女性驾驶员驾驶。

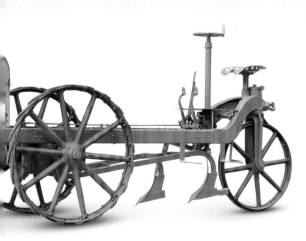

◁ 普拉加 X 型
年份 1918-1920
产地 捷克斯洛伐克
发动机 普拉加单缸汽油机
马力 10 马力 **变速器** 未知

1912 年以前，在普拉加公司开始生产耕地机之前，该公司主要生产汽车和卡车，耕地机滞销后，该公司开始生产拖拉机。生产的第一批耕地机是 40 马力 K5 型和 32 马力 X 型设计，随后为小农场而设的 10 马力和 20 马力型逐渐面世。

△ 福勒机动耕地机
年份 1920 **产地** 英国
发动机 福勒双缸汽油或汽油 / 石油机
马力 14 马力
变速器 前进档 2，倒档 1

蒸汽动力需求的降低，对福勒公司产生了一定影响，而以耕地机为动力的发展变化则前景广阔。尽管福勒很有名声，但其销量令人失望，福勒公司仍然在开发其他产品。

试验年代

第一次世界大战为拖拉机产业提供了一个巨大的宣传机会，尤其在北美。第一次世界大战期间不仅是一段拖拉机快速增长的时期，也是四轮驱动、三轮驾驶、不同轮组合、履带式和耕地拖拉机大量问世的试验期。1920年前的十年间，拖拉机模样众多，包括第一台配有电力启动设备的拖拉机，这也是国际上公认的第一台配有完全动力外送器（PTO）的拖拉机。

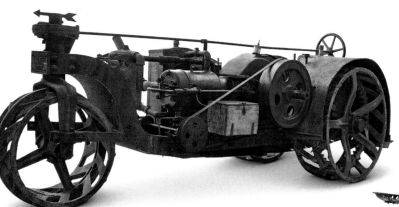

△ **福特 B 型**
年份 1916 **产地** 美国
发动机 吉尔双缸水平对置汽油 / 石油机
马力 16 马力
变速器 前进挡 1

亨利·福特正在研发拖拉机的消息传出后，福特 B 型拖拉机便面世了。生产该型号拖拉机的厂商与亨利·福特没有任何关系，该型号之所以福特命名是因为商人想利用亨利·福特的名声来吸引投资者和消费者。

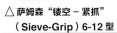

△ **萨姆森"镂空－紧抓"**
（Sieve-Grip）6-12 型
年份 1917 **产地** 美国
发动机 萨姆森单缸平置汽油 / 石油机
马力 12 马力
变速器 前进挡 1，倒挡 1

"镂空－紧抓"这一称呼指该拖拉机的钢轮。该型号拖拉机的钢轮的特殊设计是为了有效紧抓地面，且该设计似乎起到了作用："镂空－紧抓"拖拉机很受欢迎，以至于 1917 年通用机动公司收购了生产该拖拉机的萨姆森公司。

△ **莫林通用 D 型**
年份 1918 **产地** 美国
发动机 莫林 4 缸汽油机
马力 27 马力
变速器 前进挡 1，倒挡 1

对很多农民而言，耕地机是通向动力农产的第一步，莫林耕地设备公司的通用型是最热卖的型号。销量上涨让莫林公司有能力生产自己的发动机，1918 年，莫林公司开始生产电动启动设备，点亮了该公司技术规范之光。

△ **格雷 18-36**
年份 1918 **产地** 美国
发动机 沃基肖 4 缸汽油机
马力 36 马力
变速器 前进挡 2，倒挡 1

格雷拖拉机采用波纹状金属板保持发动机干燥状态。后驱宽鼓型设计可以减少对土壤的压实作用。格雷公司称该设计增加了拖拉机牵引力，但在内布拉斯加州的测试结果却是该设计使拖拉机打滑严重。

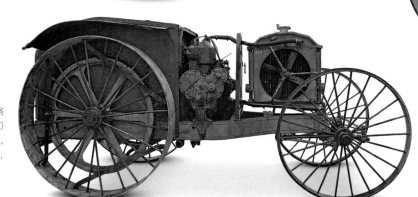

▷ **帕雷特 12-25**
年份 1919 **产地** 美国
发动机 布达 4 缸汽油 / 石油机
马力 25 马力
变速器 前进挡 2，倒挡 1

帕雷特拖拉机在英国有克莱兹代尔马（产自苏格兰的强壮的驮马）之称，该型号拖拉机在 1920 年参与了位于英格兰东部城市林肯举办的试验。据说在崎岖地面行驶时，大前轮需要的动力很小，且由于毂远离泥土，可以减小轴承磨损。

△ **纳尔逊 20-28**
年份 1919 **产地** 美国
发动机 威斯康辛 4 缸汽油 / 石油 A 型
马力 28 马力
变速器 前进档 3，倒档 1

美国的四驱历史可以追溯到大约
1910 年，改良后的牵引车虽有好处，
但缺点更明显，即价格高昂且操控性
能差，由此看来，纳尔逊和福纳斯公
司生产的四驱机车并不算成功。

△ **鲁梅利油拖 (OilPull) 16-30H 型**
年份 1919 **产地** 美国
发动机 先进鲁梅利双缸平置汽油 / 石油机
马力 30.5 马力
变速器 前进档 2，倒档 1

鲁梅利拖拉机燃料为石油，通过注
水可提高燃烧效率，增加载荷时的
动力。为保持足够高的操作温度，
发动机采用油冷而非水冷，因此得
名"油拖"(OilPull)。

△ **滑铁卢博伊 N 型**
年份 1920 **产地** 美国
发动机 滑铁卢双缸平置汽油 / 石油机
马力 25 马力
变速器 前进档 2，倒档 1

滑铁卢博伊是第一台完成内布拉斯加州
测试的拖拉机。弗格森在其车库出售 N
型拖拉机时产生了对拖拉机设计的兴
趣。当约翰·迪尔公司买下滑铁卢博伊
公司后加入了拖拉机企业行列。

多种动力源

在通用运输和农业生产中，动力设备的形式是多种多样的。各种可能的设计都曾出现过：轻型和重型蒸汽拖拉机、手持式重型耕田机、燃油便携式耕地机，继承传统的同时也做出了部分改进。进入到 20 世纪 20 年代，很多新颖的设计在市场上仍然迭代翻新，但更多的并没有成功。

▷ **库珀蒸汽挖掘机**
年份 1900 **产地** 英国
发动机 库珀双曲柄复合机
气缸 2 缸
马力 25 马力

库珀挖掘机的出现试图取代传统耕地型。挖掘附着件可以拆卸，且发动机也可以与其它机械通用。库珀蒸汽挖掘机有一个卷绕滚筒附件，用于转换发动机的动力到钢索耕作状态。

△ **福登·科隆尼尔**
年份 1913 **产地** 英国
发动机 福登
气缸 复合型
马力 8 马力

福登有限公司的产品设计标准高，但产品产量并不大。福登拖拉机因经济、便捷而在司机和车主中享有很高的声誉。福登发动机的特点是后轮比普通的后轮更大。

▽ **福勒柴油转换机**
年份 1918 **产地** 英国
发动机 梅赛德斯－奔驰 6 缸柴油机
变速器 前进档 2，倒档 2
马力 100 马力

20 世纪 50 年代，福勒公司的几台蒸汽机被改装为柴油发动机。这种特殊的引擎改装由莱斯特郡瑞普斯通的毕比兄弟完成，后用于其疏浚业务。

▽ **胡伯**
年份 1915 **产地** 美国
发动机 胡伯
气缸 1 缸
马力 15 马力

与美国大多数牵引车类型不同，胡伯牵引车改进了回焰式锅炉，且汽缸放置在装有前置曲轴的燃烧室上方。这种锅炉很经济，不但尺寸短小，而且还可以使用各种燃料。

规 格

最好的发动机

丹尼尔·贝斯特于 1869 年开始制造谷物清洁机，并于 1885 年在加利福尼亚州圣莱安德罗成立了丹尼尔·贝斯特农业工作室。他继续制造联合收割机，1893 年，他的贝斯特制造公司生产出了联合收割机、蒸汽和燃气牵引机。1908 年，他将公司出售给斯托克顿市的霍尔特制造公司。

山丘耕地 贝斯特 110 马力发动机配有垂直燃油锅炉，可以在山区斜坡地形正常使用。

△ 曼恩

年份 1920	**产地** 英国
发动机 曼恩	
气缸 复合型	
马力 25 马力	

曼恩"低成本蒸汽拖拉机"是蒸汽机制造商的又一项尝试，目的是生产一种能与极为成功的内燃机拖拉机相竞争的机器。提供单缸或复合缸版本；两家公司都未能实现有价值的销售。

▽ 沃尔什和克拉克燃油耕地机

年份 1919	**产地** 英国
发动机 沃尔什和克拉克双缸平行对置汽油 / 石油机	
变速器 前进档 2，倒档 1	
马力 35 马力	

沃尔什和克拉克设计的这些发动机看起来像蒸汽机，他们试图说服蒸汽机用户购买它们，但以失败告终，几乎没有投入生产。早期的内燃机无论是动力还是操作性都比不上蒸汽机。

△ 布莱恩

年份 1920	**产地** 美国
发动机 布莱恩	
气缸 2 缸	
马力 20 马力	

该拖拉机是乔治·布莱恩的智慧成果，是一台革命性的机器。使用燃油快热锅炉向双缸双动正压阀发动机提供蒸汽，在该领域前景甚好。然而，该拖拉机价格不具竞争力，在市场中对内燃拖拉机的威胁不大。

美国陆军炮兵拖拉机

　　第一次世界大战期间，当军队困在战壕之时，西方前线俨如一池淤泥，对拖运沉重枪支的履带式拖拉机的需求变得很迫切。英国、法国和俄罗斯政府向霍尔特制造公司下了各类尺寸的炮兵拖拉机订单，包括 75 马力和 120 马力型。1917 年，美国加入一战，美国政府要求霍尔特公司为美军机械署制造45 马力的军用拖拉机。为了缓解供给问题，官方将"载重 5吨的炮兵拖拉机 1917 型"的生产工作授权给了两家机动车中心，兰辛的瑞奥和底特律的麦克斯韦。

拖拉机展示

　　1918 年 6 月 3 日，霍尔特的火炮拖拉机在华盛顿郊区的洛克溪公园展出。在试验中，拖拉机被用来牵引一台 4.7 英寸口径 (11.9 厘米) 的榴弹炮和木材。参加示威的有美国陆军部长牛顿·贝克 (见他乘坐福特 T 型车抵达的照片) 和美国陆军参谋长佩顿·马奇将军。"5 吨"型装甲拖拉机被允许出口，并在 1918 年 11 月签署停战协议之前被运到欧洲。1919 年至 1922 年，开发制造出一款民用版。

美国陆军工程师在洛克溪华盛顿特区等待国务卿贝克的到来，演示霍尔特"5 吨"火炮拖拉机。

打击潜艇

在第一次世界大战期间，英国政府严重低估了欧洲西部战线军械，马匹和粮食的供应需求。到了 1916 年中期，这个危机已经到了顶点，农场正在努力对付因受到德国潜艇袭击造成的粮食进口中断。英国政府转而向美国提供拖拉机，以取代军队失去的农场马匹。

△霍尔特 75 型枪支拖拉机
年份 1918 **产地** 美国
发动机 霍尔特 4 缸汽油机
马力 75 马力
变速器 前进档 2，倒档 1

霍尔特 75 型拖拉机是盟国的标准重型火炮拖拉机，从 1915 年到 1918 年 11 月，最终生产了 1651 台。在西部前线泥泞环境中，它是唯一能将重炮拉到阵地的拖拉机。随着形势的恶化，75 型还被用来向前线运送补给车辆，运送弹药和其他必需品。

△大亨 8-16
年份 1915 **产地** 美国
发动机 国际单缸平行汽油 / 柴油机
马力 25 马力
变速器 周转氮素前进档和倒档

8-16 型简单、可靠、坚固。采用低压点火和全损润滑系统，不容易出故障。从 1915 年到 1918 年间，生产了大约 500 台，大多数针对英国军火部门的订单。

◁国际初级 8-16
年份 1919 **产地** 美国
发动机 国际 4 缸汽油 / 石油机
马力 16 马力
变速器 前进档 3 倒档 1

这是 20 世纪 20 年代早期农场上流行的拖拉机。配备了一个洗水空气清洁器和一个安装在中间的散热器。该型号拖拉机填补了"老一代"拖拉机大亨型、巨型、后驾驶 15-30 型和 10-20 型之间的型号空隙。

△超时 R 型
年份 1916 **产地** 美国 / 英国
发动机 滑铁卢双缸平行汽油 / 石油机
马力 24 马力
变速器 前进档 1，倒档 1

在美国被称为"滑铁卢男孩"，在英国被称为"加班"，这是美国政府第一款下令出口英国的拖拉机。随着一战开始影响食品生产，这些拖拉机被用以帮助生产更多的食品。

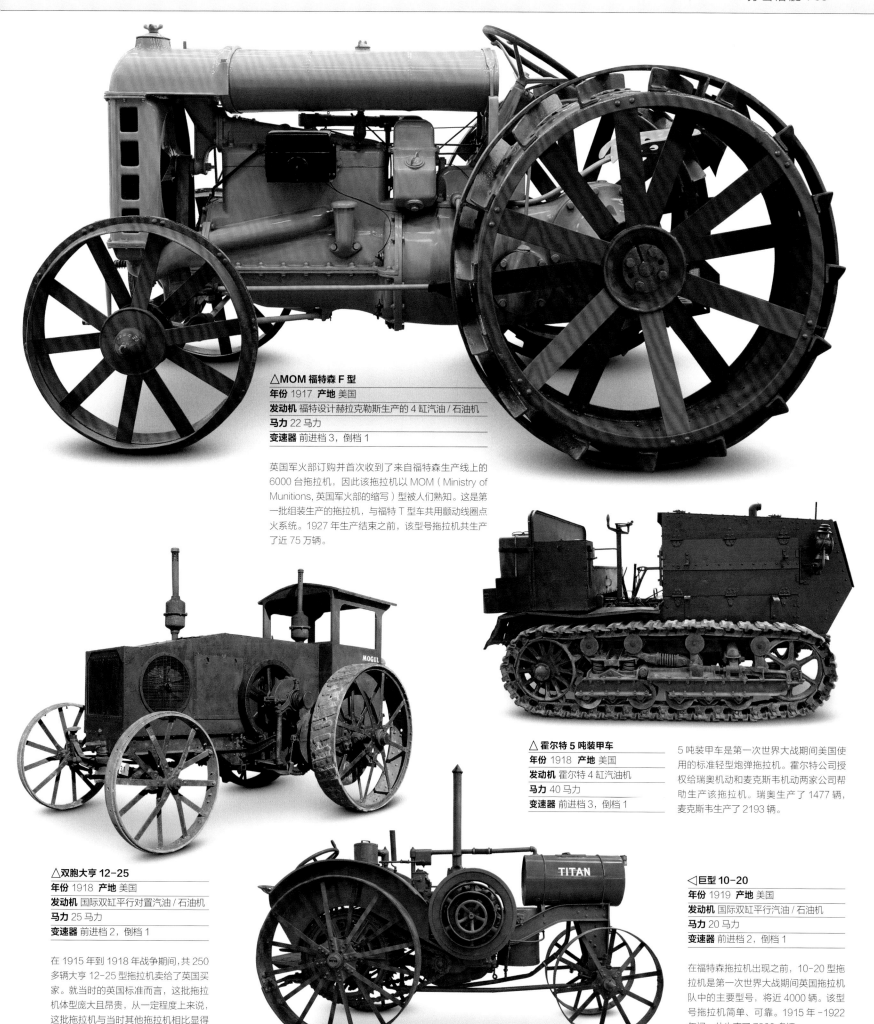

△MOM 福特森 F 型
年份 1917 **产地** 美国
发动机 福特设计赫拉克勒斯生产的 4 缸汽油 / 石油机
马力 22 马力
变速器 前进档 3，倒档 1

英国军火部订购并首次收到了来自福特森生产线上的 6000 台拖拉机，因此该拖拉机以 MOM（Ministry of Munitions，英国军火部的缩写）型被人们熟知。这是第一批组装生产的拖拉机，与福特 T 型车共用颤动线圈点火系统。1927 年生产结束之前，该型号拖拉机共生产了近 75 万辆。

△ 霍尔特 5 吨装甲车
年份 1918 **产地** 美国
发动机 霍尔特 4 缸汽油机
马力 40 马力
变速器 前进档 3，倒档 1

5 吨装甲车是第一次世界大战期间美国使用的标准轻型炮弹拖拉机。霍尔特公司授权给瑞奥机动和麦克斯韦机动两家公司帮助生产该拖拉机。瑞奥生产了 1477 辆，麦克斯韦生产了 2193 辆。

△双胞大亨 12-25
年份 1918 **产地** 美国
发动机 国际双缸平行对置汽油 / 石油机
马力 25 马力
变速器 前进档 2，倒档 1

在 1915 年到 1918 年战争期间，共 250 多辆大亨 12-25 型拖拉机卖给了英国买家。就当时的英国标准而言，这批拖拉机体型庞大且昂贵，从一定程度上来说，这批拖拉机与当时其他拖拉机相比显得很复杂。

◁巨型 10-20
年份 1919 **产地** 美国
发动机 国际双缸平行汽油 / 石油机
马力 20 马力
变速器 前进档 2，倒档 1

在福特森拖拉机出现之前，10-20 型拖拉机是第一次世界大战期间英国拖拉机队中的主要型号，将近 4000 辆。该型号拖拉机简单、可靠。1915 年 -1922 年间，共生产了 7800 多辆。

霍尔特 75 型枪支拖拉机

霍尔特 75 型枪支拖拉机是第一次世界大战期间联军使用的标准炮弹拖运机。公司在伊利诺伊州的皮奥瑞亚工厂共生产出 1810 辆军用版拖拉机。这其中有 1362 辆由英国陆军部订购，于埃文茅斯港口送至英国，在运往英国前，这些军用拖拉机在埃文茅斯港口按陆军指挥部要求改装，军队的要求规范包括配备敞篷和绞车。

75 型枪支拖拉机产自霍尔特制造公司，该公司是卡特皮勒机构的先驱，在伊利诺亚洲的皮奥瑞亚和加利福尼亚州的斯托克顿市都有工厂。1914-1924 年间，该型号拖拉机共生产了 4161 辆，其中大部分是农用拖拉机，其中也有部分是修路用拖拉机，后者逐渐演变成军事用途。

这款 4 缸汽油发动机转速为 550 转 / 分钟，马力为 75 马力，可靠性不算太差，但有些过时。耗油速度非常惊人，对汽油的消耗如饥不择食的野兽，冷却系统也差强人意。使用该发动机的多数军用拖拉机都会为散热器另配一个冷却水箱。该拖拉机的驾驶需要多人配合，转向时也需要把方向盘转很多圈，同时还得松开离合——即便这样，它还是很难转弯。

英国陆军霍尔特拖拉机

英国陆军部唯一留存下来的霍尔特炮弹拖拉机。它于 1918 年 10 月从皮奥里亚船运而来。在停战协议签署后抵达英国存储。

冷却液液位观测计 ——

散热器可容纳53加仑（241升）水 ——

军用拖拉机实用电石灯 ——

前轮辅助转向 ——

细节

1. 散热器水箱上印刻着 "Holt" 名称字样
2. 4 缸汽油发动机上露出了制动杆推杆
3. 复原后的绞车
4. 驾驶杆锥形齿轮
5. 转向离合器和传动离合器操作杆外露的驾驶台
6. 转向离合器直径为 3 英尺（0.9 米）

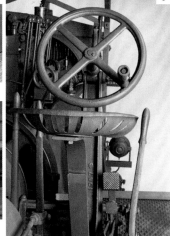

说明书	
型号	霍尔特75枪支拖拉机
年份	1918
产地	美国
产量	4161
发动机	75马力霍尔特汽油机
排量	1400立方英寸（22900cc）
变速器	前进档2，倒档1
最大速度	3英里/时（5千米/小时）
长度	20英尺（6米）
重量	10.5吨（10.7公吨）

前视图

后视图

圆锥顶
防止雨水进入排气管

装有围幕的顶棚，保护乘员免受日晒雨淋

汽油发动机的工作转速为550转/分钟

节流阀和点火开关操纵杆

油箱可容纳74加仑
（336.4升）汽油

装滑油和水的容器

金属板封盖接入
离合操纵杆

手动启动飞轮

履带链为韧性
钢锻件材料

拖拉机上的女性

早期的拖拉机激发了公众的想象力，在第一次世界大战期间，英国的机械化不过是对德国潜艇袭击的回应，而这种袭击有可能使英国挨饿。拖拉机取代了曾经服兵役的马，但当大多数人在西线上服役时，伴随而来的问题是对驾驶员的迫切需要。

第一次世界大战期间，女性占了英国辅助劳动力中的三分之一，她们都是从陆军服务团、战俘和年服役人员中选出来的。女性陆战队（WLA）直到 1917 年 2 月才组建，在 23000 名女性陆战队成员中，很少有人有机会驾驶拖拉机。然而，事实证明这些女性的驾驶技术的确与被他们取代的男性一样，甚至有时比男性更熟练。

女性军团和拖拉机

西尔维娅·布洛克雷班克女士组织下的女子军团农业部筹集资金购买了拖拉机和其它用具，之后将这些设备租用给农民。这些拖拉机中很多都是美国型号，并由美国捐助。

▽ 1917 年，英国儿童读物中出现了一名驾驶美国轻型拖拉机的女性的插图。

拖拉机发展

拖拉机的起源和生产起始于美国，英国紧跟其后。之后是其它欧洲国家、加拿大和澳大利亚，东欧和南美制造商随后也加入拖拉机生产行列。而日本、土耳其、印度和中国等国家则发展较晚。1920年以前，对拖拉机发展影响最大的是第一次世界大战，它给美国带来了大规模的拖拉机生产机会，加速了拖拉机动力农业机械化进程，该进程最终使拖拉机取代了马匹和蒸汽机。

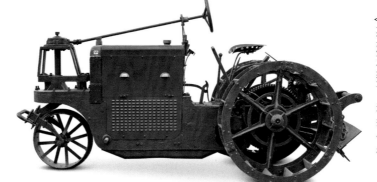

◁ **婵佩拉凯**
年份 1910 年代 **产地** 法国
发动机 沙皮伊·多尔尼耶 4 缸汽油机
马力 12 马力
变速器 前进档 1，倒档 1

这大概是唯一留存下来的婵佩拉凯拖拉机，该型号留存记录较少。部分零件的粗加工显示该拖拉机可能是原型机，其特别之处在动力操纵杆。

△ **佩夫茜美洲**
年份 1913-1917 **产地** 意大利
发动机 OTO 4 缸汽油机
马力 50 马力
变速器 前进档 2，倒档 2

当欧洲正在备战第一次世界大战时，佩夫茜公司意识到，可能存在军用拖拉机市场取代马匹拖运重物的市场。之后，美国拖拉机和战后一些前军用拖拉机以农用目的出售。

▷ **麦克唐纳德帝国 EB**
年份 1912 **产地** 澳大利亚
发动机 麦克唐纳德
　　　　 2 缸汽油 / 石油机
马力 20 马力
变速器 前进档 3，倒档 1

1908 年，第一台麦克唐纳德帝国 EA 系列拖拉机生产，澳大利亚拖拉机产业由此开始。1912 年新型号出产之前，麦克唐纳德帝国 EA 系列拖拉机大约售出了 13 台。后来的设计改良包括更加高效的发动机冷却系统。

△ **密涅瓦**
年份 1914 **产地** 比利时
发动机 密涅瓦 2 缸汽油机
马力 25 马力
变速器 前进档 3，倒档 1

第一次世界大战前，密涅瓦公司生产豪车和卡车。同时也为比利时军方生产这种载重通用车。战争结束后，这些车辆部分被农民收购用于拖运工作。

◁ **夏普朗 CR**
年份 1919 **产地** 法国
发动机 沙皮伊·多尔尼耶
　　　　 4 缸汽油机
马力 12 马力
变速器 前进档 2，倒档 1

这是一台葡园拖拉机，由一家专门从事葡萄酒行业设备的公司在一个主要葡萄酒产区制造。该拖拉机前后均可挂载进行拖拉作业。

▷ **佩夫茜 P4**
年份 1917 **产地** 意大利
发动机 佩夫茜 4 缸汽油机
马力 40 马力
变速器 前进档 3, 倒档 1

这是新一款佩夫茜军用拖拉机, 配有交接转向装置, 另外四轮驱动能够拖载重型枪炮, 可作战场装备用车。1942 年菲亚特接管佩夫茜后, 该型号拖拉机停产。

◁ **希米亚通用**
年份 1919 **产地** 法国
发动机 桑德森 2 缸汽油 / 石油机
马力 25 马力
变速器 前进档 3, 倒档 1

第一次世界大战后, 英国桑德森公司在国内市场面临日益严峻的经济问题, 在这种局面下, 桑德森通用拖拉机在法国授权给希米亚公司生产。这在中等实力的企业中是很常见的选择。

▷ **菲亚特 702**
年份 1919 **产地** 意大利
发动机 菲亚特 4 缸汽油 / 石油机
马力 20 马力
变速器 前进档 3, 倒档 1

菲亚特生产的第一台拖拉机, 即 702 型, 使用了卡车用发动机, 该拖拉机自 1919 年开始投入使用。起初 702 拖拉机使用 5.6 公升排量发动机, 18 个月后改用 6.2 公升后动力增至 30 马力。

▷ **雷诺特 HO**
年份 1921 **产地** 法国
发动机 雷诺特 4 缸汽油机
马力 20 马力
变速器 前进档 3, 倒档 1

雷诺特生产的第一台拖拉机是基于小型军用坦克制造的履带式拖拉机, 在第一次世界大战时生产。它采用了通用拖拉机风格, 即散热器置于发动机后, 但动力有所降低。

早期履带式拖拉机

1915-1922 年是履带式拖拉机发展的试验阶段。虽设计多变，但大多数没有推广开来，部分是设计失败导致，另一部分则是生产成本过高。这一时期，英国制造商推出了几种很有前景的设计，这些设计精良且先进，但制造成本高昂。最终，这些设计都在 20 世纪 20 年代不断的商业竞争中被淘汰了。美国制造商所处的环境更好——他们有广阔的国内市场，而且采用了新的制造方法，不像英国制造商那样依赖从蒸汽时代遗留下来的旧的制造方法。

△ **克利夫兰·克莱特拉克 H 型**

年份 1917	**产地** 美国
发动机 韦德利 4 缸汽油 / 石油机	
马力 20 马力	
变速器 前进档 1，倒档 1	

H 型拖拉机是这家公司早期的设计之一，由 H·G·柏福德在英国销售。拖拉机通过与受控差速器连接的方向盘等非常规方法进行操控。

△ **霍尔特试验 T16 型**

年份 1917	**产地** 美国
发动机 霍尔特 4 缸汽油机	
马力 约 30 马力	
变速器 前进档 3，倒档 1	

这个试验性的霍尔特拖拉机是七台参与试验中的一台，是美国军方向霍尔特请求设计中型火炮拖拉机的产物。虽采用了紧凑且齐整的设计，但该项目却没能延续。

△ **布洛克·克瑞平·格里普 12-20**

年份 1917	**产地** 美国
发动机 沃基肖 4 缸汽油机	
马力 35 马力	
变速器 前进档 2，倒档 1	

12-20 克瑞平·格里普是早期另一款进口到英国的履带式拖拉机。1917 年海兰高地拖拉机展出了这款拖拉机，当时该拖拉机标价为 453 英镑，运费需另付，非常昂贵，仅有少量销量。这款拖拉机的发动机置于变速器之后。

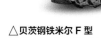

△ **贝茨钢铁米尔 F 型**

年份 1921	**产地** 美国
发动机 中西 4 缸汽油 / 石油机	
马力 38 马力	
变速器 全封闭耗油型	

从 1921 年到 1937 年生产的 F 型配有三种不同的发动机。1926 年的比弗是中西之后适配该拖拉机的发动机，1928 年之后适配的则是列·鲁瓦发动机，这三种发动机都是 4 缸型。该拖拉机同样是半履带式设计，由前轮驱动控制。在所有履带式机械产品中，贝茨通常也以克若洛斯（crawlers）称呼，以避免与卡特彼勒的注册商标有任何关联。

◁ **克莱顿·钱恩·雷尔**

年份 1918	**产地** 英国
发动机 多尔曼 4JO 4 缸汽油 / 石油机	
马力 35 马力	
变速器 前进档 2，倒档 1	

该拖拉机由正式成立的蒸汽发动机制造商克莱顿 & 沙特尔沃思生产。克莱顿·钱恩·雷尔是成功设计英国履带式拖拉机的最早的人之一。转向通过离合器和制动器操作，制动器由脚踏板操作，但离合器通过连接到方向盘的联动系统启动。

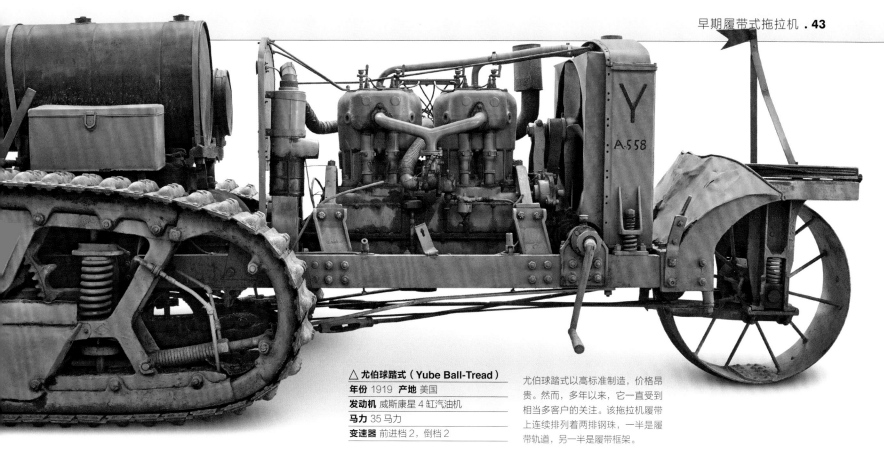

△ 尤伯球踏式（Yube Ball-Tread）

年份 1919　**产地** 美国

发动机 威斯康星 4 缸汽油机

马力 35 马力

变速器 前进档 2，倒档 2

尤伯球踏式以高标准制造，价格昂贵。然而，多年以来，它一直受到相当多客户的关注。该拖拉机履带上连续排列着两排钢珠，一半是履带轨道，另一半是履带框架。

◁ 黑石履带拖拉机

年份 1919　**产地** 英国

发动机 黑石 3 缸石油（煤油）机

马力 25 马力

变速器 前进档 3，倒档 1

黑石拖拉机在当时而言是一款既先进又复杂的拖拉机。发动机可以在煤油常温状态下转向启动。该拖拉机采用刹车差速器控制转向。黑石拖拉机价格昂贵，销售量非常差。

△ 贝斯特 60

年份 1919　**产地** 美国

发动机 贝斯特 4 缸汽油机

马力 60 马力

变速器 前进档 2，倒档 1

这是履带拖拉机发展史上的一个里程碑，贝斯特 60 的基本设计成为主流履带式拖拉机演变的标准。在内布拉斯加州测试时该拖拉机最大只能产生 56 马力，但发动机系统被重置后，输出马力增加到了 60 马力。

◁ 雷诺 HI 型

年份 1920　**产地** 法国

发动机 雷诺 4 缸汽油机

马力 34 马力

变速器 前进档 3，倒档 1

与其他雷诺履带式拖拉机相比，雷诺 HI 型拖拉机的特征是：张角中心散热器、履带悬簧横穿底盘前部，以及舵柄操舵。该拖拉机出口澳大利亚、新西兰、俄罗斯等国，总销售量达 610 部。

1936 年 A 型中耕拖拉机

伟大的制造商

约翰·迪尔

如今，约翰·迪尔是世界上最大的农业设备生产商，产品含括畅销拖拉机和联合收割机等。然而，约翰·迪尔的成功故事却有一个非常平凡、谦虚的开端：1825 年，一位 21 岁的美国人开了一家小工具店，负责维修和生产农业工具。

约翰·迪尔的生意经是从其在美国佛蒙特州以铁匠身份起家的，但他是在 1873 年伊利诺伊州被人们熟知的，他在那里发明了他众多农业设备中的第一件：铸铁犁。这款铸铁犁区别于其它钢板犁的特征是，铸铁提高了犁的耐磨性和自清洁能力。铸铁犁对于中西部美国平原上的硬质土壤而言简直完美，不久后又发明了更多的机械装置。虽然事实证明当时拖拉机很难在市场站住脚，但很多公司还是努力尝试推销拖拉机。然而，直到第一次世界大战时，约翰·迪尔仍然是为数不多的没有卖出拖拉机的美国大型农业设备公司之一。

约翰·迪尔

1892 年，约翰·弗勒利希设计生产了一种气动发动机，取代了高成本高耗时的蒸汽拖拉机。弗勒利希大概是第一款拥有反向齿轮的拖拉机，此外，不同于蒸汽发动机，该发动机不需要大量的燃料供给或者耗时的点火或烧热水操作。其它承包商对该发动机非常感兴趣，

滑铁卢汽油牵引车公司在爱荷华州滑铁卢市成立，欲生产出售该发动机。

虽然弗勒利希拖拉机并不成功，但市场对弗勒利希发动机的需求很高，1895 年，重新命名后的滑铁卢汽油发动机公司开始专注生产发动机。1912 年，该公司重新进入拖拉机市场，及时抓住战时对拖拉机的大量需求机会，出售滑铁卢博伊拖拉机，但发动机仍然是该公司的主打产品。

约翰·迪尔公司自 1912 年开始发展拖拉机生产业务，但直到 1918 年，约翰迪尔公司才确定要通过滑铁卢拖拉机在拖拉机市场中立足。爱荷华州公司的拖拉机享有很好的声誉，但其拖拉机设计很老套且依赖于双缸发动机，就当时而言，颇受欢迎的是四缸发动机。然而，约翰·迪尔掌管该公司时，新生产的拖拉机仍然采用双缸平置发动机，该发动机在 1960 年以前仍旧是几乎所有约翰迪尔产品的动力来源。这款拖拉机是自生产以来最成功的拖拉机之一。

开垦平原的耕犁

在沃尔特·哈思凯乐·辛顿的这幅名为《改良》的画作中，农民们正在围观约翰·迪尔展示他全新改良的耕犁。

> "我绝不会用我的名字来命名产品，因为产品并不是出于我的名字，而是出于我这个人。"
> 约翰·迪尔

接管滑铁卢公司之后，约翰·迪尔改进了现有的 N 型拖拉机，并保留了该拖拉机滑铁卢博伊的名字，同时开始设计一款新型的 D 型双缸拖拉机。第一台镌刻着约翰·迪尔名字的拖拉机于 1923 年出现，直到 1953 年才发展出各种版本。后来的型号包括 1929 年的通用型中耕拖拉机，第一款三轮车式约翰·迪尔拖拉机。

20 世纪 30 年代公司的主要发展包括在 A 型拖拉机上引入液压操作工具升降机选项。

1938 年，约翰·迪尔为其引入造型潮流，聘用了首席工业设计师亨利·德雷弗斯为拖拉机进行外形设计，他首先对 A 型和 B 型拖拉机进行了设计优化。

1948 年，柴油机与约翰·迪尔 R 型拖拉机一同面世。该柴油发动机采用熟悉的双缸设计，利用电动机驱动小型汽油发动机，然后启动更大的柴油发动机。R 型发动机最大动力为 51 马力，是动力最大的约翰·迪尔发动机。1952 年，当一款新拖拉机系列发布之后，型号标识由字母变为数字。1956 年，约翰·迪尔全绿色外观被更加抢眼

的新 20 系列的绿色和黄色外观取代。

自 1960 年约翰·迪尔宣布其"新一代动力"之后，4 缸发动机开始占主流地位。

工作中的滑铁卢博伊拖拉机

该照片显示 1918 年 7 月，一款滑铁卢拖拉机正在牵引圆盘犁，这一年正是该拖拉机生产商滑铁卢汽油发动机公司被约翰·迪尔公司收购之年。

滑铁卢博伊 N 型

1804 约翰·迪尔于美国佛蒙特州出生

1836 约翰·迪尔移居西部，并于伊利诺州
　　 的格兰德图尔开始了打铁生意

1837 第一件约翰·迪尔改进过的犁制成

1848 约翰·迪尔搬至伊利诺伊州的莫林市

1868 业务完全组建成迪尔公司

1886 约翰·迪尔去世

GH 高地隙中耕拖拉机

1892 约翰·弗勒利希生产了第一台汽油拖拉机

1893 滑铁卢汽油牵引发动机公司成立，
　　 制造了弗勒利希拖拉机。

1918 迪尔全轮驱动拖拉机进行试验，该拖拉机
　　 以其首席工程师达因之名命名。

1918 约翰·迪尔公司收购滑铁卢汽油牵引发动机公司

1923 迪尔设计的第一款拖拉机 D 型拖拉机发售

1934 A 型成为第一台带液压升降机的量产拖拉机

4020

1938 工业设计师亨利·德雷弗斯将 A 型和
　　 B 型拖拉机进行现代化改装

1958 约翰·迪尔柴油机随 R 型拖拉机面世

1953 70 型启动、发布之时，它是生产过的
　　 最大中耕拖拉机

1956 迪尔公司收购了位于德国曼海姆的兰茨公司

1959 新 8010 型拖拉机配有 215 马力四轮驱动
　　 和铰接式转向装置

6210R

1960 约翰·迪尔的新一代动力公布

1961 双缸发动机逐步淘汰，四缸发动机占主导

1966 销售额超过 10 亿美元

1980 4 排式摘棉机面世

1992 6000 系列拖拉机问世

2000 约翰·迪尔自动变速器问世

2011 应用智能电力管理系统，减少引擎功率浪费。

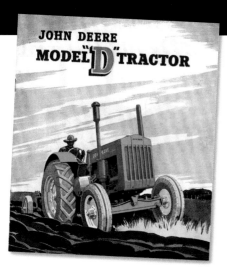

全新改进

即将面世的 D 型拖拉机宣传单。这一次，约翰·迪尔已经采用了显眼的绿色和黄色外观。

1961 年到 1963 年间，以 36 马力 1010 型为首，公司已经发布了 5 种车型。近 95% 的拖拉机部件都是全新的，这些拖拉机外观由德雷弗斯设计，它们的另一个特点是着重强调柴油机。1963 年，出现了更多的新型号；130 马力 5020 型是顶尖型号，主要技术进步是引入了动力传动系统。

另一代新拖拉机于 1972 年出现，当时 20 系列正被 30 系列淘汰。这一次亮点在驾驶座，确保驾驶员安全，保证驾驶员驾驶舒适。6000 系列拖拉机于 1992 年启动，它带来了另一项主要进步：灵活的全框架结构。约翰·迪尔将 7R 系列在 2011 年进行了另一次大规模的重新设计。只有前轴从旧的 7030 上延续下来；发动机、变速箱、驾驶室和液压系统都进行了升级。

如今，约翰·迪尔领先研发无人驾驶拖拉机。尽管这是制造商的兴趣所在，但迄今为止，商业上的进步几乎不存在。2011 年，约翰·迪尔演示了机器同步遥控系统，该系统允许联合收割机驾驶员远程精确控制拖拉机速度和转向并进行拖拉作业。这一操作系统赢得了 2011 年农业博览会金牌，现如今，该操作系统在商业市场上使用率越来越高。

出口

新的约翰·迪尔拖拉机从曼海姆工厂沿莱茵河海运出口。

1921 -1938
成熟时期

成熟时期

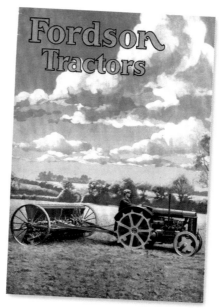

△ 达格楠产品

随着福特达格楠工厂的开业，福特森 N 型拖拉机的制造于 1933 年搬至英国进行。

随着福特森的发动机、变速箱和后传动装置结构设计成为了拖拉机的主要框架组成，拖拉机设计构架的新时代随之到来，不少竞争者也随之效仿。虽然此时仍有少数公司使用过时的框架设计，但大多数企业认为福特森的设计概念才是前进的方向。

拖拉机的制造已经日趋成熟，此时，制造商们急于巩固他们在市场上的地位。然而，20 世纪二三十年代，全球经济进入了大萧条时期，农业也随之衰退。但由于美国制造厂更大程度地利用了规模化生产技术，因此他们比与欧洲同行更好地承受住了这场经济风暴，并很快占据了全球市场的主导地位。而许多英国制造商半途而废，最终只有一款轮式拖拉机——马歇尔 18/30 型于 1932 年在英国问世。

为了促进销售，拖拉机工业探索出了新的理念，提出了动力耕作的概念，并向特定市场推出了专用机型。那是轮式拖拉机和重型履带式拖拉机时代。新特征包括动力输出和充气轮胎。在这一时期，柴油发动机在农业领域获得了一席之地，尤其是在那些无法获得廉价石油供应的部分欧洲国家。

这个时代最引人注目的发明是 1963 年亨利·弗格森 A 型拖拉机中的液压升降机和三点式联动装置。虽然很少有人意识到这一点，但这个创新的概念将在未来许多年里彻底改变拖拉机的设计。

我只是坐在麻布外套的铁椅子上，被人工合成的 20 马力的机器载着穿过田野。

亨利·威廉姆斯（1895-1977）
英国作家、博物学家、农民和多产的田园生活者

◁ 1928 年先进鲁梅利拖拉机的广告画：机械化的进步取代了世代的农耕劳作。

重要事件

▷ **1921** 国际收割机 15-30 型配有牵引杆、皮带轮和动力输出器。德国制造商兰茨引入 12 马力的 HL 猎犬型拖拉机。

▷ **1923** 约翰·迪尔推出了第一款双缸 D 型拖拉机，德国奔驰 – 森顶 BK 型世界上第一款配有高速柴油机的拖拉机。

▷ **1924** 国际收割机推出了法莫构型，引入了一种通用轮式拖拉机的概念。

▷ **1927** 苏联政府批准了在斯大林格勒制造俄版国际 15-30 拖拉机的工厂。

▷ **1929** 华尔街的崩溃预示着经济大萧条的到来，大萧条导致的严重经济衰退使农业和拖拉机市场受到严重冲击。

▷ **1930** 英国皇家农业协会和牛津大学组织了世界拖拉机大赛。

▷ **1932** 埃利斯 – 查尔默斯公司在其 U 型拖拉机中，把充气轮胎作为标配。

▷ **1936** 亨利·弗格森 A 型拖拉机在英国约克郡大卫·布朗工厂生产。

△ 液压升降机

哈里·弗格森的 A 型拖拉机是第一代以液压升降为特色的量产型拖拉机，于 1936 年投入使用，广受赞誉。

美国企业的整合

这是美国企业进行整合的时期,一些规模较小的制造商由于竞争不过大批量生产商的福特森而消失了,还有一些情况是,在新的内布拉斯加拖拉机的测试项目中,小型生产商的拖拉机暴露出了糟糕的性能和售后服务。无框架设计正在取代福特森的另一种设计并成为主流,可靠性得到提升。直到在 20 世纪 30 年代,当充气橡胶轮胎的应用提高了行驶速度,齿轮系统得以更多应用时,拖拉机的传动结构才有所进步。

△ **鲁梅利油拖(Oil Pull)M20-35 型**
年份 1924-1917 **产地** 美国
发动机 鲁梅利 2 缸汽油 / 石油机
马力 43 马力
变速器 前进档 3,倒档 1

先进鲁梅利公司是为数不多的由蒸汽牵引发动机公司成功转型为拖拉机公司的企业之一。20-35 机型属于小型拖拉机之列,但该机型包含了老式的油拖型拖拉机特征,如矩形冷却塔和一个大的低速双缸发动机。

▷ **艾弗里 45-65**
年份 1923 **产地** 美国
发动机 艾弗里 4 缸平行对置汽油 / 石油机
马力 69 马力
变速器 前进档 2,倒档 1

20 世纪 20 年代,对重型草原泰坦拖拉机的需求变少,但是该拖拉机仍在使用,而且对想要给邻居一份好印象的农民而言,艾弗里 45-65 型拖拉机已经足够了。该拖拉机重约 10 吨(9072 千克),配有一个转速达 634 转 / 分种的大发动机。

△ **贝克 22-40**
年份 1926 **产地** 美国
发动机 比弗 4 缸汽油机
马力 40 马力
变速器 前进档 2,倒档 1

贝克公司是一家蒸汽发动机制造商,22-40 型是其生产的第一台拖拉机。这仅仅是密尔沃基海狸制造公司的一款发动机的专利部件的集合。1927年,配有威斯康星发动机的 25-50 型拖拉机问世。这两款拖拉机都坚固耐用,直到 20 世纪 30 年代晚期才停止生产。

△ **凯斯 12-20**
年份 1927 **产地** 美国
发动机 J.I. 凯斯 4 缸汽油 / 石油机
马力 25.5 马力
变速器 前进档 2,倒档 1

外观与众不同的凯斯"侧置"系列拖拉机的发动机横置,是拖拉机行业的经典设计之一。12-20 系列拖拉机配有压制钢前后轮,使用年份从 1916年开始到 1920 年代后期。

▷ **埃利斯 - 查尔默斯 20-35**
年份 1927 **产地** 美国
发动机 埃利斯 - 查尔默斯 4 缸汽油机
马力 35 马力
变速器 前进档 2,倒档 1

20-35 型拖拉机拥有 20 世纪 20 年代许多美国拖拉机的典型特征。它坚固耐用,结构牢固,拥有一个 7.2 升的发动机,输出功率适中,可靠性高。变速器是一个普通的双速变速箱。

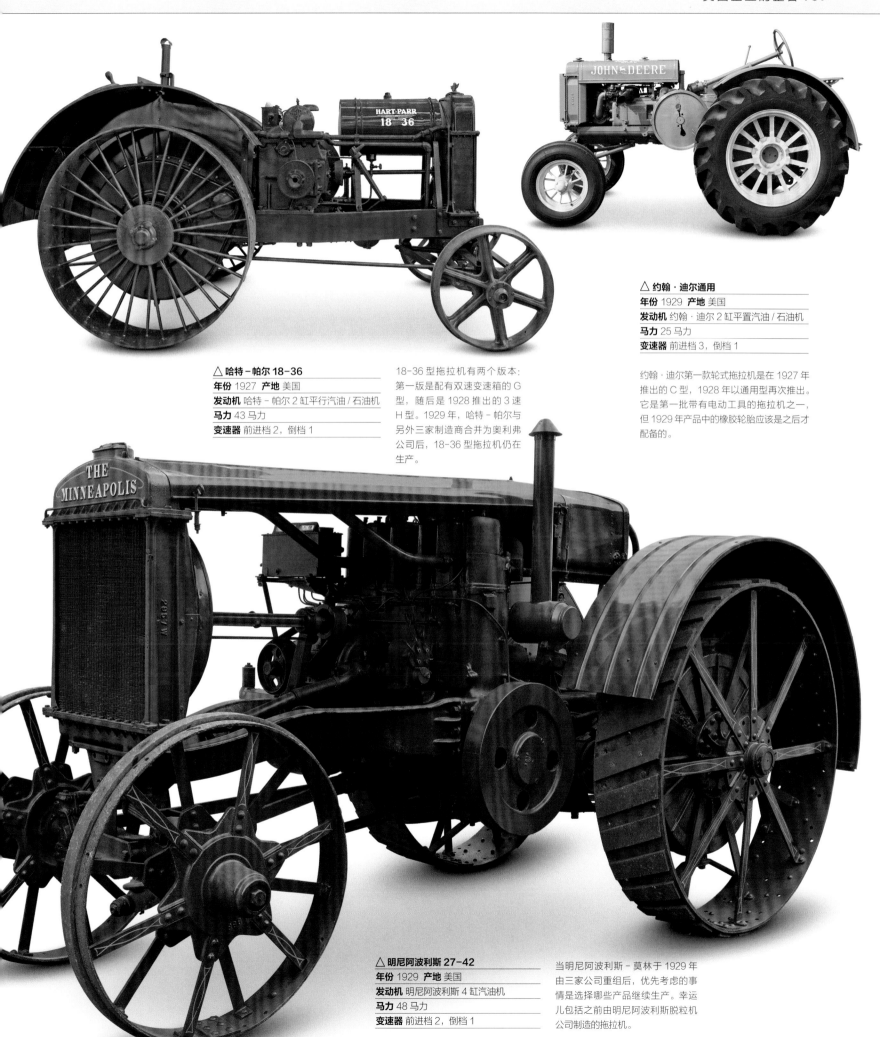

△ **哈特－帕尔 18-36**
年份 1927 **产地** 美国
发动机 哈特－帕尔 2 缸平行汽油 / 石油机
马力 43 马力
变速器 前进档 2，倒档 1

18-36 型拖拉机有两个版本：第一版是配有双速变速箱的 G 型，随后是 1928 推出的 3 速 H 型。1929 年，哈特－帕尔与另外三家制造商合并为奥利弗公司后，18-36 型拖拉机仍在生产。

△ **约翰·迪尔通用**
年份 1929 **产地** 美国
发动机 约翰·迪尔 2 缸平置汽油 / 石油机
马力 25 马力
变速器 前进档 3，倒档 1

约翰·迪尔第一款轮式拖拉机是在 1927 年推出的 C 型，1928 年以通用型再次推出。它是第一批带有电动工具的拖拉机之一，但 1929 年产品中的橡胶轮胎应该是之后才配备的。

△ **明尼阿波利斯 27-42**
年份 1929 **产地** 美国
发动机 明尼阿波利斯 4 缸汽油机
马力 48 马力
变速器 前进档 2，倒档 1

当明尼阿波利斯－莫林于 1929 年由三家公司重组后，优先考虑的事情是选择哪些产品继续生产。幸运儿包括之前由明尼阿波利斯脱粒机公司制造的拖拉机。

20 世纪 30 年代, 国际 10-20 型工业拖拉机在装载木材

伟大的制造商

国际收割机公司

在 20 世纪的大部分时间里, 国际收割机公司占据了北美市场的主导地位, 是农业设备最重要的 "全产品线" 制造商。该公司名副其实, 是一个真正的国际性拖拉机公司, 业务遍布美国、加拿大、英国、法国、德国、瑞典, 甚至俄罗斯。

国际收割机的起源可以追溯到 1890 年, 当时弗吉尼亚农民罗伯特·麦考密克为了收割作物而捣鼓了一个收割机。后来, 罗伯特的儿子克鲁斯·霍尔·麦考密克完善了该收割机, 并于芝加哥成立了一个合伙企业, 生产该收割机。

麦考密克的竞争对手威廉姆·迪尔于 1870 年在伊利诺伊州普莱诺市制造了作物收割机。1902 年, 迪尔收割机公司与麦考密克收割器械公司以及另外三个公司合并为国际收割机公司（即 IH 公司）。另外三家参与合并的公司分别为格拉斯耐公司、密尔沃基收割公司和普莱诺制造公司。

克鲁斯·霍尔·麦考密克
（1809-1884）

依托在芝加哥的地理位置, 国际收割机公司逐渐成长为北美领军农业设备制造商, 分公司遍布多个城市。不久之后, 竞争公司便逐渐消失了。一段时间内, 该公司产品线分为麦考密克和迪尔两个卓越品牌。国际收割机公司通过购买专利底盘设计, 并用其搭载了一款优秀的单缸汽油机, 生产出来的拖拉机于 1906 年上市。直到 1910 年, 几百台这样靠皮带轮驱动的机器才被一种改进了的齿轮驱动设计所取代。

到 1910 年, IH 仍然是美国最大的拖拉机制造商, 鲁梅利和哈特帕尔两家公司紧随其后。一年后, IH 公司在芝加哥开了新的拖拉机工厂, 该工厂主要生产大亨系列拖拉机。1894 年, 埃尔华·A·约翰顿加入麦考密克公司, 在埃尔华的监督下, 芝加哥工厂生产了大量的麦考密克产品。

代林负责泰坦生产线, 在密尔沃基工厂——前密尔沃基矿车公司的基地生产。最终, 亨利·福特和他的廉价弗特森 F 型在市场上展开了竞争, 这促使福特转向单一产品线。

IH 公司用一款基于汽车零部件

三重动力

这款 10-20 型拖拉机是首批配备动力输出装置的拖拉机之一, 以 "三重动力" 的口号销售。该款拖拉机销量超过 20 万台。

生产的新的轻型初级 8-16 拖拉机与福特森公司竞争。两家工业巨头打起了 "拖拉机价格战"。IH 公司于 1921 年推出其新的优质 "齿轮传动" 拖拉机 15-30 型, 并于两年后推出 10-20 型, 此后, 福特公司最终退出了美国市场。

20 世纪二三十年代, IH 公司通过不断的创新巩固了其在市场的主导地位。1924 年, 法莫公司的一款新型通用轮式拖拉机, 在行业中引起了不小波澜。为了缓解市场对新机型的需求, IH 公司在伊利诺伊州石岛开办了法莫工厂, 该工厂后来成为了公司的重要生产线。

1931 年, IH 公司开始生产履带式拖拉机, 同时开始研发一种汽油机启动的柴油发动机。1936 年 11 月, IH 公司将其拖拉机外观从灰色改为红色,

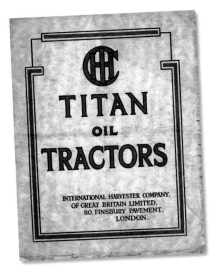

泰坦拖拉机在英国

为了助力军火部的粮食保障活动, 第一次世界大战期间, 英国的国际收割机公司提供了近 2000 台 10-20 型泰坦拖拉机。

战时国际收割机（IH）公司

1942 年, 这台工业 I-4 拖拉机正在北美航空公司堪萨斯城基地牵引一架 B-25 "米歇尔" 轰炸机。第二次世界大战期间, IH 的大部分生产能力被转移到军需用品上。

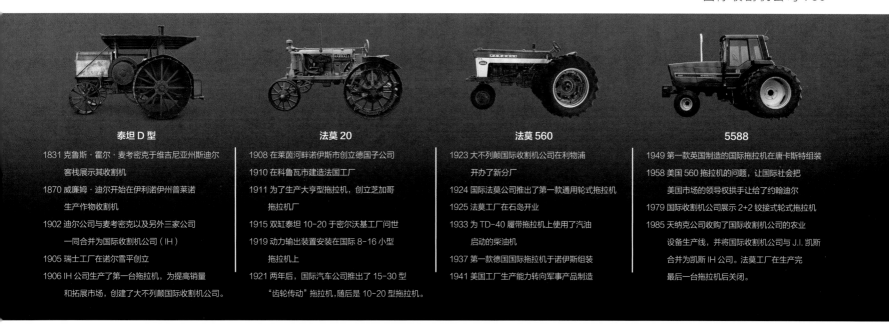

泰坦 D 型

1831 克鲁斯·霍尔·麦考密克于维吉尼亚州斯迪尔客栈展示其收割机

1870 威廉姆·迪尔开始在伊利诺伊州普莱诺生产作物收割机

1902 迪尔公司与麦考密克以及另外三家公司一同合并为国际收割机公司（IH）

1905 瑞士工厂在诺尔雪平创立

1906 IH 公司生产了第一台拖拉机，为提高销量和拓展市场，创建了大不列颠国际收割机公司。

法莫 20

1908 在莱茵河畔诺伊斯市创立德国子公司

1910 在科鲁瓦市建造法国工厂

1911 为了生产大亨型拖拉机，创立芝加哥拖拉机厂

1915 双缸泰坦 10-20 于密尔沃基工厂问世

1919 动力输出装置安装在国际 8-16 小型拖拉机上

1921 两年后，国际汽车公司推出了 15-30 型"齿轮传动"拖拉机，随后是 10-20 型拖拉机。

法莫 560

1923 大不列颠国际收割机公司在利物浦开办了新分厂

1924 国际法莫公司推出了第一款通用轮式拖拉机

1925 法莫工厂在石岛开业

1933 为 TD-40 履带拖拉机上使用了汽油启动的柴油机

1937 第一款德国国际拖拉机于诺伊斯组装

1941 美国工厂生产能力转向军事产品制造

5588

1949 第一款英国制造的国际拖拉机在唐卡斯特组装

1958 美国 560 拖拉机的问题，让国际社会把美国市场的领导权拱手让给了约翰迪尔

1979 国际收割机公司展示 2+2 铰接式轮式拖拉机

1985 天纳克公司收购了国际收割机公司的农业设备生产线，并将国际收割机公司与 J.I. 凯斯合并为凯斯 IH 公司。法莫工厂在生产完最后一台拖拉机后关闭。

增加了路上行驶时的安全性。不久后的 1939 年，一款更时尚有型的拖拉机问世。

1941 年，IH 公司在美国的许多工厂开始生产军品，为二战服务。战争期间，这些工厂生产了军用汽车、坦克、鱼雷、枪支、炮弹等多种产品。战后的几年内，IH 公司在英国和法国设立了新的拖拉机工厂，并恢复了德国工厂的生产工作，以此拓展了其工业帝国的规模。

20 世纪 50 年代末，IH 公司因为仓促发布了一些设计不佳的产品，导致市场被约翰·迪尔瓜分，在此之前，它一直占据着美国市场的主导地位。20 世纪 70 年代，IH 公司衰落，此时其生产线包括卡车、施工机械甚至是家用冰箱。

IH 公司启动了一个充满雄心壮志的全球项目，在美国、英国、法国、德国、日本、印度、澳大利亚和墨西哥制造拖拉机和零部件，想要通过该项目恢复其辉煌时期。但是与美国的劳工关系问题使 IH 公司陷入困境。天纳克公司获得了 IH 公司农业机械生产线，并将其与 J·I·凯斯公司合并为凯斯 IH 公司，1985 年，IH 公司进入生命末期。同年 5 月 14 日，当最后的 a5488 型拖拉机驶出生产线后，法莫工厂宣布关闭。

唐卡斯特产品

上图为英国国际 85 系列宣传册，85 系列于 1981 年在约克郡的唐卡斯特问世。型号包括 6 款拖拉机，从 53 马力到 85 马力。

战时英国

20 世纪二三十年代，对于英国的拖拉机产业而言是一个困难的时期，很多领军公司都无法生存下来。其中一个重要的原因是来自北美进口产品的激烈竞争，而利润微薄的英国农民不愿投资于新设备。好消息包括因出口的成功，而将福德森的生产转移到英国的决定，这对英国的拖拉机工业是一个重大的推动。还有重要的技术发展，包括柴油发动机设计的进展，以及弗格森的操作附件和控制系统的优化。

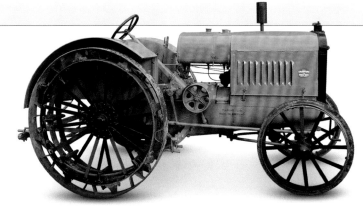

△ 威克斯奥森
年份 1925-1933 **产地** 英国
发动机 威克斯 4 缸汽油 / 石油机
马力 30 马力
变速器 前进档 2，倒档 1

或许是出于出口销售的考虑，威克斯将 1925 年推出的新款拖拉机取名为"奥森"，尽管这个名字在 1926 年被去掉了。一个特别之处是出口到澳大利亚的版本具有专利保护的后轮自清洁设计。

▽ 桑德森
年份 1922 **产地** 英国
发动机 桑德森双 V 顶阀汽油 / 石油机
马力 20 马力
变速器 前进档 2，倒档 1

20 世纪 20 年代初，来自福特森的竞争，再加上一战食物生产运动带来的政府拖拉机销售，给桑德森带来了麻烦。这款在 1922 年问世的轻型车型尽管保修时间长达三年，却未能吸引足够的客户。

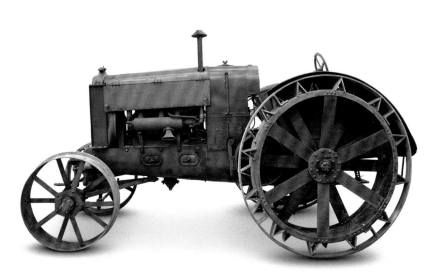

△ 英国沃利斯
年份 1921 **产地** 英国
发动机 拉斯顿 4 缸汽油 / 石油机
马力 25 马力
变速器 前进档 2，倒档 1

这台机器是拉斯顿和霍恩斯比公司对蒸汽机的生产转型后制造的，它是基于与沃利斯拖拉机公司——J·I· 凯斯耕地机工厂下的一个子公司达成的一项协议。该公司生产的拖拉机遵循与沃利斯的生产协议。从 1919 年开始，该型号拖拉机生产了约 10 年。

▷ 彼得兄弟
年份 1925 **产地** 英国
发动机 彼得兄弟 4 缸顶阀汽油 / 石油机
马力 30 马力
变速器 前进档 2，倒档 1

彼得兄弟拖拉机由彼得兄弟在彼得伯勒制造。该型号拖拉机配有一个由优秀发动机设计师亨利·理查德开发的动力系统。尽管如此，但就算加上 1928 年推出的半履带版本，其销量也不好。

◁ 加勒特
年份 1933 **产地** 英国
发动机 加德纳 4 缸柴油机
马力 38 马力
变速器 前进档 3，倒档 1

在 1930 年的世界拖拉机试验中，农业和通用工程师集团推出了加勒特拖拉机，选择了艾芙琳 & 波特或百仕通柴油发动机。1932 年，在这个系列停产之前，只有 12 个被制造出来。这是一个带有加德纳引擎的版本的复制品。

◁ 马歇尔 15/30
年份 1930 **产地** 英国
发动机 马歇尔单缸两冲程平行柴油机
马力 30 马力
变速器 前进档 3，倒档 1

20 世纪 20 年代末，马歇尔公司开发新型拖拉机时，使用的是单缸柴油机。当时，在德国和意大利以外的地区，柴油动力几乎无人知晓，英国和美国的大多数拖拉机公司都使用多缸发动机。

△ 拉什顿
年份 1929 **产地** 英国
发动机 AEC4 缸汽油 / 石油机
马力 20 马力
变速器 前进档 3，倒档 1

拉什顿公司于 1929 年在英国成立，旨在打破美国在拖拉机市场的主导地位。它是联合设备公司的一个子公司，该公司制造了伦敦的公共汽车。

▷ 福特森 N 型
年份 1933 **产地** 英国
发动机 福特森 4 缸汽油或汽油 / 石油发动机
马力 23 马力（石油机）
变速器 前进档 3，倒档 1

将福特森产品从爱尔兰移到达格楠福特工厂的决定，对英国拖拉机产业有很大的宣传作用，增加了其出口量。这里展示的拖拉机是 1935 年第一款达格楠生产的福特森拖拉机，配有橡胶轮胎。

◁ 弗格森 A 型
年份 1937 **产地** 英国
发动机 考文垂顶点 4 缸汽油 / 石油机
马力 20 马力
变速器 前进档 3，倒档 1

哈里·弗格森的三点联动装置的主要特点是在 1930 年配备了附件和控制系统。第一个带有该设备的生产型拖拉机是 1936 年之后的弗格森 A 型或"弗格森－布朗"。

弗格森 A 型

1936 年，哈里·弗格森 (Harry Ferguson) 推出了第一辆拖拉机，这是他与大卫·布朗达成制造协议的产物。官方将该款拖拉机称作 A 型拖拉机，但它更多是以"弗格森 - 布朗"被人们所熟知。这辆拖拉机采用了弗格森革命性的液压系统，具有三点联动和自动深度控制系统。但农民们对购买特殊器具的想法感到反感，因此在 1939 年该产品停产之前，A 型拖拉机仅卖出 1350 台。

弗格森的设计与众不同之处在于，它结合了牵引机控制，通过一个三点联动装置，可以通过拖拉机的液压自动控制系统调节犁的深度。这个联动装置可以把犁从耕地上抬起、拖动，还能把犁的重心转移到拖拉机后轮上，以增加牵引的摩擦力。工作中，拖具的受力方向与拖拉机前轴交叉，这样的受力结构使前轮也具有很强的抓地力和稳定性，能保持拖拉机——特别是上坡时的稳定性，也能使犁具和拖拉机保持一条直线运行。

液压系统通过泵驱动变速箱运行。运行中受压的上联结向液压系统输送信号，打开或者关闭阀门来控制工作深度。

规 格			
型号	弗格森 A 型	最大速度	4.9 英里 / 时（8 千米 / 时）
排量	133 立方英寸（2175CC）	产量	1350 台
年份	1937	长度	9 英尺 5 英寸（2.9 米）
变速器	前进档 3，倒档 1	发动机	20 马力考文垂顶点 4 缸汽油 / 石油机
产地	英国	重量	0.8 吨

革新性拖拉机

A 型拖拉机整合了联动装置，这使得它可以简单方便地连接配件，但该配置对很多农民来说非常贵

前视图

后视图

犁头

配有犁的弗格森-布朗

弗格森 A 型拖拉机和 B 型双犁拖拉机设计相似。犁由两个收敛的下连杆和一个顶连杆组成的三角形连接在拖拉机上。弗格森的理念是建设一个全面的农业系统，配套工具的产品线包括舵柄、起垄犁和耕田机。

细节

1. 散热器顶端由铝合金浇铸而成
2. 工具箱安装在发动机一端
3. 通过磁通脉冲耦合点火
4. 杠杆控制液压系统的指示仪
5. 弹簧缓冲顶部连杆上的牵引力

装启动燃料的汽油箱　　主燃料箱容积9加仑（41升）　　水温表

燃料汽化器
由格拉德韦尔和凯尔制造，是 1938 年生产的一个配件

启动手摇柄

为减轻车身重量，变速箱壳由铝合金浇铸而成

排气管装在车轴弹簧上，使装配整洁

充气轮胎，1937年起选配

欧洲扩张

20 世纪 20 年代，一些欧洲国家的拖拉机发展源自一些知名品牌，如意大利的菲亚特、法国的雷诺和德国的奔驰公司，但也有许多小型初创企业。这些新来者对欧洲的拖拉机生产做出了明显的贡献，特别是在葡萄园拖拉机等行业，但失败率却也很高。欧洲大陆的科技进步包括在拖拉机上采用柴油和热球发动机。在法国生产的奥斯汀和桑德森通用拖拉机也受到了英国产品的影响。

▷ 菲亚特 703

年份 1923	**产地** 意大利
发动机 菲亚特 4 缸汽油 / 石油机	
马力 35 马力	
变速器 前进档 3，倒档 1	

703 是 702 的改进版。这两款车都采用了一款 6.2 升的菲亚特卡车发动机，可在汽油和汽油 / 石油版本中使用，但 703 改进型发动机被升级，以进一步增加功率输出。

▽ 雷诺 PE

年份 1927	**产地** 法国
发动机 雷诺 4 缸汽油机	
马力 20 马力	
变速器 前进档 3，倒档 1	

雷诺拖拉机一个与众不同的特征是将散热器和散热风扇置于发动机机舱后部。雷诺拖拉机在前面，而不是散热器中装有一个巨大的空气清洁器。1933 年，PE 成为第一台法国制造的橡胶轮胎拖拉机。

◁ 兰茨 HL12

年份 1925	**产地** 德国
发动机 兰茨单缸热球发动机	
马力 12 马力	
变速器 前进档 1，倒档 1	

海因里希·兰茨是德国热球或半柴油驱动拖拉机的领军制造商，由弗里茨·胡贝尔博士设计的斗牛犬 HL12 开启了领军之路。1921 到 1929 年期间，共生产了 6000 台 HL12 拖拉机。

▽ 拉蒂尔 KTL

年份 1929	**产地** 法国
发动机 拉蒂尔 4 缸汽油机	
马力 20 马力	
变速器 前进档 6，倒档 2	

拉蒂尔 KTL 是一款具有先进特点的非常规运输拖拉机。它采用四轮驱动，车轮大小相同，六速变速箱，以及罕见的四轮制动。最高速度可达每小时 17 英里（27 公里）。

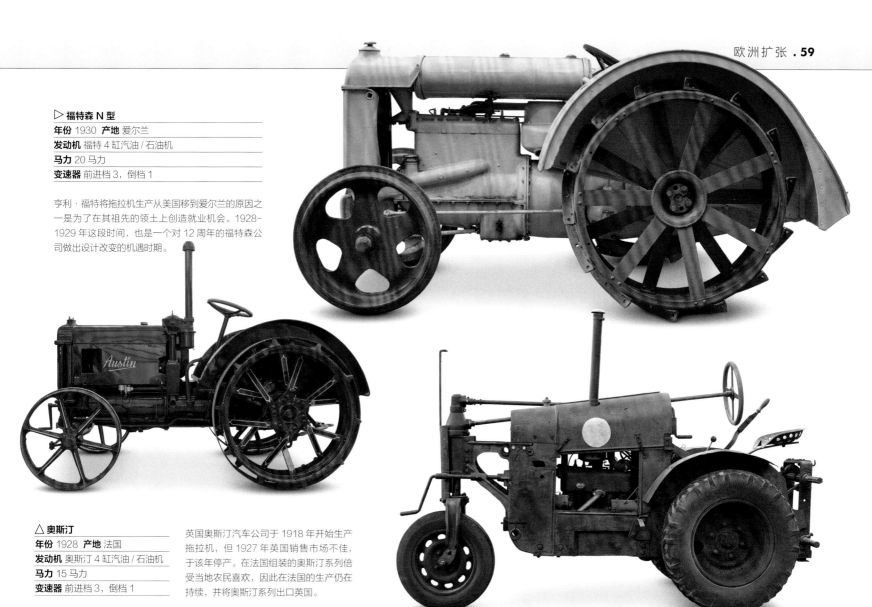

▷ **福特森 N 型**
年份 1930 **产地** 爱尔兰
发动机 福特 4 缸汽油 / 石油机
马力 20 马力
变速器 前进档 3，倒档 1

亨利·福特将拖拉机生产从美国移到爱尔兰的原因之一是为了在其祖先的领土上创造就业机会。1928-1929 年这段时间，也是一个对 12 周年的福特森公司做出设计改变的机遇时期。

△ **奥斯汀**
年份 1928 **产地** 法国
发动机 奥斯汀 4 缸汽油 / 石油机
马力 15 马力
变速器 前进档 3，倒档 1

英国奥斯汀汽车公司于 1918 年开始生产拖拉机，但 1927 年英国销售市场不佳，于该年停产。在法国组装的奥斯汀系列倍受当地农民喜欢，因此在法国的生产仍在持续，并将奥斯汀系列出口英国。

△ **格里耶**
年份 1930 **产地** 法国
发动机 福特森 A 型 4 缸汽油机
马力 24 马力
变速器 前进档 2，倒档 1

格里耶拖拉机在法国的重要酿酒中心城市波尔多生产，专为葡萄园工作而设计。小型化的设计和单前轮，使其适合在小区域工作，且该拖拉机可以在前后部位增加操作设备。

▽ **道依茨 MTZ320**
年份 1934 **产地** 德国
发动机 道依茨 2 缸柴油机
马力 40 马力
变速器 前进档 3，倒档 1

20 世纪二三十年代，德国率先发展了柴油拖拉机，道依茨 MTZ320 就是一个例子。除了配备了启动降压装置的柴油发动机外，这款拖拉机的行驶速度也达到了每小时 11 英里 (17.5 公里)。

△ **特图**
年份 1934 **产地** 法国
发动机 布里班单缸汽油机
马力 未知
变速器 前进档 3，倒档 1

这种在油箱前配有把手的三轮拖拉机出自摩托车爱好者之手。令人惊讶的是该拖拉机可以用于普通农业劳作，20 世纪 30 年代留存下来的照片显示其正在耕地。

伟大的制造商

兰茨

20 世纪早期重要欧洲工程企业之一兰茨，因其简便、可靠的斗牛犬拖拉机而闻名。约翰·迪尔于 1956 年开始投资兰茨公司，1960 年以前全权拥有该公司。如今，美国公司的欧洲工厂任然位于兰茨创始地旧址曼海姆。

蒸汽机和脱粒机均产自兰茨曼海姆工厂

海因里希·兰茨是一位农业机械设备出口商的儿子，1838 年出生于德国。他在二十多岁的时候加入了家族生意，负责向周边农民出售英国生产的设备。受欢迎的产品包括克莱顿 & 沙特尔沃思脱粒机和福勒蒸汽机。

就在兰茨打开了他的出口、零售以及维修农业工具生意不久后的 1867 年，他已经将一个仅有两名员工的小公司发展为生产各领域机械和仓库设备的全面制造企业。

12 年后的 1879 年，兰茨公司生产了其第一台蒸汽机，新机械装置的生产取代了销售和维修两类工作，机械生产成为公司的基本经营活动。到世纪之交，兰茨已经可以轻松的宣称其公司是欧洲最大的农业设备生产商，公司拥有 3000 名员工，公司在曼海姆基地生产的产品既有非动力装置，又有蒸汽驱动设备，其中包含脱粒机。

海因里希·兰茨于 1905 年逝世，但他的公司在家人和

克鲁斯·霍尔·麦考密克
（1809-1884）

员工的管理之下仍在经营。16 年后的 1921 年，公司设计并推出了让其名扬全球的产品，兰茨公司的首席工程师弗里茨·胡贝尔博士领导研发出了公司最有名的产品——斗牛犬拖拉机。HL 拖拉机或海因里希·兰茨拖拉机的名字"斗牛犬"来源于其热球置于缸顶的外形，与英国品种的狗很像。

为了启动拖拉机，球ński喷灯被加热后，可拆分的曲轴被用来传动飞轮，这引燃了依靠热量，而非压缩点火的单缸两冲程发动机。这款通用发动机可以使用非精炼燃料，如石油和木榴油，还有柴油。虽然发动机只有一个排量为 6.2 升到 14.1 升的汽缸，但拖拉机的寿命却因此得到延长。在该拖拉机最普通的

截止 1956 年停产之时，曼海姆工厂生产的斗牛犬拖拉机超过 20 万台。

蒸汽

1838	海因里希·兰茨出生，他的父亲是一名 农业机械出口商人，家位于德国曼海姆
1858	兰茨开始经营家族生意，出售产品包含 克莱顿＆沙特尔沃思脱粒机和福勒蒸汽机
1860	兰茨成立了一个农业机械修理厂，为 曼海姆附近的农民服务
1867	兰茨公司开始生产自己设计的设备

HC L2

1879	兰茨公司设计并生产了其第一款蒸汽机装置
1880	蒸汽机和脱粒机成为兰茨公司的主要产品
1900	兰茨曼海姆工厂拥有3000名员工， 声称是欧洲最大的农业设备制造商
1905	67岁的海因里希·兰茨去世
1921	第一款斗牛犬拖拉机兰茨HL12问世
1923	配备铰接转向装置的四轮驱动斗牛犬 HP型问世

HR2 格罗斯

1929	一款动力更大的HR2型拖拉机问世， 输出功率为22到30马力
1942	斗牛犬拖拉机设计师弗里茨·胡贝尔去世
1950	D5506型问世，这是二战后生产的 第一款兰茨拖拉机
1951	全犬A1205刀架问世，配有12马力 气冷单缸汽油机
1952	在新的D5506上，热球取代了平顶 气缸盖和点火燃烧室

约翰迪尔－兰茨 2416

1955	配有全柴油机的D1616和D2016问世
1956	斗牛犬拖拉机停产，曼海姆工厂共产出 该型号拖拉机超过20万台
1956	迪尔公司收购了兰茨公司的大部分股权， 随后生产的拖拉机品牌为约翰·迪尔－兰茨
1960	迪尔公司获得了兰茨公司名誉股权
1965	兰茨拖拉机生产之名随约翰·迪尔20系列 的问世被埋没

低压轮胎"全通用型拖拉机"部分视图，配有六个前进档和电启动装置

兰茨通用型拖拉机

这本宣传册展示了斗牛犬拖拉机的内部工作原理。简洁明了是该拖拉机的优势，甚至原油都能用作其燃料。

早期版中，只能输出12马力。传动系统仅有一条连接后轮的传动链，有一个杆式离合器，可以通过停止发动机并将飞轮向反方向运转重启，实现拖拉机倒车。

后来，HL型拖拉机发动机的转速从420转/分钟增加到500转/分钟，相应的马力增加到15马力。1923年推出的创新型四轮驱动变体斗牛犬HP型拖拉机拥有铰接转向装置，且前轮比后轮大。接下来的数十年，公司逐渐发展出了斗牛犬履带式拖拉机版。

1942年，兰茨公司交付了其第10万台拖拉机，以应对第二次世界大战出现的各种工程需求。纳粹行政处曾要求这些设备可以使用柴油或其它多种物品作为燃料。为了满足要求，兰茨公司研发了一套适用于拖拉机的配件，这些笨重的配件可以将其它燃料（主要是木材）转化为蒸汽动力。

1942年，随着胡贝尔博士去世，以及兰茨公司在战争期间遭受的损失，更多的挑战随之而来。直到20世纪50年代，兰茨公司推出了一整套6型系列产品，这才算重新回到正常的生产规模。该系列拖拉机的动力输出从17马力到36马力，拥有6个前进档和2个倒档的变速箱，以及充气轮胎。1950年，一款全新55马力的D5506型拖拉机经过一些改造升级后，进入到了最佳产品线。这些改变标志着兰茨曾经最致命的设计开始消失，其中包含1925年平顶汽缸取代了热球。1955年，兰茨将单缸发动机设计调整为D1616和D2016多缸柴油机设计。

直到1956年，斗牛犬在全球范围内在许可下开始生产，但曼海姆工厂却变得过时且结构臃肿。兰茨生产线急需优化。原因是约翰·迪尔正在寻找一个欧洲拖拉机生产基地。他于1956年又成为了兰茨的大股东，四年后的1960年获得了兰茨公司的名誉股权。

迪尔的首批产品是来自曼海姆的300和500型，联合品牌是约翰·迪

约翰·迪尔－兰茨

1956年，约翰·迪尔－兰兹斗牛犬的联合品牌数从19个减少到14个，1957年又减少到12个。

先锋斗牛犬

P型和S型斗牛犬推出之时，最大功率已增至55马力。特点是可以用电启动。

尔－兰兹，是一种新型多缸拖拉机。兰兹公司这个名字在1965年被约翰·迪尔20系列一举击败，但它留下的遗产依然存在。斗牛犬是德国如今一个常见的拖拉机品牌。

世界拖拉机试验展

1930 年于英国举办的世界拖拉机展会是当时最重要的国际机械大事件之一。该展会向所有国家机械商生产的所有产品开放，对重量和马力都没有限制，吸引了英国、爱尔兰、美国、法国、德国、匈牙利和瑞典等国家和地区的企业前来参展。试验结果全球认证，这对拖拉机生产商、农民和多年使用者而言，试验展上提供的信息是无价的。

测试拖拉机

该试验展由英国皇家农业学会和牛津大学农业工程学会共同组织。测试于六月到九月间在牛津郡瓦林福德完成，其中包括不同载重和不同环境下拖拉机的动力和性能等各种测试。

拉拔试验是用测力车进行的。测力车的后轮与发电机相连，发电机提供负载。负载可以通过改变发电机的电阻来改变。有时，一辆备用拖拉机被拴在测力车后部，以提供额外的负荷。在试验展中还进行皮带和犁耕试验。

▽ 一家英国参展商的威克斯拖拉机正与拉力测试车相连，一辆兰茨 18/30 型作为载荷（右）。

北美轮式拖拉机

美国和加拿大农业的巨大规模和多样性催生了对专业拖拉机的需求，包括为专门在玉米田和其他蔬菜田中运行而设计的广受欢迎的轮式拖拉机。该拖拉机的基本特征是在拖拉机下有运输设备的空间，有良好的视角可以在一些作物中精准驾驶，双前轮或单前轮设计增加了操纵灵敏度。

▷ **双城 KT**

年份 1930 **产地** 美国

发动机 明尼阿波利斯 – 莫林 4 缸汽油 / 石油发动机

马力 26 马力

变速器 前进档 3，倒档 1

这家生产双城拖拉机的公司在 1929 年与其他公司合并，成立了明尼阿波利斯 – 莫林 (Minneapolis-Moline)，双城这个名字延续使用了约三年。KT 拖拉机（或综合拖拉机）为多功能性而设计，配有标准前轴和便于行栽作物的高离地间隙。

△ **国际法莫 F-12**

年份 1935 **产地** 美国

发动机 国际 4 缸汽油 / 石油机

马力 少汽油情况下 16 马力

变速器 前进档 3，倒档 1

这款轮式拖拉机的灵感来自国际汽车公司的伯特·R·本杰明，他设计了这款拖拉机。从 1924 年开始生产，到 1930 年总产量达到 10 万辆，1932 年引进的新型号包括小个头的入门级 F-12 型。

▷ **国际法莫 F-20**

年份 1933 **产地** 美国

发动机 国际 4 缸汽油 / 石油机

马力 23 马力

变速器 前进档 4，倒档 1

F-20 取代了伯特·R·本杰明 (Bert R. Benjamin) 最初的莫拖的型号。从 1932 年开始有了一些设计改进，包括功率增加到 28 马力和可以选用橡胶轮胎。

△ **阿利斯 – 查尔默斯 WC**

年份 1936 **产地** 美国

发动机 阿里斯 – 查尔默斯 4 缸石油发动机；汽油版可用

马力 21 马力

变速器 前进档 4，倒档 1

在 20 世纪 30 年代和 40 年代，WC 是最受欢迎的轮式拖拉机之一，销量超过 17 万台。阿里斯 – 查尔默斯公司在拖拉机上引入了橡胶轮胎，1934 年，WC 成为内布拉斯加州测试的第一个橡胶轮胎拖拉机。

◁ 约翰迪尔 B 型
年份 1936 **产地** 美国
发动机 约翰迪尔 2 缸平行汽油 / 石油机
马力 16 马力（第一版）
变速器 前进档 4，倒档 1

约翰迪尔 B 型是 1938 年被选为约翰迪尔新设计外观的机型之一，该拖拉机是一款"时尚"的典范。B 型拖拉机也是当输出功率增加时，发动机速度较快的一款，拥有 1150 转 / 分钟的额定转速，它是第一款超过 1000 转 / 分钟的约翰迪尔发动机。

△ **奥利弗 70 轮式机**
年份 1937 **产地** 美国
发动机 奥利弗 6 缸汽油 / 石油机
马力 16 马力
变速器 前进档 4，倒档 1

奥利弗公司于 1929 年由包括美国先锋拖拉机公司之一的哈特 – 帕尔公司在内的企业并购而成。合并后开始生产拖拉机，包括早期 70 型轮式机，起先采用奥利弗哈特 – 帕尔的品牌名，1937 年简写为奥利弗。

△ **西尔弗**
年代 1937 **产地** 美国
发动机 赫拉克勒斯 4 缸汽油机
马力 25 马力
变速器 前进档 4，倒档 1

西尔弗王者拖拉机产自菲特 – 茹特 – 赫尔斯公司，这款 3 轮车型采用了经典的轮式设计，有宽大的离地高度和三轮车式的单前轮。一个特殊的设计特点是，配备橡胶轮胎的拖拉机的最高时速为每小时 25 英里（每小时 40 公里）。

△ **凯斯 CC**
年份 1937 **产地** 美国
发动机 凯斯 4 缸汽油 / 石油机
马力 30 马力
变速器 前进档 3，倒档 1

其它制造商对法莫公司成功的反应是，推出了他们自己的轮式拖拉机型号。凯斯版本是基于他们的 C 型小拖拉机设计的，该型号在原始版本的基础上做了些改进，包括双前轮、可调节轮距设计和额外的离地间隙。

▷ **伊格尔 6B**
年份 1938 **产地** 美国
发动机 赫尔克勒斯 6 缸汽油机
马力 最大 40 马力
变速器 前进档 3，倒档 1

伊戈尔公司于 20 世纪 30 年代推出其 6 缸拖拉机。6C 是通用版，而 6B 基本上是配备了双前轮和加大离地间隙的三轮式拖拉机。

梅西 – 哈里斯 GP

梅西 - 哈里斯通用，或称 GP，并不是最早的四轮驱动拖拉机，但却是第一款大规模生产的拖拉机。其设计的重量分配近乎完美，拥有良好的转向轮、理想的耕作离地间隙和超强的牵引力。该型号各方面都名副其实，但有一个缺点——动力不足，在内布拉斯加州的测试中仅表现出 22 马力的功率。

梅西 - 哈里斯很受加拿大人关注，但 1930 年问世的 GP 产自美国，由位于威斯康星州的前沃利斯工厂制造。这款拖拉机的四轮驱动概念超前于它的时代，如果再增加一点动力，这个型号在市场上的表现可能会更好。

来自大力神 4 缸发动机的动力从前轴下被输出到一个 3 速变速箱，变速箱上的齿轮组将动力传送到前后差速器上。前驱动转向轴在每个差速轴上都有一个制动带，以帮助转向。后轴的驱动是通过一个封闭的扭矩管，使车身可以适应地形的起伏，旋转该管可以让轴起伏并跟随地形稳定。1930 年到 1938 年，GP 型属于梅西 - 哈里斯的系列产品。

GP出口型

出口到英国的 GP 型拖拉机喷涂颜色为机身绿色，车轮红色，而美国市场上的则是灰和红的配色。该拖拉机设有不同宽度的踏板，图中是标准 66 英寸（167.6cm）型。

主驱动轮在封闭的油槽内运行

离合器基座和变速杆

前视图

后视图

规格	
型号	梅西 - 哈里斯 GP
年份	1932
产地	美国
产量	约 3000 台
发动机	24 马力赫拉克勒斯 4 缸汽油 / 石油机
排量	226 立方英寸（3703cc）
变速器	前进档 4，倒档 1
最高速度	4 英里 / 时（6 千米 / 小时）
长度	9 英尺 11 英寸（3 米）
重量	1.7 吨

细节

1. 梅西 - 哈里斯的标志喷涂在莫迪恩散热器顶端
2. 通过球承进行前轴操纵
3. 驱动轴上的小齿轮与环形齿轮啮合
4. 皮带轮可供选择
5. 方向盘上的杆形操纵离合器和齿轮组

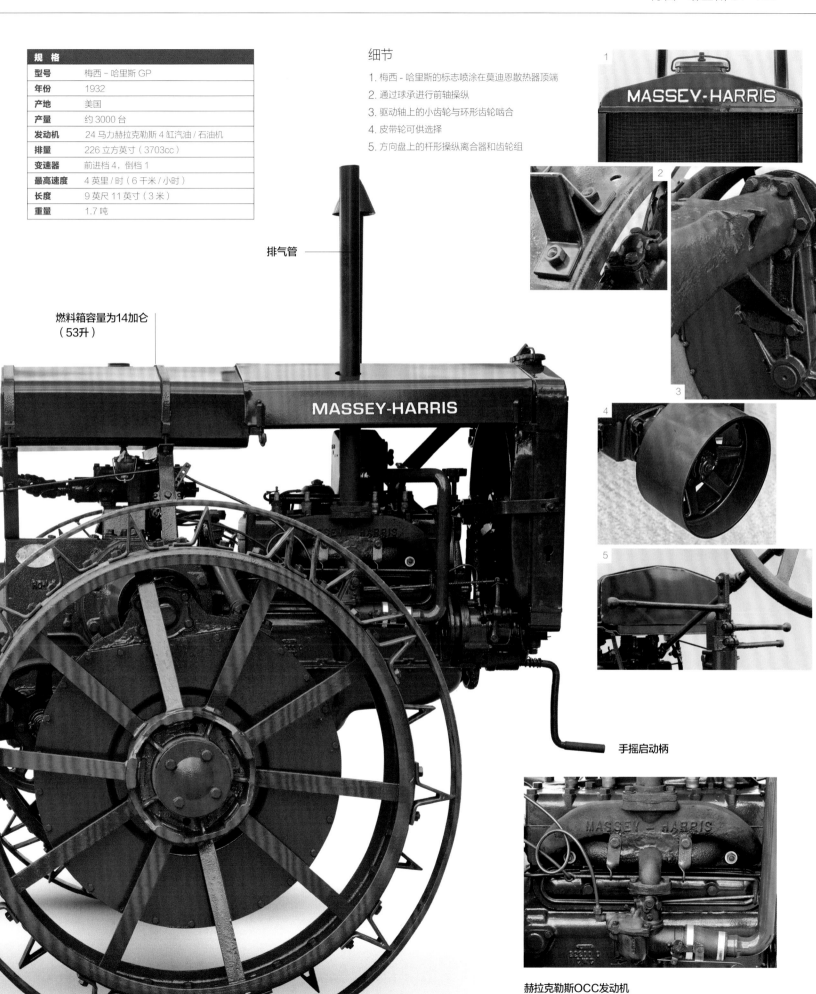

排气管

燃料箱容量为14加仑
（53升）

MASSEY-HARRIS

手摇启动柄

赫拉克勒斯OCC发动机

从 1930 年到 1935 年，GP 米用了大力神 OCC 发动机：一个带有顶置化油器的四缸侧阀汽油装置。后来的拖拉机装有顶阀赫拉克勒斯发动机，但动力仍保持为 24 马力。

通用目标

20 世纪 20 年代到 30 年代之间，随着大量的马匹和骡子被拖拉机取代，机械农耕迅速发展。美国和加拿大农场这一潮流的最前沿，对全能通用拖拉机产生了巨大需求，这些拖拉机设计用于操作各种各样的机械：很多拖拉机装有皮带轮以满足动力输出需求。最受欢迎的通常是结构简单的型号，通常采用 4 缸汽油／石油发动机，输出功约在 30 到 45 马力。

▽ **国际 10-20**
年份 1930　**产地** 美国
发动机 国际 4 缸汽油／石油机
马力 20 马力
变速器 前进档 3，倒档 1

国际公司的麦考密克－代林 10-20 型成为拖拉机行业的经典。在 16 年的时间里，产量总计超过 20 万辆，成功的基础是长期可靠的声誉。它是首批拥有动力输出（PTO）的拖拉机之一。

▷ **鲁梅利 6-A**
年份 1931　**产地** 美国
发动机 沃基肖 6 缸汽油／石油机
马力 48 马力
变速器 前进档 3，倒档 1

这是高级脱粒机公司的最后一款新车型。它是一款高规格的 6 缸拖拉机，价格昂贵，销量令人失望，1931 年公司被 Allis-Chalmers 收购。

◁ **梅西－哈里斯 GP**
年份 1932　**产地** 美国
发动机 赫拉克勒斯 4 缸汽油／石油机
马力 24 马力
变速器 前进档 4，倒档 1

四轮型拖拉机对提升效率的贡献巨大，但当马西－哈里斯在 1930 年将其纳入他们的 GP 型号时，它仍然是一个新奇的事物。农民担心会产生额外的费用，因此该拖拉机销量不容乐观。

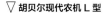

◁ **阿里斯－查尔默斯 U 型**
年份 1933 **产地** 美国
发动机 阿里斯－查尔默斯 4 缸汽油 / 石油机
马力 34 马力
变速器 前进档 3，倒档 1

U 型是一款普通的拖拉机，但 1932 年，它成为了第一款配有充气橡胶轮胎的量产型拖拉机。这是一个巨大的突破，因为充气橡胶胎取代了老式的钢轮，可以提高行驶速度，避免道路损伤。

△ **凯斯 C 型**
年份 1934 **产地** 美国
发动机 凯斯 4 缸汽油 / 石油机
马力 27 马力
变速器 前进档 3，倒档 1

相较于先前采用的横向布局，C 型和较大的 L 型是第一款选择传统纵向发动机安装方式的凯斯拖拉机。C 型凯斯拖拉机的特征是主减速器配有坚固的齿轮和链条传动系统。

△ **国际 W-12**
年份 1935 **产地** 美国
发动机 国际 4 缸汽油 / 石油机
马力 15 马力
变速器 前进档 3，倒档 1

W-12 是 F-12 的通用版，后者是国际公司量产的最小的法莫轮式拖拉机。为了赢得更多市场，该公司也推出了 O-12 果园型和 I-12 工业版，这些版本都有相同的迷你尺寸设计规格。

▷ **格雷汉姆－布兰德利 104**
年份 1938 **产地** 美国
发动机 格雷汉姆－佩吉 6 缸汽油 / 石油机
马力 32 马力
变速器 前进档 4，倒档 1

格雷汉姆－佩吉机动公司在底特律生产高档车，但较差的销量让他们在 1937 年将高规格的格雷汉姆－布兰德利拖拉机加入生产系列中。尽管是 104 型的改进版，且最高速度达到 20 英里 / 时（32 千米 / 小时），但拖拉机并没有取得成功。

▽ **胡贝尔现代农机 L 型**
年份 1937 **产地** 美国
发动机 沃基肖 4 缸汽油 / 石油机
马力 43 马力
变速器 前进档 3，倒档 1

胡贝尔在 19 世纪 60 年代从制造农用机械，之后发展到制造拖拉机，但没有实现预期的销量。包括 I 型拖拉机在内，1937 年宣布的新型拖拉机是上世纪 40 年代，在企业倒闭前最后一个带有"胡贝尔"品牌的拖拉机。

◁ **奥利弗 80**
年份 1940 **产地** 美国
发动机 奥利弗 4 缸汽油 / 石油机
马力 36 马力
变速器 前进档 3，倒档 1

80 型是奥利弗的中档拖拉机，可作用于耕地，也可按照标准或通用（如图所示）型使用。1940 年的柴油 80 型是第一批使用柴油发动机的通用拖拉机。

福勒旋耕机

传说中的旋耕机（或称"旋转犁"）最初是为西印度群岛的甘蔗种植而开发的。这台机器由利兹市的约翰·福勒制造，于1927年上市，波多黎各的房地产经理诺曼·斯托里 (Norman Storey) 享有其专利权。该旋耕机有多个尺寸规格，但在1935年停产前，最大的型号只生产了67台。

斯托里提出了利用两种反向旋转的铁丝环进行甘蔗深耕的概念，并将生产权授权给了福勒公司。早期的拖拉机需要225马力的里卡多柴油发动机，但很快就被德国MAN公司提供的150马力工业柴油发动机所取代。随后的型号均采用MAN柴油发动机，动力最终提升到了170马力。

约有一半的大型旋耕机供应给了英国承包商，这些承包商将其用于耕种和土地开垦。这些机器通常不可靠且操作成本高昂，每小时使用8加仑（36升）燃料。农民们认为这样的消耗并不值得，除非土地开垦非常深，但这又会损坏土壤结构，如此一来旋耕机又会背上损坏土地的不公平名声。

深层松土中耕机

唯一还在运行的170马力的拖拉机便是这个旋耕机，该新拖拉机于1935年4月6日交付给萨里郡埃格哈姆承包商A.J.沃德和索恩。购买价格为6000英镑。

主油箱可容纳120加仑（545.5升）燃料

后备主油箱可容纳80加仑（363.7升）燃料

MAN 6缸柴油机

发动机驱动前轮

履带将拖拉机重量分散，以免压实土壤

前视图

后视图

规　格	
型号	福勒 170 马力旋耕机
年份	1935
产地	英国
产量	67
发动机	170 马力 MAN 6 缸柴油机
排量	1937 立方英寸（31750cc）
变速器	前进档 2，倒档 1，配有高 / 低速变速器
最高速度	2 英里 / 时（3 千米 / 小时）
长度	26 英尺 3 英寸（8 米）
重量	25 吨

细节

1. 箭头指向为前轮方向
2. 转速器显示发动机转数
3. MAN 柴油机的 CAV 博世 PE 型燃油喷嘴
4. 控制杆控制转向离合器、刹车、传动装置和转速
5. 每个犁地转子环配有四个犁头

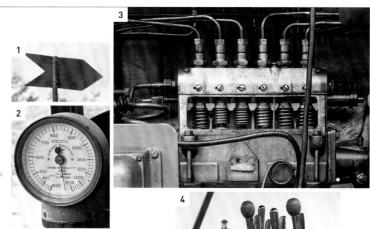

旋耕头升降杆

转向离合器和刹车控制杆

驾驶员座位

旋耕机升降由链条操纵

辅助弹簧允许旋耕机在运行状态中"悬浮"

犁头尖端最深达20英寸（50.8厘米）

履带式拖拉机市场增长

在两次世界大战之间，英国的履带式拖拉机市场被主要来自美国的进口机器主导。英国的几家老蒸汽发动机公司生产了一些很有前途的履带式型号，但大多数都没有对市场产生任何影响。福勒拖拉机是个例外，该拖拉机在大萧条时期被认为是能把废弃土地重新开垦再生的理想机器。产自兰茨和汉诺马克的德国拖拉机在本国赢得很好的市场，但不得不与美国产的拖拉机（如卡特彼勒、国际、克莱特拉克和阿里斯 - 查尔默斯等企业）竞争国外市场。

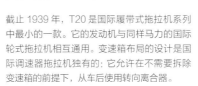

◁ **乔治斯·维达尔葡萄园系列**
年份 1925 **产地** 法国
发动机 博杜安 4 缸汽油机
马力 20 马力
变速器 前进 2，倒档 1

维达尔于 1920 年开始制造拖拉机，其目标市场是在丽丝戴尔和科尔比酿酒地区的葡萄园。这种拖拉机的一个版本是用气体驱动，在这种情况下，气体来自燃烧木材，发动机安装在拖拉机后面。使用这种燃料只能获得 20 马力。

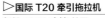

▽ **凯斯越野 L 型**
年份 1938 **产地** 英国
发动机 凯斯 4 缸汽油 / 石油机
马力 42 马力
变速器 前进档 3，倒档 1

为凯斯 L 型拖拉机配置履带是为了尝试提高其牵引力。该尝试并没有形成一款热卖机型。三级变速器不能完美适配履带拖拉机工作，且履带拖拉机的设计目的是为了保持拖拉机前向后向的平衡。该款拖拉机的防水款是为拖曳救生艇而设。

▷ **国际 T20 牵引拖拉机**
年份 1933 **产地** 美国
发动机 国际 4 缸汽油 / 石油机
马力 28 马力
变速器 前进档 3，倒档 1

截止 1939 年，T20 是国际履带式拖拉机系列中最小的一款。它的发动机与同样马力的国际轮式拖拉机相互通用。变速箱布局的设计是国际调速器拖拉机独有的：它允许在不需要拆除变速箱的前提下，从车后使用转向离合器。

▷福勒 75
年份 1935 **产地** 英国
发动机 福勒 6A6 缸柴油机
马力 75 马力
变速器 前进档 5，倒档 1

这些拖拉机从 1931 年生产至 1937 年，起初几乎所有该系列拖拉机都配有旋耕附件。图中所展示的拖拉机配有一具绞车，该拖拉机一直在达文特里无线桅杆公司服役。它是唯一一台已知的以拖拉机而非旋耕机出售的机型。

△福勒旋耕机
年份 1935 **产地** 英国
发动机 MAN 6 缸柴油机
马力 170 马力
变速器 前进档 2，倒档 1，配有高 / 低档变速箱

第一台旋耕机于 1927 年被运往古巴，它由一台 225 马力的理查德汽油机驱动。这款发动机还制造了另外 3 台，但它们每小时油耗达到 14 加仑（64 公升），很快就换成了 MAN 柴油机。这些大型旋耕机每台售价 6000 英镑，共生产了 67 台。

▷卡特彼勒 15
年份 1931 **产地** 美国
发动机 卡特彼勒 4 缸汽油机
马力 25 马力
变速器 前进档 3，倒档 1

1928 年问世的卡特彼勒 15 型拖拉机是当时的"现代版"拖拉机。1931 年，所有卡特彼勒拖拉机的颜色都从战舰灰换成了公路黄。该型拖拉机有一小部分出口到了英国。

◁D9550 型兰茨斗牛犬 HR8
年份 1935 **产地** 德国
发动机 兰茨单缸 2 冲程热球半柴油机
马力 38 马力
变速器 前进档 6，倒档 2

该履带式拖拉机因其简单、可靠和长寿的优点获得了良好信誉。除了不得不用喷灯来启动热球发动机这一不便之外，单缸发动机还是非常简便的。离合器和刹车转向意味着在转弯时不会失去动力。

△卡特彼勒 R2 4J 型
年份 1940 **产地** 美国
发动机 卡特彼勒 4 缸汽油 / 石油机
马力 27 马力
变速器 前进档 5，倒档 1

5 速 R2 拖拉机是柴油 D2 型的火花点火型。除了发动机不同外，这两款拖拉机完全相同，都采用 44 英寸（112 厘米）的标准规格，或者采用 50 英寸（127 厘米）的宽距拖拉机。1942 年该拖拉机生产进度放缓，为生产二战时盟军所需的军需物资腾出产能。大部分生产环节都在英国进行。

▷国际 TD35 牵引拖拉机
年份 1937 **产地** 美国
发动机 国际 4 缸汽油启动柴油机
马力 42 马力
变速器 前进档 5，倒档 1

20 世纪 30 年代初，国际公司推出了其柴油履带系列。柴油发动机的设计很不寻常，因为它是用汽油启动的，加热后就变成了柴油发动机。在 TD35 型中，这一转换操作是自动进行的，在后来的型号中该操作是手动完成的。

飞行器牵引用拖拉机

拖拉机一个比较有趣的应用是牵引军用和民用飞行器。早期的商业"机场"只不过是草地机场。当远程航线被开辟，飞机变得越来越大，越来越重，拖拉机成为在陆地牵引飞机的辅助工具。

随着航空时代的到来，草皮被柏油跑道取代，对飞机迁移要求变得越来越专业，像郡、大卫·布朗、道格拉斯和浮力-水星等公司制造了专用的飞机牵引设备。民用机场也使用拖拉机进行跑道扫雪和除冰工作。

皇家航空

英国皇家航空公司成立于 1924 年，是首先使用拖拉机进行陆地牵引工作的航空公司之一。20 世纪 30 年代，皇家航空公司为其在南安普顿溺湾的海斯镇水上飞机基地购入了一台拉什顿越野拖拉机，用来牵引水上飞机。第二台越野拖拉机（以福特森为基础），是为了皇家航空在萨里郡克罗伊登的陆基飞机牵引而购买的。

这两台拖拉机都是全履带式，配有橡胶带，以实现静音运行。位于米德尔赛克斯的无限公司主要制造特定用途的专业拖拉机，该公司的部分设备也有军事用途。

克罗伊登机场的一辆越野拖拉机正在牵引一架 HP42W 飞机，这架飞机于 1931 年至 1937 年在皇家航空公司的长途航线上服役。

◁ 皇冠超级原油拖拉机

年份 1927 **产地** 瑞士

发动机 先进 2 缸 2 冲程热球半柴油机

马力 35 马力

变速器 前进档 3，倒档 1

为了启动发动机，每个汽缸的点火塞必须加热。该过程通过电力系统实现，这需要拖拉机与一个电源和发电机适配。早期出现过曲轴破损的情况，为此不得不对相关组件重新设计。

第一款柴油动力机

20 世纪 20 年代中期，人们才认识到拖拉机使用柴油发动机的好处，但制造环节却出现了问题。柴油发动机燃油效率更高，价格更便宜，且不需要向汽油那样精炼。然而，工程师们不得不将发动机设计的足够轻，以便安装。燃油喷射系统的部件需要在一定范围内是可靠和无需调节的。欧洲制造商偏爱的单缸热球发动机可以解决这些问题，每台拖拉机只需要一套喷油点火装置。

△ 布巴 UT6

年份 1930 **产地** 意大利

发动机 布巴单缸平行 2 冲程热球半柴油机

马力 40 马力

变速器 前进档 3，倒档 1

生产商宣称布巴拖拉机可以使用从泥板岩、粗汽油和焦油蒸馏提取出的燃料。的确如此，因为热球发动机有相对小的发动机速度和较小的喷油压力，使燃料可以缓慢燃烧。

△ KSCS K40

年份 1935 **产地** 匈牙利

发动机 HSCS 单缸平行热球半柴油机

马力 40 马力

变速器 前进档 3，倒档 1

HSCS 于 20 世纪早期以"Hoffer-Schrantz-Clayton-Shuttleworth"之名成立，由一群匈牙利生意人和英国克莱顿 & 沙特尔沃思合伙经营，该经营模式持续到 1921 年克莱顿让渡了它的股权为止。参照兰茨的单缸设计，HSCS 于 1923 年生产了其第一台拖拉机。生产持续到 20 世纪 50 年代。

▷ 卡特彼勒六十阿特拉斯

年份 1928 **产地** 美国

发动机 阿特拉斯 - 帝国 4 缸柴油机

马力 65 马力

变速器 前进档 3，倒档 1

20 世纪 20 年代后期，消费者对柴油轨道式拖拉机的需求，使市场中卡特彼勒拖拉机变得紧缺。一些失望的顾客甚至开始试验他们自己的拖拉机，其中一个结果如下：1928 年，凯撒铺路公司的亨利·凯撒和红河木材公司的弗莱彻·沃克利用阿特拉斯船用柴油机，生产了小批量的卡特彼勒和君王 75 型拖拉机。这些发动机结构复杂，体型沉重，甚至对于履带式拖拉机来说亦是如此，所以这样的转变不算成功。

△ **蒙克特尔 22HK**
年份 1921 **产地** 瑞士
发动机 蒙克特尔 2 缸 2 冲程热球半柴油机
马力 26 马力
变速器 前进档 3，倒档 1

该公司于 1913 年开始生产拖拉机，持续生产到 20 世纪 70 年代。该拖拉机采用模块化设计，由发动机、变速箱和后轴等大部件组合而成。不寻常的特征是其配有一个油浴空气过滤器。

◁ **维耶尔宗 H2**
年份 1936 **产地** 法国
发动机 维耶尔宗单缸平置 2 冲程热球半柴油机
马力 50 马力
变速器 前进档 3，倒档 1

在 1931 年开始生产拖拉机之前，维耶尔宗公司制造的是农业机械设备。该公司的拖拉机生产持续到 20 世纪 50 年代末，直到凯斯公司收购了其权力。该拖拉机参照了德国兰茨公司的基本设计。

△ **兰茨 HR2 大"斗牛犬"**
年份 1926 **产地** 德国
发动机 兰茨单缸平置 2 冲程热球半柴油机
马力 22 马力
变速器 前进档 3，倒档 1

兰茨的该款拖拉机被很多制造商仿制过。HR2 是最早的一批大型拖拉机，并以"斗牛犬"之名被人们熟知。兰茨拖拉机的一个特征是转向由方向盘控制，而非操纵杆，并通过飞轮启动发动机。

▷ **马歇尔 12-20 型**
年份 1938 **产地** 英国
发动机 马歇尔单缸平行 2 冲程柴油机
马力 20 马力
变速器 前进档 3，倒档 1

12-20 型是马歇尔生产的第一款成功的拖拉机，它比之前的型号都要轻便且便宜，它也是著名的菲尔德－买塞尔系列的先驱，所有这些产品的共同点是，操作起来都很经济。马塞尔采用德国兰茨的设计，但选用全柴油发动机。12-20 型是脱粒拖拉机中非常优秀的一款。

◁ **麦克唐纳德 TWB 帝国型**
年份 1938 **产地** 澳大利亚
发动机 麦克唐纳德单缸平行 2 冲程热球半柴油机
马力 35 马力
变速器 前进档 3，倒档 1

TWB 拖拉机的生产从 1931 年持续到 1944 年。变速箱和底盘的设计与鲁梅利的非常相似，其中麦克唐纳德采用了 T 形的发动机布局。与其它所有麦克唐纳德产品一样，该拖拉机坚固且设计简单，配有符合兰茨标准的发动机。麦克唐纳德也生产了大量的压路机，随后还生产了压路机滚筒、修路设备、普通农用和公路设备。

1918 年 4 月 22 日，本杰明·霍尔特和英国少将 E.D. 斯温顿在霍尔特的斯托克顿工厂会面。

伟大的制造商
卡特彼勒

卡特彼勒公司是拖拉机制造领域的世界领军企业，是业界一家重要的生产商，其产品从共计 93 家工厂向全球 180 多个国家的客户供应。如今，卡特彼勒公司生产的产品超过 300 种，从建筑和采矿设备到柴油和天然气发动机、工业燃气轮机和柴油电力机车。

卡特彼勒的故事

卡特彼勒机械公司的发展早期位于美国西岸。它的两个起源可以追溯到霍尔特兄弟（他们创立了斯托克顿车轮公司来供应木制的车轮、杆和轴）和丹尼尔·贝斯特（Daniel Best）。贝斯特于 1869 年开始制造农用机械，后来又开始生产蒸汽和燃气牵引发动机。

查尔斯·霍尔特和他的发明家兄弟本杰明于 1863 年从新罕布什尔州搬到加利福尼亚州的斯托克顿市后，创办了斯托克顿车轮公司。1886 年，他们出售了第一款联合收割机，这是一种将他们发明的"链条驱动"设计结合在一起的机器，其设计原理可以防止机器因超速而受到损坏。霍尔特夫妇在 1890

年制造了他们的第一台蒸汽拖拉机，两年后，他们成立了霍尔特制造公司。

斯托克顿地区的土壤很深，是黑色的泥炭，不能承受蒸汽拖拉机的重量。为了解决这个问题，霍尔特试着在机器上安装宽尺寸轮，在某些情况下，这台拖拉机的最大宽度超过了 30 英尺（9 米）。这些轮子只取得部分成功，因此霍尔特寻求更好的方法，他决定为其中一台蒸汽牵引机配置了一套履带。这台机器于 1904年 11 月进行了测试，结果立

1927年前后，卡特彼勒2吨级拖拉机。

位于伦敦威斯特敏斯广场的英国经销商拖拉机交易有限公司，正在展示卡特彼勒拖拉机的防波堤排水犁。

早期田间测试

1908 年，霍尔特在霍尔特工厂附近的泥炭土壤上试验了一种新型的汽油驱动履带式拖拉机。

贝斯特 60

1863 霍尔特兄弟成立了斯托克顿车轮公司，
　　 1892 年合并成为了霍尔特制造公司

1871 丹尼尔·贝斯特创立了自己的农场设备公司，
　　 后来卖给了霍尔特

1910 C.L. 贝斯特汽油拖拉机公司成立

1925 卡特彼勒拖拉机公司于 4 月 15 日成立，由
　　 霍尔特制造公司和 C.L. 贝斯特汽油拖拉机公司
　　 合并而成。

1927 第一台卡特彼勒设计的 20 型拖拉机问世

60 阿特拉斯

1928 卡特彼勒拖拉机公司收购了拉塞尔平地机

1931 第一台柴油 - 卡特彼勒 60 阿特拉斯进入市场

1942 卡特彼勒开始生产军用物资

1946 卡特彼勒宣布了迄今为止最大的扩张计划

1951 卡特彼勒拖拉机有限公司在英国成立，
　　 这是其第一个海外工厂

1955 卡特彼勒 D9 问世

1956 卡特彼勒在苏格兰格拉斯哥建立生产基地

D7 型

1964 卡特彼勒销量超过 10 亿美元

1972 卡特彼勒 225，一款 360 度的挖掘机问世

1976 卡特彼勒销量超过 50 亿美元

1977 高驱动 D10 拖拉机问世

1982 1.8 亿美元损失被曝光，这是自 1932 年
　　 以来的第一次损失

1986 公司重组，名称依然为卡特彼勒公司

1987 卡特彼勒挑战者 65 问世。计划宣布关闭
　　 格拉斯哥工厂

1988 公布了新卡特彼勒商标

65 型

1955 《首席执行官》杂志将卡特彼勒公司评为
　　 美国最优秀的企业

1998 卡特彼勒收购了铂金斯柴油发动机

1999 卡特彼勒成为世界上最大的柴油发动机生产商

2002 农业设备资产出售给 AGCO

2011 卡特彼勒以 88 亿美元收购了
　　 布赛勒斯国际，这是公司史上最大的收购项目

1944年年度报告

卡特彼勒发布了一份年度报告，对该公司过去 12 个月的业绩进行了展望。报告关注的是二战期间的企业为战争做出的努力。

即获得成功。大概就是在这个时候，"卡特彼勒"这个名字被专门用来形容霍尔特履带式拖拉机。1906 年，霍尔特开始商业化生产这些机器。两年后，霍尔特准备将其第一代内燃机履带式拖拉机推向市场。霍尔特搬到了东部，并在伊利诺斯州的皮奥里亚建立了一家制造工厂，现在皮奥里亚是卡特彼勒公司全球总部所在地。

霍尔特制造公司继续研制其履带式拖拉机，并成为了市场的领导者。随着

该公司宣称自己是世界上最大的柴油发动机制造商。二战期间，卡特彼勒致力于满足盟军的需求。1946 年，该公司宣布了其历史上最大的扩张项目。自此以后，持续的、资金充裕的科研和开发项目产生了先进的机器设计，例如为卡特彼勒 65 公司开发，并于 1987 年投入使用的橡胶履带式拖拉机系列，以及高驱动履带式拖拉机系列。这些技术的进步满足了卡特彼勒产品持续的客户需求和信心。卡特彼勒的机器得到了世界级备件供应系统的支持。尽管卡特彼勒在 2002 年将其农业部门出售给了 AGCO，但如今卡特彼勒的产品线依然由多达 300 多种不同机械设备组成。

技术支持

为客户提供的一个含有丰富信息的维护指南。

1914 年第一次世界大战的到来，盟军开始订购大量的霍尔特拖拉机。霍尔特在战争期间专注于生产这些订单，但战争结束后，剩余的大量拖拉机没有立即找到市场。但因为霍尔特最初就向美军提供设备，之后的卡特彼勒公司在今天仍在继续供应这一市场。

和霍尔特兄弟一样，丹尼尔·贝斯特在 1889 年制造了联合收割机，并发展到生产蒸汽牵引发动机，但 1908 年，它被卖给了霍尔特制造公司。丹尼尔的儿子克拉朗斯·里奥·贝斯特是霍尔特生产履带式拖拉机的主要对手，前者于 1910 年成立了 C.L. 贝斯特汽油牵引机公司。自此，贝斯特开始制造使用最新的科技和材料的高品质拖拉机。尽管霍尔特公司的规模仍然是 C.L. 贝斯特汽油牵引公司的两倍，但法院对其专利权的诉讼以及随后的市场份额损

失，严重削弱了霍尔特的实力。1919 年贝斯特发布了它的 60 型，这是履带式拖拉机设计中最具代表性的型号之一。这给霍尔特带来了新的压力，迫使他与贝斯特达成和解。1925 年 4 月 15 日，两家公司合并成立了卡特彼勒拖拉机公司。他们的生产线以最先进的工艺使产品专业化。1928 年，卡特彼勒收购了罗素分级机制造公司。新公司现在有资源和专业知识来开发急需的柴油拖拉机，以增加其产品线。1931 年末期，第一台卡特彼勒柴油机问世，随后的 1933 年又出现了一系列新的柴油拖拉机。这使该公司在竞争中处于领先地位，到 1938 年，

进步的科技

卡特彼勒革命性挑战者 65 的剖视图展示了发动机、变速箱和液压机械转向系统。

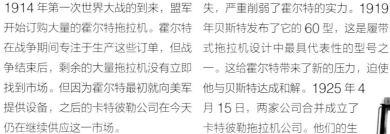

1939 -1951
战争与和平

战争与和平

拖拉机在第二次世界大战中起着不可忽视的作用——它不仅作用于农场，耕种更多的土地，而且还以军事形式出现：牵引飞机和大炮，建立滩头阵地，建造航空母舰。

战争期间，英国拖拉机数量从 1939 年的 5.5 万台增长至 1944 年的 14 万台。大部分由福特森的达格楠工厂生产，该工厂被授予了拖拉机"生产供给部"合同。在高峰时期，达格楠工厂每 17 分钟 36 秒内就能生产一辆福特森拖拉机。到二战结束，英国有超过 1900 万英亩（770 万公顷）可用耕地。

世界上几乎所有国家的拖拉机工业都受到了信息通信技术直接或间接的影响。在战争的黑暗日子里，大多数制造商坚持使用过时的设计，与过去十年的设计几乎没有什么不同。在德国，燃料短缺是一个问题，拖拉机用燃烧木材或焦炭产生的燃气来驱动。英国制造业的落后是由强大的美国拖拉机工业造成的。1941 年至 1945 年期间，根据战时租借计划，约有 3 万辆轮式拖拉机和 5000 辆履带式拖拉机被运往英国。

美国制造商已进入一个风格鲜明、色彩鲜艳的拖拉机新时代，这给经济紧缩年代带来了一股可喜的色彩。战后粮食短缺推动了农业的复苏，拖拉机工业也空前繁荣。到 1949 年，随机械化的普及，美国农场的拖拉机数量达到了 1940 年 150 万台的两倍。

△ **新样式**
国际拖拉机履带式拖拉机系列在 1939 年进行了改良，采用了雷蒙德·洛伊威设计的一系列新款车型。

主要事件

▷ **1939** 福特英国区总经理说服农业部长为战争工业委员会建拖拉机厂。

▷ **1940** 英国空军部要求大卫·布朗向英国皇家空军提供飞机牵引拖拉机，以供空军使用。

▷ **1941** 达格南拖拉机生产线在德军的空袭后中断。

▷ **1941** 美国国会通过了《租借法案》。

▷ **1942** 克利夫兰拖拉机公司被授予合同，向美国军队供应军用履带拖拉机。

▷ **1942** 美国陆军雇佣了卡特彼勒、国际和阿利斯-查默斯三家重型履带式拖拉机修建雷诺公路。

▷ **1944** 兰茨的曼海姆工厂被盟军轰炸严重破坏。

▷ **1945** 二战期间，俄罗斯斯大林格勒拖拉机工厂因员工的英雄气概被授予爱国战争一等功。

▷ **1946** 弗格森 TE-20 于英国考文垂生产。虽然当年就已经曝光，但直到 1948 年才正式上市。

▷ **1947** 二战期间严重受损的波兰乌尔苏斯工厂开始生产 C-45 型拖拉机。

▷ **1949** 英国国际收割机公司于新唐卡斯特工厂开始生产拖拉机。

事实上，我们毫无悬念的是世界上农业机械化程度最发达的国家。

罗伯特·斯皮尔·哈德逊，英国农业和渔业部长，1940-1945 年

△ **铺设雷诺公路**
美国履带式拖拉机还参与了军事建设项目，包括修建雷诺公路，这是一条长达 1079 英里（1736 公里）的从印度到中国的军用供给线路。

◁ 1948 年，特伦斯·库内奥（Terence Cuneo）的一幅油画，表现达格楠工厂福特森 E27N 拖拉机的生产线。

拖拉机新样式

拖拉机发展初期的重点是性能和可靠性，而不是外观。20 世纪 20 年代，随着拖拉机市场竞争逐渐激烈，情况开始发生变化。从 20 世纪 30 年代起，拖拉机外观列入消费者的首选要求中。设计师们，尤其是美国设计师受到了汽车产业的影响，汽车产业中老式的四四方方形状被新的流线型外观取代。柔和的灰色和绿色也被更明亮更吸引眼球的颜色取代。

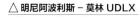

△ **明尼阿波利斯－莫林 UDLX**
年份 1938 **产地** 美国
发动机 明尼阿波利斯－莫林 4 缸汽油机
马力 46 马力
变速器 前进档 5，倒档 1

明尼阿波利斯－莫林设计师错误地认为舒适型拖拉机有市场前景，该拖拉机配有一个方向盘的驾驶室、两个含充填物的座位、40 英里 / 时（6 千米 / 小时）的最高速度、一个空调甚至还有一个烟灰缸。UDLX 停止生产时，一共只生产了 125 台。

◁ **国际 W-4**
年份 1940 **产地** 美国
发动机 国际 4 缸汽油单用或汽油 / 石油机
马力 石油 22 马力，汽油 24 马力
变速器 前进档 4，倒档 1

20 世纪 30 年代，美国并没有大量对柴油拖拉机的需求，因此 W-4 发动机有汽油和汽油 / 石油两版。在内布拉斯卡测试中，汽油燃料引擎的输出功率比另一款高 10%。

▷ **明尼阿波利斯－莫林 GT**
年份 1941 **产地** 美国
发动机 明尼阿波利斯 4 缸汽油 / 石油机
马力 40 马力；动力最大的一批型拖拉机

如果有一个最引人注目的 20 世纪 30 年代拖拉机的奖项，明尼阿波利斯－莫林的亮黄色油漆涂装可能会胜出。在 1938 年的新一代拖拉机中，GT 是最强大的车型。

◁ **梅西－哈里斯 102 初级**
年份 1941 **产地** 美国
发动机 大陆 6 缸汽油 / 石油机
马力 47 马力
变速器 前进档 4，倒档 1

102 型是 101 汽油机型的汽油 / 石油升级版，两版都可以使用 4 缸初级和 6 缸初级型号。梅西－哈里斯使用美国"三犁"发动机。

◁ **约翰·迪尔 D 型**
年份 1945 **产地** 美国
发动机 约翰·迪尔 2 缸平行
石油 / 汽油机
马力 40 马力
变速器 1934 年以前为前进档
2，倒档 1；自 1935 年为前进
档 3，倒档 1

D 型是第一款由约翰·迪尔公司设计的拖拉机产品。各型号都生产了 30 多年，所有机型都是简单的双缸发动机设计，该设计成为拖拉机行业最成功的产品之一。

△ **科克沙特 30**
年份 1948 **产地** 加拿大
发动机 布达 4 缸汽油机
马力 30 马力
变速器 前进档 3，倒档 1

科克沙特 30 型与 Co-op E-3 和法慕克雷 30 相似，这三个品牌的销量都不大，科克沙特的品牌名在 1962 年被收购之后再没用过。

△ **凯斯 DC 型**
年份 1950 **产地** 美国
发动机 凯斯 4 缸汽油机
马力 33 马力
变速器 前进档 3，倒档 1

凯斯拖拉机于 1939 年更换机身颜色，由公司称之为佛朗博红的亮橙色取代了原来的灰色。DC 轮式拖拉机有如下特征：可调节双轮胎间距，具有特殊的转向设置。

◁ **约翰·迪尔 AN**
年份 1942 **产地** 美国
发动机 约翰迪尔 2 缸平行汽油 / 石油机
马力 38 马力
变速器 前进档 4，倒档 1

A 型拖拉机生产年份为 1934 年到 1952 年，在这期间，出现过一些设计改变和特别版机型。图中展示的 N 型拖拉机是"潮流"版，具有 1938 年推出的新外观——N 代表单前轮设计。

△ **凯斯 DO 型**
年份 1951 **产地** 美国
发动机 凯斯 4 缸汽油机
马力 35 马力
变速器 前进档 3，倒档 1

果园拖拉机的设计比较特别，这个"O"型拖拉机就是一例。去掉了垂直排气管以避免损伤树枝，甚至连方向盘和后轮都被包裹起来以避免伤害树木。

先驱

大改造

20 世纪 30 年代，随着制造商求助于专业设计师为产品增加视觉吸引力，工业风格开始变得流行。为约翰迪尔拖拉机进行改造的设计师是美国工业设计师亨利·德雷福斯（1904-1972）。"德雷福斯"的外观使用在了 1937 年约翰迪尔 A 型和 B 型拖拉机。其风格影响直到 1961 年一款全新的拖拉机系列问世时才消失。

工业设计师亨利·德雷福斯设计的产品涉及电话、真空吸尘器，甚至包括 NYC 哈德逊火车头。

MM UDLX

作为上世纪 30 年代末出现在美国市场上的"潮流"拖拉机新时代的缩影，UDLX 的"舒适性"在某种程度上引起了轰动，提供了一种此前在农业圈闻所未闻的奢华。它于 1938 年推出，是一种实用的农用拖拉机，能为农民及其妻子提供超舒适的驾驶体验，但其价格很少有农民能负担得起。

UDLX 各方面都很特别，配有后弦、封闭车身、以及设备完善的驾驶室。强大的高压比汽油发动机和 5 速变速箱能达到最高 40 英里 / 时 (64 千米 / 小时) 的速度。由后门进入的"全天候"驾驶室配有座椅、橡胶垫、暖器和储物箱。配有现代化生活设备，包括燃油温度计、燃油量表、电流计、里程计、钟表、打火机、烟灰缸、防晒板、后视镜、电喇叭和收音机。该拖拉机也配有电动启动设备、前大灯、刹车灯和雨刮器。

将一个新概念引入市场对于明尼阿波利斯 - 莫林动力设备公司和 UDLX 公司来说无疑是一个大胆的举动，但 2155 美元的价格让大多数农民无法企及。

明尼阿波利斯–莫林的"舒适性拖拉机"

UDLX 的保险杠、轮毂盖和阀帽装饰都是镀铬的，该型号拖拉机的涂装颜色采用明尼阿波利斯 - 莫林的亮"大地金"，此颜色是该公司 1938 年为新"视觉"系列潮流拖拉机涂装推出的。

百叶窗为封闭的
发动机中散热

MM 标志镶于铬合金上

前视图

后视图

可开启引擎盖方便发动
机维修

高耐磨六褶橡胶前胎

细节

1. MM 标志装饰散热器格栅
2. 全照明系统由德科 - 瑞美电力系统公司提供
3. 驾驶控制包括离合器、刹车和节流脚踏板
4. 有电力启动装置的 4 缸高压缩 KED 汽油发动机

挡风玻璃由安全玻璃制成

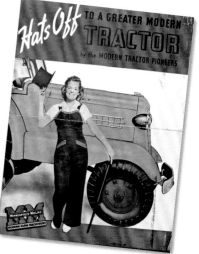

1938年的4页装彩色宣传册

后轮有镀铬轮毂

规 格	
型号	明尼阿波利斯 - 莫林 UDLX
年份	1938
产地	美国
产量	125
发动机	46 马力明尼阿波利斯 - 莫林 4 缸汽油机
排量	283 立方英寸（4637cc）
变速器	前进档 5，倒档 1
最高速度	40 英里 / 时（64 千米 / 小时）
长度	11 英尺 9 英寸（3.58 米）
重量	2.9 吨（2.9 公吨）

美国履带式拖拉机

自 20 世纪初叶美国推出履带式拖拉机以来，美国设计和生产的履带式拖拉机就成为该市场的主导者。这种类型的全盛期开始于 20 世纪 30 年代早期，当时市场上出现了第一批柴油机发动机，并一直持续到 60 年代早期。卡特彼勒公司、阿利斯-查尔默斯公司、国际公司和克莱特拉克公司的产品服役于世界各地的农场、建筑工地以及全球战区。

◁ 克利夫兰·克莱特拉克 BD
年份 1940 **产地** 美国
发动机 赫拉克勒斯 6 缸柴油机
马力 38 马力
变速器 前进档 4，搭档 2

安装在克莱特拉克 BD 履带式拖拉机上的赫拉克勒斯柴油发动机是当时最先进的发动机。和所有克莱特拉克履带式拖拉机一样，BD 型椭圆差速舱，该设备在美国被称作"克莱特拉克舱"。

◁ 卡特彼勒 D2
年份 1942 **产地** 美国
发动机 卡特彼勒 4 缸柴油机
马力 32 马力
变速器 前进档 5，倒档 1

D2 型有一个牵引深耕机起降工具，该工具可以适配轮式机和田间通用工作机械等一系列设备上。该工具可以卸下，允许拖拉机用于耕作。

▽ 卡特彼勒 D7
年份 1948 **产地** 美国
发动机 卡特彼勒 4 缸柴油机
马力 92 马力
变速器 前进档 5，倒档 4

D7 拖拉机动力强劲且可靠，在世界各地都能看到该拖拉机的影子。在 7M、1T、3T、4T 和 6T 序列号下共生产了 49110 辆。和这个时期的所有卡特彼勒拖拉机一样，它的启动机是一个双缸辅助汽油发动机。

△ 国际 TD14
年份 1944 **产地** 美国
发动机 国际 4 缸汽油启动柴油机
马力 64 马力
变速器 前进档 6，倒档 2

国际拖拉机 TD 系列的启动方式有点复杂，每个气缸中都有一个启动阀门。TD14 在美国以外的地方从未见过。

▽ 奥利弗 HG
年份 1944 **产地** 美国
发动机 赫拉克勒斯 4 缸汽油机
马力 18 马力
变速器 前进档 3，倒档 1

奥利弗公司于 1944 年收购了克利夫兰拖拉机公司，并继续生产当时的履带式拖拉机。唯一明显的区别是名字以及颜色由橙色到奥利弗绿的改变。HG 型拖拉机主要针对花园和中耕市场。

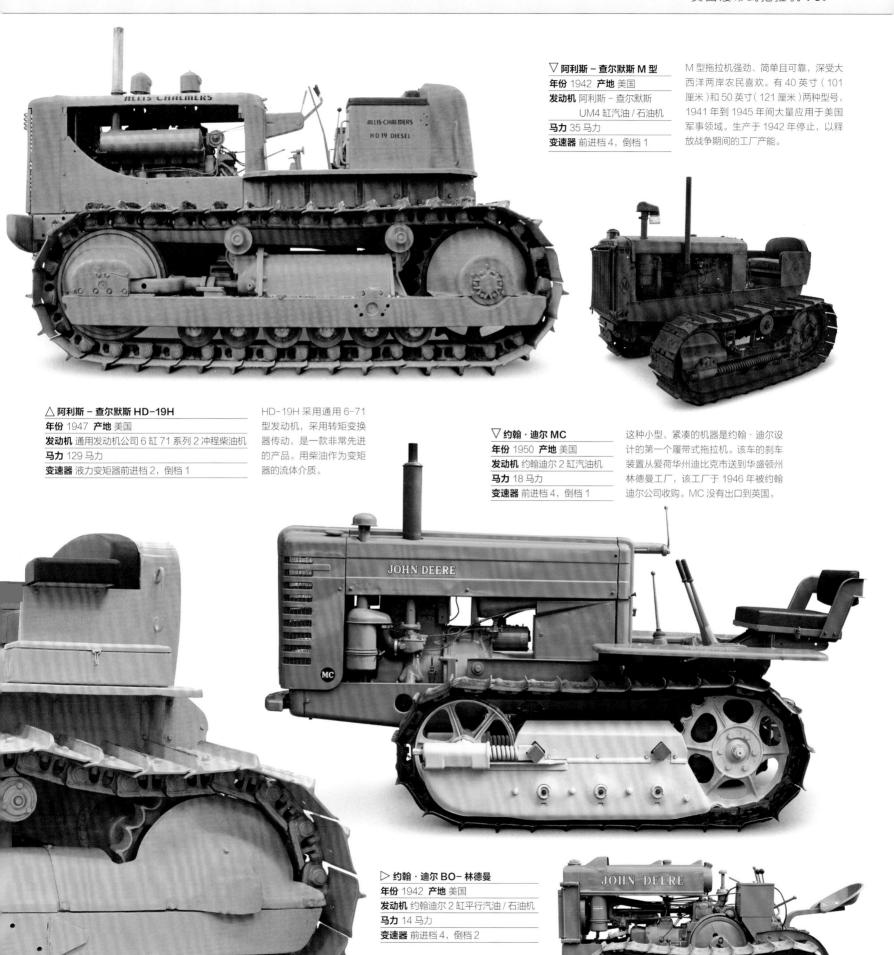

▽ **阿利斯－查尔默斯 M 型**
年份 1942 **产地** 美国
发动机 阿利斯－查尔默斯
UM4 缸汽油 / 石油机
马力 35 马力
变速器 前进档 4，倒档 1

M 型拖拉机强劲、简单且可靠，深受大西洋两岸农民喜欢。有 40 英寸（101厘米）和 50 英寸（121厘米）两种型号，1941 年到 1945 年间大量应用于美国军事领域。生产于 1942 年停止，以释放战争期间的工厂产能。

△ **阿利斯－查尔默斯 HD-19H**
年份 1947 **产地** 美国
发动机 通用发动机公司 6 缸 71 系列 2 冲程柴油机
马力 129 马力
变速器 液力变矩器前进档 2，倒档 1

HD-19H 采用通用 6-71型发动机，采用转矩变换器传动，是一款非常先进的产品。用柴油作为变矩器的流体介质。

▽ **约翰·迪尔 MC**
年份 1950 **产地** 美国
发动机 约翰迪尔 2 缸汽油机
马力 18 马力
变速器 前进档 4，倒档 1

这种小型、紧凑的机器是约翰·迪尔设计的第一个履带式拖拉机。该车的刹车装置从爱荷华州迪比克市送到华盛顿州林德曼工厂，该工厂于 1946 年被约翰迪尔公司收购。MC 没有出口到英国。

▷ **约翰·迪尔 BO- 林德曼**
年份 1942 **产地** 美国
发动机 约翰迪尔 2 缸平行汽油 / 石油机
马力 14 马力
变速器 前进档 4，倒档 2

BO- 林德曼的生产是为了满足美国西岸的顾客需求，由 2000 台林德曼型拖拉机改装而成。后期型号配备了一套液压附件，用以控制各种不同的工具。

小功率拖拉机

20世纪初期，小型拖拉机一直是从牲畜农耕到动力农耕转变的垫脚石。牲畜被取代后释放了大量的销售潜能。对美国农场中的马匹和骡子的官方普查数据显示，1920年达到了2600万多的峰值，但1950年，美国农场仍然还有800万马匹和骡子。一些小型拖拉机，尤其是产自大公司的小型拖拉机制造精良，但对拖拉机设计了解甚少的用户往往成为了推销员的牺牲品，他们推销的设计拙劣的拖拉机很少或根本没有售后服务。

△ **克利夫兰·克莱特拉克通用 GG**
年份 1948 **产地** 美国
发动机 赫拉克勒斯 IXA3 型 4 缸汽油机
马力 最大 19 马力
变速器 前进档 3，倒档 1

该通用型拖拉机由俄亥俄州的克利夫兰市的领军拖拉机公司生产，该公司是履带式拖拉机克莱特拉克系列的专业制造商。通用 GG 是第一款克莱特拉克轮式拖拉机，有一款履带版被命名为HG型。1941年，生产转移到了B.F.艾弗里公司。

△ **赛曼**
年份 1941 **产地** 美国
发动机 首选福特 A 型汽车发动机，其它汽车发动机也会使用
马力 40 马力
变速器 前进档 3，倒档 1

赛曼拖拉机专为注重成本的消费者设计。有三种版本：一种出售成品；一种配有福特汽车发动机，更便宜，可自组装的部件，还有一种没有装配发动机，供顾客可自行选装。

▷ **国际法莫古博**
年份 1948 **产地** 美国
发动机 国际 4 缸汽油机
马力 9 马力
变速器 前进档 3，倒档 1

国际 18 马力 A 型拖拉机的成功促使公司发布了一款更小的车型，即配有 980cc 排量发动机的 9 马力法莫古博拖拉机。这款拖拉机拥有较大的离地高度，以避免伤害耕地，侧布局的座位和方向盘使驾驶员拥有良好的前向视野。

◁ **领军 D 型**
年份 1947-1949 **产地** 美国
发动机 赫拉克勒斯 IXB54 缸
马力 22 马力
变速器 前进档 3，倒档 1

领军拖拉机的历史令人困惑，因为至少有三家不同的美国制造商使用相同的品牌名称。D 型拖拉机在二战拖拉机销量剧增期间产量也很低。它有一个特殊的设计，包括一个皮带轮和动力输出装置。

◁ **布罗克伟 49G**

年份 1949 **产地** 美国

发动机 大陆 F-1624 缸汽油机

马力 35 马力

变速器 前进档 4，倒档 1

家族企业布罗克伟公司在俄亥俄州的沙格林瀑布生产拖拉机。其 49 机型有三种版本，均使用大陆发动机。49D 型使用柴油，49K 型使用石油，而 49G 型使用汽油。

▽ **纽曼 AN3**

年份 1950 **产地** 英国

发动机 考文垂·维克多气冷 2 缸平行对置汽油机

马力 10.75 马力

变速器 前进档 3，倒档 1

纽曼 AN3 型拖拉机的价格是一大问题。1949 年，10.75 马力的三轮拖拉机报价为 240 英镑，相较于 226 英镑的福特森 E27N 四轮拖拉机而言，后者的动力是前者的三倍之多。

◁ **吉普森 H 型**

年份 1949 **产地** 美国

发动机 赫拉克勒斯 IXB3 4 缸汽油机

马力 24.5 马力

变速器 前进档 4，倒档 1

20 世纪 40 年代后期，吉普森拖拉机有单缸、双缸、四缸和六缸发动机 4 种型号在售。H 型有三轮和标准轮版本，配有一"双犁"装置，它可以同时开垦两个犁沟。

△ **阿利斯－查尔默斯 G 型**

年份 1949 **产地** 美国

发动机 大陆 AN-62 型 4 缸汽油机

马力 10.3 马力

变速器 前进档 4，倒档 1

G 型是一款特殊的用于种植作物的轻型拖拉机。后置发动机和前面的钢骨架为安装锄具提供了极佳空间，耕种时能避免伤害作物。

△ **印第安摩托拖拉机**

年份 1952 **产地** 美国

发动机 印第安双 V 汽油机

马力 24 马力

变速器 前进档 3，倒档 1

这款独特的拖拉机由俄亥俄州工程师伦纳德·堪尼尔设计，使用了印度的摩托车发动机和二战时期政府的剩余物资改造。这台拖拉机被用来为堪尼尔地区盖房子，之后被用于花园耕种和扫雪。

动员女性农耕队

当冲突似乎不可避免之时，甚至在英国对德国宣战之前，女性农耕队（WLA）就开始被动员起来。该组织于 1939 年 7 月 1 日组建，几乎立即有超过 1000 名志愿者加入，截止同年 12 月，参与农耕队的女性已有 4544 名。

训练农耕队

WLA 的妇女们在农业的各个领域完成了无数的任务——耕地、牲畜养殖、奶制品业、土地开垦、市场园艺、水果采摘，甚至抓老鼠。许多人接受过拖拉机驾驶员的培训，有些人的工作非常熟练，因此他们被派去指导农民如何维护和使用他们的机器。但许多人则发现拖拉机并不舒服，"把身体摇出来"是对此情形的常见评述，而且工作常常让人筋疲力尽。

这些女性由农业部机械的教官培训。大多数拖拉机为福特森拖拉机，培训课程由埃塞克斯的亨利·福特农业工程研究所组织。农耕队的女子们学习了润滑和维修方法，也学习了如何使用拖拉机。简而言之，他们知道的和男人一样多，甚至更多。

在英国埃塞克斯郡伯勒姆庄园的亨利·福特学院，女性农耕队的成员们正在学习用福特拖拉机犁地。

军事力量

第二次世界大战期间提供给军方的拖拉机分为两类：它们要么是按照民用标准制造的，要么是为了满足特殊任务而改装的。例如，用于拖曳飞机的拖拉机需要不同的变速箱和额外的重量来应付沉重的启动负荷——履带式机器被偏爱用于拖曳。直接启动的能力十分重要，所以很多都用了直喷式发动机。通常在预热后使用石油作为燃料的民用型号，都安装了改进的管路，以便持续使用汽油驱动。

△ **克莱特拉克中型 M2 高速拖拉机**
年份 1942 **产地** 美国
发动机 赫拉克勒斯 6 缸 WXLC3 汽油机
马力 150 马力
变速器 前进档 4，倒档 1

克莱特拉克 M2 专为拖曳美国空军重型轰炸机而设。它装备了行星转向轮、1 万磅（4535 千克）牵引绞车、一台高压空气压缩机、24/110 伏的辅助发电机和氮气灭火瓶。1942-1945 年间该拖拉机共生产了 8510 辆。

▷ **卡特彼勒 D8 8R**
年份 1943 **产地** 美国
发动机 卡特彼勒 6 缸柴油机
马力 120 马力
变速器 前进档 6，倒档 2

美国和英国使用了卡特彼勒 D8，为二战期间的机场和其他场所服务。它通常是用勒图尔勒（如推土机）或如图所示的那种设备，用钢索操纵设备操作铲斗。

◁ **布龙斯型 EAT**
年份 1940 **产地** 荷兰
发动机 布龙斯 2 缸柴油机
马力 40 马力
变速器 前进档 3，倒档 1

这是一种非常罕见的拖拉机，中间安装的散热器使其更加不寻常的特点。1935 年至 1959 年间，双缸和三缸的 EAT 拖拉机总产量为 49 辆。三缸版马力能达 60 马力。拖拉机上的发动机也用于常备军和海军陆战队。

△ **罗德里斯半履带式**
年份 1940 **产地** 英国
发动机 福特森 4 缸汽油机
马力 25 马力
变速器 前进档 3，倒档 1

福特森为很多应用奠定了基础，包括这种半履带式拖拉机，它是英国皇家空军专门为飞机运输而设计的。前导轮架使其操作稳定简便，也为链传动式海斯福绞车提供了安装平台。

耕作前线

1939 年 9 月二战爆发时，英国已经对农业生产做出了充分的准备，并与福特汽车公司共同策划，生产了一批新型 Ns 汽车，准备分配给战争农业执行委员会 (WAEC)。英国其他一些拖拉机和机器仍从美国进口，但德国的潜艇击沉了许多运输它们的船只。当美国在 1941 年参战时，农机进口最初被削减，但根据租借法案很快被恢复。

◁ **大卫·布朗 VAK1**
年份 1941 **产地** 英国
发动机 大卫布朗 4 缸汽油 / 石油机
马力 26 马力
变速器 前进档 4，倒档 1

VAK1 于 1939 年发布。当时该拖拉机被认为设计很先进，新设计包括碟形轮毂，可用来调整履带宽度。基本型有方向盘和磁点火装置。选择橡胶轮胎和线圈点火器会增加使用成本。

◁ 大卫·布朗 VIG1/100
年份 1941 **产地** 英国
发动机 大卫布朗 4 缸汽油机
马力 26 马力
变速器 前进档 4，倒档 1

大卫·布朗拖拉机有限公司被授予
为英国皇家空军设计和生产重型
轮式飞机牵引拖拉机的唯一合同。
VIG1/100 拖拉机仅重 3.5 吨。增
加配重后可达 7 吨，以拖曳更重的
载荷。

▽ 福特森 N 型工业
年份 1944 **产地** 英国
发动机 福特森 4 缸汽油机
马力 25 马力
变速器 前进档 3，倒档 1

工业 N 型拖拉机被用于将炸药从仓
库拖到机坪上。它有一油浸式离合
器，这使得它几乎不可能在重型启
动负载时烧坏。

△ 福特 9N Moto-TugB-NO-25
年份 1941 **产地** 美国
发动机 福特 4 缸汽油机
马力 23 马力
变速器 前进档 3，倒档 1

Moto-Tug 是 拥 有 2500 磅（1134 千
克）牵引力的轻型拖拉机。就其本身而言，
只能拖运轻型负载，如在机库、弹药库
和机坪之间拖曳战斗机或弹药。Moto-
Tug 在美国航空母舰和海外民用机场有
大量运用。

△ 福特 9N
年份 1941 **产地** 美国
发动机 福特 4 缸汽油机
马力 23 马力
变速器 前进档 3，倒档 1

1939 年中期，在亨利·福特和哈里·弗
格森之间著名的"握手"之后，"福特 -
弗格森"号开始销售。根据租借计划，约
有 1 万台被运往英国，并由军队女性农耕
队运营。

◁ 福特森 N 型
年份 1944 **产地** 英国
发动机 福特森 4 缸汽油 / 石油机
马力 25 马力
变速器 前进档 3，倒档 1

这台拖拉机被称为"标准"福德森，
是二战期间英国农用拖拉机的骨干。
1943 年，产量达到了每月 2500
台的峰值。N 型具有低速率的"红
点"和高速率的"绿点"变速箱设计。
几乎所有的战时产品安装了钢轮。

罗德里斯半履带式拖拉机

在第二次世界大战期间，英国皇家空军和其他武装部队装备了罗德里斯半履带式拖拉机，用于开展生产，如机场割草、飞行器、弹药的牵引或油车牵引工作。一部分拖拉机还被用于 1940 年 6 月的敦刻尔克大撤退中。前车轴和轮子的预装装置也为安装绞车或起重机提供了合适的平台。

罗德里斯牵引车有多种版本，从手推车到蒸汽压路机。该公司的"弹梁"履带是用可伸缩橡胶块铺设的，这些橡胶块充当金属板之间的无摩擦接头，以消除冲击。轨道在运行中是无声的，维护被减少到最低程度。

1936 年，英国航空部订购了福特森拖拉机的罗德里斯全履带型。该拖拉机的高速性能推动了前转向架设计发展，为提高稳定性，全履带式变成半履带式。前轮控制方向，这样拖拉机更容易驾驶。

军事应用

基于福特森 N 型拖拉机生产的罗德里斯半履带式拖拉机在战时服役于英国皇家空军。这台拖拉机安装了前置绞车，用于飞机的拖曳。

前视图

后视图

绞车操纵杆

驾驶员座位

驾驶链齿轮

履带由橡胶接头连接

底辊

规 格	
型号	罗德里斯半履带式
年份	1940
产地	英国
产量	未知
发动机	25 马力福特森 4 缸汽油机
排量	267 立方英寸（4380cc）
变速器	前进档 3，倒档 1
最高速度	4.5 英里 / 时（7 千米 / 小时）
长度	10 英尺 8 英寸（3.25 米）
重量	3.3 吨（3.3 公吨）

细节

1. 散热器水箱上的福特森标识

2. 皇家空军部队标识

3. 绞车的钢缆长度为 300 英尺
   （91.4 米）

4. 从拖拉机的滑轮轴上驱动绞车链

5. 履带传动装置说明

6. 驾驶员平台，每条履带配置独立
   脚刹，方便驾驶

排气管

主油箱可容纳16加仑
（72.7升）燃油

启动发动机的指示版

散热器漏斗盖

传动绞车链

安装在前转向架上
的海斯福特绞车

增加稳定性的前轮

引导轮

绞车在运行时起地锚作用

战后变化

二战后，全世界的拖拉机设计都发生了很大的变化。老式的单缸热球机依然广受欢迎，石油等液体燃料却没有形成统一标准。汽油虽然仍被使用，但高昂的价格和较大燃油消耗率使其缺点也很明显。因遭受战争破坏，农场需要大量的拖拉机进行生产，因此顾客很多，需求支撑着大量的拖拉机厂商继续生存。

△ HSCS R50
年份 1947 **产地** 匈牙利
发动机 HSCS 单缸 2 冲程热球半柴油机
马力 50 马力
变速器 前进档 3，倒档 1

R50 是二战后 HSCS 生产的兰茨型号中尺寸最大的拖拉机。这些拖拉机大量出口，并得美名"结实的机器"，不过它们的确名副其实，是一台功能完美的机器。美中不足是，细节设计不够精致。

▽ 许尔利曼 40DT70G
年份 1945 **产地** 瑞士
发动机 许尔利曼 4 缸柴油机
马力 65 马力
变速器 前进档 5，倒档 1

按正宗的许尔利曼标准来看，该拖拉机质量优异，机身所有部件都在本地生产。专为道路拖运和木材生产而设计，在全部四个轮子上都装有一套空气制动系统。在其配置成为现代拖拉机的标准之前，其最高速度就已经达到了 25 英里／小时（40 千米／小时）。

△ 超级蓝迪尼
年份 1946 **产地** 意大利
发动机 蓝迪尼单缸 2 冲程热球半柴油机
马力 48 马力
变速器 前进档 3，倒档 1

1884 年，乔瓦尼·蓝迪尼成立了蓝迪尼 SpA 公司，生产农业设备，1925 年开始生产拖拉机。超级蓝迪尼拖拉机的设计基于兰茨单缸热球柴油动力拖拉机，超级蓝迪尼是一款设计优良的精致机器。蓝迪尼拖拉机仍在生产，而蓝迪尼公司如今已成为 Argo SpA 公司的一部分。

▽ KL 斗牛犬
年份 1949 **产地** 澳大利亚
发动机 KL 拖拉机单缸 2 冲程热球半柴油机
马力 42 马力
变速器 前进档 3，倒档 1

"凯利"和"李维斯"取首字母组成了 KL 拖拉机有限公司的名字，该公司被授权生产兰茨公牛 40 马力拖拉机的复刻版。KL 公牛拖拉机于 1947 年问世，1954 年停止生产，但由于当时市场上有更好的拖拉机，因此许多年后才清理完库存。

△ 许尔利曼 D100

年份 1948 **产地** 瑞士

发动机 许尔利曼 4 缸柴油机

马力 45 马力

变速器 前进档 5，倒档 1

这是许尔利曼拖拉机系列中的第一款使用全新直喷柴油发动机的产品，该设计自 1944 年开始研发。发动机配有 24 伏启动器，一个新研发的博世喷油系统和一个启动调节器，这些配置可以使发动机在低温下轻松启动。

▷ ECO N 型

年份 1948 **产地** 法国

发动机 普瓦 2 缸柴油机

马力 40 马力

变速器 前进档 6，倒档 2

1920 年，尤金·米格诺成立公司，ECO 直接在他法国的办公室里销售拖拉机，但组装工作由外包公司负责。其第一款拖拉机于 1932 年问世。二战后的 N 型拖拉机在法国政府位于勒阿弗尔的军工厂生产，使用潘哈德汽油或普瓦柴油发动机。

▽ 莫托米坎尼卡·巴利拉 B50 思达德尔

年份 1948 **产地** 意大利

发动机 莫托米坎尼卡 4 缸汽油机

马力 10 马力

变速器 前进档 6，倒档 2

1931 年，米兰的莫托米坎尼卡公司推出了意大利的第一款轻型拖拉机。到 1952 年，包括 B50 履带版在内的各种型号拖拉机都在生产。在法国销售的该拖拉机使用的品牌名叫做"阿尔法罗密欧"。

◁ 柏林德 - 蒙克门 BM20

年份 1949 **产地** 瑞典

发动机 柏林德 W52 缸热球半柴油机

马力 41 马力

变速器 前进档 5，倒档 1

柏林德 - 蒙克门公司是由两家公司在 1932 年合并而成的。BM20 是最早的一批使用后轮压载水设计的拖拉机。不同的水量，使拖拉机的总重量在 5842 磅至 7716 磅（2650 千克至 3500 千克）之间。

▷ Orsi Argo

年份 1950 **产地** 意大利

发动机 Orsi 单缸 2 冲程热球半柴油机

马力 55 马力

变速器 前进档 6，倒档 1

Orsi Argo 是目前另一款基于兰茨斗牛犬设计的拖拉机。简单坚固的结构吸引了众多消费者，这使其生产持续了 12 年。皮带轮和飞轮通过一个单独的离合器操纵，这个特点使它操作更加方便。

德国制造

从小农户使用的低产量拖拉机到大型的复杂拖拉机，在第二次世界大战爆发之前，德国的拖拉机生产正如火如荼地进行着。当时几乎所有的拖拉机都是用柴油或一些重油驱动的。随着战争的爆发，燃料变得短缺，取而代之的是汽油：为此，必须把发电机安装到拖拉机上，这使拖拉机变得笨重。一旦柴油燃料再次可用，汽油机就会被丢弃。

▷ **赫尔曼·兰茨·奥伦多尔夫 D40**
年份 1938 **产地** 德国
发动机 道依茨 F2M414 2 缸柴油机
马力 22 马力
变速器 前进档 4，倒档 1

战前设计的 D40 从 1937 年开始生产，因为柴油几乎不可能用于民用，1942 年该拖拉机停产。战后，该公司继续生产拖拉机，这种拖拉机可以使用主要由木材生产的燃气驱动。

▷ **汉诺玛格 RL20**
年份 1939 **产地** 德国
发动机 汉诺玛格 D19 4 缸柴油机
马力 20 马力
变速器 前进档 4（可选三速），倒档 1

RL20 主要用于公路牵引，用现成部件制造。使用汽车发动机，因此保留了此前的模样。它的 4 个轮子都采用液压制动。标准型号的 4 个轮子尺寸相同，后轮也可选装大尺寸轮胎。

▽ **汉诺玛格 RL20**
年份 1939 **产地** 德国
发动机 汉诺玛格 D19 4 缸柴油机
马力 20 马力
变速器 前进档 4（可选三速），倒档 1

1942 年，德国强制将拖拉机燃料换成汽油。已经上战场的兰兹拖拉机进行了改装，新的拖拉机采用了工厂提供的系统。这种改变没发挥多少作用，战争结束后几乎所有的拖拉机都改用柴油。这款拖拉机此后也不再安装燃气发生器。

为公路制造

配有公路制动和照明系统的拖拉机在欧洲大陆很受欢迎，它为卡车提供了另一种运输方式。空拖车可以被留在一个地方装载货物，而牵引车可以牵引另一辆满载拖车。如果地形复杂，例如在潮湿天气里的农场上，公路拖拉机能够正常工作而卡车则不能，且在路上它们的行驶速度和卡车差不多。

▷ **O&K SA 751**
年份 1939 **产地** 德国
发动机 O&K 17B2s 2 缸柴油机
马力 30 马力
变速器 前进档 3，倒档 1

奥伦施泰因 & 科佩尔（O&K）由本诺·奥伦施泰因和亚瑟·科佩尔于 1876 年成立为通用工程公司生产。它们以生产铁路机车和采矿机械等重型设备起家，公司在 20 世纪 30 年代开始生产拖拉机。SA 751 是针对大批小型德国农场的顾客生产。这种简单的拖拉机获得了不错的销量。

▽ 道依茨 F1M414
年份 1949 **产地** 德国
发动机 道依茨单缸柴油机
马力 11 马力
变速器 前进档 3,倒档 1

F1M414 拖拉机的生产从 1936 年持续到 1951 年,整个生产过程中设计几乎没有变化。该拖拉机使大量的小型德国农场进入机械化生产。它的标配有一个动力输出单元、皮带轮和侧挂式割草机。

▷ 道依茨 F2M315
年份 1948 **产地** 德国
发动机 道依茨 2 缸柴油机
马力 28 马力
变速器 标准前进档 3(也有 5 个前进档型供选择),倒档 1

F2M315 于 1933 年开始生产,由于液体燃料短缺,1942 年停产。战后,经过小改进的该拖拉机继续投入生产,共有三种不同的版本:基础农业版、通用版和公路拖拉机版。

△ 阿尔盖尔 R22
年份 1949 **产地** 德国
发动机 凯伊博单缸柴油机
马力 2 马力
变速器 前进档 4,倒档 1

R22 是一款非常简单的拖拉机——可以说是在轮子上安置了一台发动机。单缸发动机采用连续水冷设计,没有散热器、风扇或水泵。该拖拉机可以连接各种附件,包括在一侧挂收割机,后部可以安装起重机、可调节式牵引杆和一个遮篷。

▷ 兰茨运输斗牛犬
年份 1941 **产地** 德国
发动机 兰茨单缸热球机
马力 55 马力
变速器 前进档 6,倒档 2

专为道路运输而设计的运输斗牛犬拖拉机最大时速大 14 英里 / 小时(23 千米 / 小时),小轮距前轴、标准驾驶舱和一对全遮盖的挡泥板。驾驶座由两个减震悬浮支撑。标配还包括一个发动机转速表和一个指南针。

△ MAN AS-250
年份 1944 **产地** 德国
发动机 MAN DO534GS 4 缸柴油机
马力 50 马力
变速器 前进档 5,倒档 1

在 MAN 产品中,AS-250 拖拉机是一款精心设计的机器。其高质量对应高售价。AS-250 在田间和公路上的油耗都很小。1938 年到 1944 年共生产了 1323 辆。

哈里·弗格森（左）和约翰·布莱克先生

伟大的制造商
弗格森

哈里·弗格森为拖拉机历史做出了重大的贡献。几乎每一款现代轮式拖拉机都用三点式悬挂系统来连接附件并进行控制，该系统正是哈里·弗格森发明的，其公司成为世界上最成功的拖拉机制造商之一。

哈里·弗格森 (Harry Ferguson) 对机械的喜爱驱使他在17岁时离开了父亲的阿尔斯特农场和那里的马。1902年，他去了贝尔法斯特，很快在车库找到了一份工作，在那里他可以充分发挥自己的才能。

弗格森在机械工程方面的技能为其赢得了社会上的关注，不久后他便开始了自己的生意。弗格森成功的赛车手身份也为他的汽车修理厂做了良好宣传。

第一次世界大战期间，英国在德国的封锁下不得不寻找方法来提高其农业产量，这使拖拉机需求大大增加。弗格森抓住机会拓展生意，开始通过他的修理厂销售美国产的滑铁卢·博伊拖拉机（在英国称为"超时"拖拉机），他自己

带犁的 TE-20 拖拉机模型

来做销售示范。他在拖拉机方面的技能给自己赢得了一份由政府赞助的拖拉机农场旅行邀请函。

这场旅行的目的是教农民们如何更高效地使用拖拉机，但这场旅行最重要的结果是让服弗格森相信，用链条在拖拉机后拉工具的方式很慢、没有效率且不经济。

弗格森试图解决这个问题，他发明了液压牵引控制的三点连接系统。20世纪20年代到30年代早期的一段时间里，弗格森与修理厂的员工们一起完善了它的发明。连接机构将设备紧紧的连接在拖拉机上，通过增加后轮重量帮助牵引。该系统由拖拉机液压控制，让驾驶员可以在必要时提起或放低连接附件。1933年，弗格森完成了他的设计，简单优雅的将其称为"黑色拖拉机"。

"黑色拖拉机"是弗格森和大卫·布朗之间合作的产物，后者是工程贸易部的常务董事，"黑色拖拉机"由弗格森设计，大卫·布朗的公司生产。他们的拖拉机官方名称是弗格森A型，但人们常称作"弗格森-布朗"，该拖拉机

不仅是一台拖拉机

弗格森装备公司的销售海报。这张图片展示了弗格森拖拉机众多用途之一：弗格森拖拉机能与三点连接装置配合使用。

于1936年正式问世。生产的前500辆弗格森"黑色拖拉机"采用18-20马力的考文垂-克莱麦克斯发动机，之后的采用排量为2010cc的大卫·布朗发动机。

这款新的拖拉机性能良好，三点连接装置有明显的优势，但价格昂贵，顾客还需要通过特殊工具来适配连接点。但是销量不如人意，当弗格森拒绝按照

布朗的要求进行设计变更时，双方的矛盾加剧了。

1939年，弗格森与大卫·布朗分道扬镳。弗格森在没有告知其合作方的前提下，向亨利·福特展示了他的新拖拉机。福特正打算恢复其在美国的拖拉机业务，他对弗格森-布朗拖拉机的表现印象深刻。两人结成了新的合作关系；福特同意生产一种新的弗格森系统拖拉机，而弗格森则成立了一个营销组织，在美国销售这种拖拉机。

新拖拉机的官方名称为"带有弗格森系统的福特拖拉机"，也叫9N。这台小型拖拉机配有23马力的福特发动机，外观颜色为美国战舰灰，是弗格森

实际演示

弗格森在一个农业展会上亲自驾驶弗格森-布朗拖拉机。这次拖拉机展示经历第一次使弗格森产生了三点连接装置的想法。

哈里·弗格森是第一位设计、制造并驾驶飞行器的英国人。

A 型

1884 哈里·弗格森出生于北爱尔兰的一个农场家庭

1902 17 岁的弗格森离开农场到贝尔法斯特工作

1904 弗格森开始参加摩托车赛和汽车赛，并取得了几场胜利

1909 弗格森成为第一位设计、制造并驾驶飞机的英国人

1911 在梅街车行，弗格森开始了修理厂生意

1917 游说鼓励农民更高效地使用他们的拖拉机

9N

1917 首次申请了一项新的型式设计专利

1919 为适配福特森拖拉机而专门设计了一款先进的耕型

1928 弗格森三点连接装置专利最终受理成功

1932 专门设计一款拖拉机，以使用弗格森系统

1933 使用福特森系统的"黑色拖拉机"原型设计完成

1935 福特森和布朗合作

TE-20

1936 弗格森 A 型拖拉机在布朗工厂投入生产

1938 弗格森和亨利·福特建立了新的合作伙伴关系来研发拖拉机

1939 弗格森与大卫·布朗结束合作关系

1939 福特 9N 开始在美国生产，选用了 23 马力发动机和三速变速箱

1946 福特终止了与弗格森的合作，弗格森 TE 系列拖拉机开始在英国考文垂郡班尼·兰恩工厂生产

FE-35

1948 哈里·弗格森开始和福特公司打官司

1948 世界范围内共生产了超过 10 万台 TE 和 TO 拖拉机

1953 梅西-哈里斯正式宣布收购弗格森公司，弗格森担任主席

1954 弗格森从梅西-哈里斯-弗格森董事会辞职，原因在于拖拉机定价结构的矛盾

1960 哈里·弗格森在英国的家中去世

为其所有拖拉机选择的机身颜色。福特无与伦比的生产资源与弗格森三点连接系统之间的组合确保了 9N 的普及，1946 年产量超过 7 万辆。

与此同时，福特在英国的工厂仍在生产过时的拖拉机，其基础是 1917 年最初的福特森。弗格森曾以为生产线会转向 9N，但当这个想法被拒绝时，

▽ 一完整的农业系统

灵活性是弗格森体系最大的优势之一。弗格森有很长的附件清单，其中包括一个可能不符合当前安全标准的圆锯。

他决定成立自己的英国公司。他与标准汽车公司建立了新的合作关系，利用他们位于考文垂旗巷汽车厂的闲置产能。该协议与之前的合作伙伴关系类似。标准公司负责生产，而弗格森负责工程和市场营销。

新弗格森 TE 系列拖拉机于 1946 年开始生产。四速变速箱替代了弗格森 A 型和 9N 型的三速变速箱。24 马力的大陆发动机为拖拉机上市的头两年的动力选型，随后选用标准汽车发动机。TE 系列，加上美国弗格森工厂生产的 TO 型拖拉机，获得了拖拉机行业最大的成功，年产量峰值超过 10 万辆。

当与标准公司合伙经营时，哈里·弗格森和福特的关系却以一种昂贵的法律诉讼形式持续了四年。弗格森最终接受了 925 万美元的庭外和解。

1952 年，弗格森决定和他的美国公司分道扬镳，最终决定将自己的全部业务出售给梅西-哈里斯。这家北美农业设备公司希望在欧洲扩张，并任命弗格森为董事长，这让他得以保留此前部分业务的投入。

▷ 农业革新

帮助拖拉机销售员向潜在顾客讲解弗格森系统优势的宣传页。

英国黄金时代

二战后的那段时间是英国拖拉机市场的黄金时期。世界各地对拖拉机动力的需求迅速增长，英国制造商比欧洲竞争对手更快地从战争中快速恢复过来。许多北美公司选择为英国本土、欧洲大陆以及当时大英帝国 (British Empire) 的用户生产拖拉机，以规避战后为了缓解美元短缺而提出的美国拖拉机进口管制。结果，英国成为了世界上最大的拖拉机出口国。

△ 明尼阿波利斯－莫林 UDM
年份 1948 **产地** 英国
发动机 梅多斯 4 缸柴油机
马力 梅多斯 65 马力
变速器 前进档 5，倒档 1

明尼阿波利斯－莫林在战后几年发布了两种英国组装的拖拉机。装配了多尔曼柴油机的 UDS 拖拉机于 1946 年问世，梅多斯驱动版 UDM 则是在 1948 年。标价分别为 1050 和 1200 英镑，两款拖拉机价位太高以至于没有市场，1949 年停产。

△ 弗格森 TE-20
年份 1947 **产地** 英国
发动机 大陆 4 缸汽油机
马力 24 马力
变速器 前进档 4，倒档 1

以弗格森最喜欢的灰色喷涂的哈里·弗格森 TE 系列是拖拉机产业最大的成功之一，它拥有弗格森三点连接装备的优势。该公司被梅西－哈里斯公司成功收购。

▷ 大卫·布朗作物大师
年份 1947 **产地** 英国
发动机 大卫·布朗 4 缸汽油 / 石油机
马力 35 马力
变速器 前进档 6，倒档 2

作物大师是大卫·布朗拖拉机中最广为熟知的拖拉机之一。定制的 VAK/1C 于 1947 年 4 月正式问世，以取代 VAK/1A 机型。它拥有完整的动力提升系统和新的 6 速变速箱。截至 1953 年停产，该拖拉机总产量达将近 6 万辆。

△ 田园马塞尔系列 2
年份 1948 **产地** 英国
发动机 马塞尔单缸平行柴油机
马力 40 马力
变速器 前进档 3，倒档 1

第一款田园马塞尔拖拉机非常成功，后续型号又对该拖拉机进行了完善。系列 2 的特点是更大的功率，更好的冷却系统，更大直径的离合器，更舒适的操作座椅，更大的轮胎。

▷ 纳菲尔德通用 M3
年份 1952 **产地** 英国
发动机 莫里斯商业 ETA
　　　　 4 缸汽油 / 石油机
马力 38 马力
变速器 前进档 5，倒档 1

对需求增长的预测导致大量公司进入英国的拖拉机行业。纳菲尔德汽车和卡车集团是其中一个成功的公司，它推出的通用系列，包括一种三轮通用 M3 型拖拉机。

▽ **福特森 E27N 中耕机**
年份 1950 **产地** 英国
发动机 福特 4 缸汽油 / 石油机
马力 27 马力
变速器 前进档 3，倒档 1

E27N 是为了在开发更先进的拖拉机时弥补销售缺口。该拖拉机的设计基于 1917 福特森拖拉机，取得了很大的成功。一年内的产量超过了 5 万辆。

▽ **国际法莫 BM**
年份 1951 **产地** 英国
发动机 国际 4 缸汽油 / 石油机
马力 39 马力
变速器 前进档 5，倒档 1

国际公司在英国的成功始于1861年，在一次英国农业展中获得了金奖。国际公司的英国工厂于 1949 年开始生产，当时美国设计的法莫 M 型被称为 BM，以此表示其英国血统。

△ **阿利斯－查尔默斯 B 型**
年份 1951 **产地** 英国
发动机 阿利斯－查尔默斯 4 缸汽油 / 石油机
马力 16.3 马力；1952 年增加到 19.5 马力
变速器 前进档 3，倒档 1

1948 年，当阿利斯－查尔默斯在英国开办工厂时，最先开始生产的正是 B 型拖拉机。虽然已经是 11 年前的设计，但英国农民喜欢高底盘的简洁设计，同时，该拖拉机的可靠性也使其广受欢迎。

1907 年，亨利·福特和他的实验拖拉机

伟大的制造商
福特森

福特森是由福特汽车公司 1917 年生产的拖拉机的名称，第一条生产线是在美国密歇根州迪尔伯恩，后来牵至爱尔兰和英国，直到 1964 年都在达格南进行生产。1939 年，当生产线重新引入美国后，该品牌仍然是福特拖拉机生产线的一个独立实体。

亨利·福特在农场长大。他靠汽车工业发家致富，但从未放弃过通过研发一种便宜的农用拖拉机，使农业劳动从苦差事摆脱出来的雄心。1905 年至 1908 年，他制造了几台试验机，1915 年，他宣布计划以低于竞争对手的价格生产一辆轻型拖拉机。

福特汽车公司的董事们反对制造拖拉机，因此福特与他的妻子、儿子合伙成立了单独的合资企业。亨利·福特与儿子（Henry Ford &Son）即品

亨利·福特
1863-1947

牌名，公司位于密歇根州迪尔伯恩市布莱迪街道的一家工厂，其电报地址是"福特森"（Fordson）。

1917 年，在英国军需部的要求下，这台拖拉机终于投入生产。这些早期的车型在英国被简单地称为军需品或"母亲"拖拉机。

1918 年间，该拖拉机以福特森 F 型（标价 750 美元）在美国上市。

1921 年，F 型拖拉机的生产被转移到位于密歇根州的

> *"我已经跟在犁后面走了很远，我知道耕地有多艰辛。"*
>
> *亨利·福特*

福特公司红河工厂（Rough River）生产，直到 1928 年，该公司在与国际收割机的价格战中退出了美国的拖拉机市场。从 1919 年到 1922 年，F 型拖拉机的生产在爱尔兰的科克市进行。从 1929 年起，科克郡成为改进后的福特森 N 型拖拉机制造中心，直

到 1932 年，生产工作搬迁到英国埃塞克斯新建的达格楠工厂。

N 型拖拉机于 1933 年在达格楠工厂开始生产，二战结束后停产，如今该拖拉机是英国福特汽车公司的产品。1939 年到 1945 年间，该工厂生产了将近 14 万辆拖拉机——95% 的轮

"母亲"（MOM）拖拉机

军需部进口到英国的拖拉机可以租给农民，驾驶员可以从陆军后方勤务团雇佣。图中是在楠林肯郡的一农场内收割作物。

F 型

1905 亨利·福特制造了第一辆试验型拖拉机

1915 福特宣布他打算大规模生产农用拖拉机

1917 第一批拖拉机被运往英国军火部

1918 标价 750 美元的福特森 F 型在美国上市

1919 爱尔兰 F 型车的生产始于爱尔兰的科克市

1923 F 型拖拉机的美国售价降低到 395 美元来，以与国际收割机公司竞争

N 型

1928 F 型拖拉机在密歇根州的红河工厂的生产线停产

1929 科克郡工厂开始生产 N 型拖拉机

1933 拖拉机生产开始在埃塞克斯的达格南

1937 改进后的 N 心拖拉机采用 "丰收黄" 颜色喷涂

1941 德国空袭摧毁了达格南工厂的拖拉机生产线

1943 战争爆发后，达格南工厂生产了 10 万辆拖拉机

E27N 少校

1944 英国农业要求一款更高效的拖拉机

1945 第一款福特森 E27N 少校从组装线下线

1950 E27N 少校使用新汽化器

1951 "新少校" 在英国东部小镇滨海绍森德推出

1954 达格楠工程生产的第 50 万辆福特森拖拉机驶出生产线

1955 达格楠工厂制造了 10 万柴油 "少校" 拖拉机

"新性能" 超级 "少校"

1957 福特森·德克斯塔在伦敦亚历山德拉宫殿正式亮相

1958 新动力 "将" 取代了福特森柴油版

1960 超级 "少校" 在德国汉堡发布

1961 超级德克斯塔在伦敦史密斯菲尔德农业展上公布

1963 福特森 "新性能" 系列推出

1964 福特森停产

式拖拉机是在战争期间由英国生产的。工厂实行每周 7 天工作日，在高产时期，每 17 分钟 36 秒就有一辆拖拉机下线。

1944 年，农业部要求福特公司开发一款更高效、马力更大、油耗更低的拖拉机。结果是福特森 "少校" 型（被命名为 E27N），1945 年 3 月 19 日从达格楠工厂下线。该拖拉机继承了 N 型老式的汽油／石油单缸发动机，但采用了 3 速变速箱设计，该设计更加安静高效，并去掉了早期的蜗杆传动变速器。

福特森 E27N 性能不稳定，但基本可靠，237 英镑的价格对于采用钢轮的基础农业机型而言不算贵。它是英国艰苦时期的农业救世主，产量超过 23 万台。从 1948 年开始，帕金斯 P6 柴油发动机开始作为其动力装机。

E27N 型拖拉机于 1951 年 11

福特森宣传册

这家公司的销售文案总是鲜艳多彩。从左到右分别是 1937 年的 N 型工业拖拉机宣传册，1951 年推出的 "新少校" 宣传册和 1961 年推出的 "超级" 系列宣传册。

月被配有 6 速变速箱和 4 缸顶阀发动机的 "新少校" 取代，该发动机可使用汽油、石油或柴油。其中柴油版非常优秀，被很多人认为是最好的拖拉机之一。汽油和石油版最终被淘汰，福特森 "少校" 柴油动力版几乎销售到全球各地，其中美国也有大量进口。

1957 年，福特推出了福特版的福特森·德克斯塔 TE-20。它有一台 3 缸柴油发动机，与铂金斯联合开发，配

有 6 速变速器和第一个应用在福特森拖拉机中的牵引控制液压系统。

1958 年，柴油 "少校" 被改为福特森动力 "少校"，做出了一些细微改变。1960 年，随着超级 "少校" 型的发展，改进不断增加，超级 "少校" 的特征是使用了差速锁，独立的盘式制动器和优化后的牵引控制液压系统。同时，德克斯塔也进行了一次改头换面，并与更强大的超级德克斯塔一同生产，德克斯塔

在 1961 年底问世，配有加大版的德克斯塔 3 缸发动机。

1962 年，达格南的产量已升至每天 350 多台拖拉机，但福特全球拖拉机业务进行重组，生产被转移到位于埃塞克斯郡巴斯顿的 家新英格兰工厂。1963 年推出的 "新性能" 系列，以一种全新的蓝色和灰色制服示人，标志着福特森时代的结束，生产工作最终于 1964 年结束。

德克斯塔工友

1957 年，"少校" 找到了一个工作伙伴，它的工作伙伴就是配备了 3 缸柴油机、6 速变速箱和牵伸控制液压系统的福特森·德克斯塔。

专用性和多用途

简陋的农用拖拉机简单紧凑的设计使其成为无数专用机器的拓展基础。二战期间和之后，既没有时间也没有资金来为每一项任务单独设计或生产机械。取而代之的是，标准的拖拉机配备了更强大的发动机。发动机可以使用汽油和柴油作为燃料，甚至可以是天然气，至于其他附件产品，可以由销售商搭配销售，而不一定都通过制造商统一配备。

△ 凯斯 – 默瑟吊车

年份 1942 **产地** 美国

发动机 凯斯 4 缸汽油机

马力 53 马力

变速器 前进档 3，倒档 1

默瑟吊车是一款由标准农用拖拉机制造而成的机器。它一般用于现场吊装工作，从协助建造，到在维修车间吊装或更换发动机。

▽ 福特森 **E27N** 罗德里斯 **DG** 半履带式

年份 1950 **产地** 英国

发动机 福特森 4 缸汽油 / 石油机

马力 27 马力

变速器 前进档 3，倒档 1（红点）

罗德里斯 E27N 的 DG 转换器使该拖拉机成为一款非常有用的全履带式拖拉机的替代品，该拖拉机在二战后供应紧俏。福特式 E27N 型拖拉机提供了两种可选择的变速箱：低速挡"红点"在大负荷工作时使用，"绿点"在高速工作时使用。

◁ 福特 **2N V8**

年份 1949 **产地** 美国

发动机 福特工业 8 缸汽油机

马力 85 马力

变速器 前进档 3，倒档 1

芬克兄弟（Funk Brothers）在二战期间制造了少量飞机。1943 年，他们制造了一套设备，用福特发动机将福特 2N 改装为 6 缸发动机。1949 年，通过一套额外的辅助装置，拖拉机可以安装 239 立方英寸（3.9 升）的福特 V8 发动机。

▷ 凯斯 **DEX** 罗德里斯

年份 1942 **产地** 英国

发动机 凯斯 4 缸汽油 / 石油机

马力 30 马力

变速器 前进档 4，倒档 1

配有罗德里斯转换器的凯斯 DEX 拖拉机是一台罕见的设备。由于难以控制，驾驶员不得不为其安装标准的拖拉机差速器，并在链齿轮内安装了刹车。其中一些还将前导架转换为半履带式，并用于战时的机场。

▷ 福特森 E27N P6 少校

年份 1951 **产地** 英国
发动机 铂金斯 P69（TA）6 缸柴油机
马力 45 马力
变速器 前进档 3，倒档 1

铂金斯 P6 发动机作为 E27N 拖拉机选装的福特森汽油／石油机之一，从 1948 年开始装机。铂金斯提供了一套 P6 转换组件，包含了可将客户拥有的拖拉机转换成柴油机的所有必须配件。

▷ 霍华德 · 推肥机

年份 1944 **产地** 英国
发动机 福特森 4 缸汽油／石油机
马力 24 马力
变速器 前进档 3，倒档 1

推肥机是一种尝试进行机械化装载农场粪便的机器。该推肥机的设计非常成功，但需要一台拖拉机或拖车牵引。由于有商业风险，该产品没有成功，因为农民还没有准备好在这种机器上投入大量资金，因此只生产了两台。

◁ 艾芙琳 · 巴福德 5 吨滚压机

年份 1940 **产地** 英国
发动机 福特森 4 缸汽油／石油机
马力 24 马力
变速器 前进档 3，倒档 1

艾芙琳 · 巴福德于 1934 年由艾芙琳 & 波特公司、农业和通用工程（AGE）公司合并而成。他们的产品线有几个基于不同动力而生产的压路机。图中展示的压路机根据福特森 N 型拖拉机改造，福特森 N 型在战时很容易见到。

▽ 阿利斯－查尔默斯 WC-W 巡逻号

年份 1946 **产地** 美国
发动机 阿利斯－查尔默斯 4 缸汽油机
马力 29 马力
变速器 前进档 4，倒档 1

阿利斯－查尔默斯生产了一系列修路设备，包括该系列中个头最小的平地机，即 WC-W 巡逻号。1940 到 1950 年，产量约 3000 辆。

技术细节

以汽油为燃料

二战期间，石油燃料通常很难获得，因此使用"燃气发生器"的车辆很常见。这类车辆是利用"燃气发生器"燃烧木材或焦炭后产生的燃气获得动力。发生器体型笨重，拖拉机发动机无法用燃气获得全部马力。

燃气驱动型福特森
这台福特森 N 型是在 1942 年制造的，它的特点是一个"燃气发生器"安装在 18 马力福特森 4 缸发动机的侧面。

英国履带式拖拉机

在第二次世界大战之前，履带式拖拉机市场一直由北美制造商主导。一些英国制造商，如克莱顿和福勒，早些年在市场上取得了一些成功。到20世纪40年代末，由于缺乏资金，所有英国非必要的进口都被停止，包括用于农业用途的中型履带式拖拉机。因此，大量的英国本土产品，包括拖拉机被大量生产，以满足客户的需求——虽然部分产品不令人满意，但大部分还是被消费者接受。

◁ **布里斯托 10**
年份 1945 **产地** 英国
发动机 奥斯汀 4 缸汽油 / 石油机
马力 18 马力
变速器 前进档 3，倒档 1

这种小型拖拉机为园艺园林市场需求而设计，该拖拉机很好的满足了市场需求。早期的型号采用周伊特平置 4 缸发动机，但并不完美。后来选用奥斯汀发动机，为拖拉机提供了良好、稳定的性能。

▷ **大卫·布朗履带大师**
年份 1950 **产地** 英国
发动机 大卫·布朗 4 缸汽油 / 石油机
马力 34 马力
变速器 前进档 6，倒档 2

大卫·布朗公司生产的履带大师拖拉机和之后的一些其他履带式拖拉机都设计精良、简洁和可靠。它们安装了可控椭圆差动舵，这减少了在操舵装置中使用许多多有潜在问题的油封。这些拖拉机取得了较大成功。

△ **福勒 FD4**
年份 1946 **产地** 英国
发动机 福勒 4B 4 缸柴油机
马力 45 马力
变速器 前进档 6，倒档 2

福勒 FD4 是 FD 拖拉机四种尺寸中最大的一款，由劳特莱锄具有限公司设计。FD1 还没有设计完成，FD3 在四款中首先投入生产，FD2 紧随其后。福勒于 1947 年出售给了谢菲尔德的 T.W. 沃德公司，这是在 FD4 开始投入生产后。但 FD4 拖拉机只生产了 14 辆。

▽ **福勒 VF**
年份 1948 **产地** 英国
发动机 马歇尔单缸 2 冲程柴油机
马力 40 马力
变速器 前进档 6，倒档 2

FD 系列淘汰之后，马歇尔拖拉机（也属于沃德公司）便立即取代了 FD 拖拉机，该拖拉机采用单缸 2 冲程发动机，以及福勒耐用的驱动系统。虽然该拖拉机比较粗糙，但取得了很大的成功——产量超过 4000 辆。

△ **劳埃德·德拉贡**
年份 1951 **产地** 英国
发动机 多尔曼－理查德 4 缸柴油机
马力 36 马力
变速器 前进档 4，倒档 1

二战后，薇薇安·劳埃德从生产布伦轻机枪部件转向制造拖拉机。生产一段时间后，在 1951 年推出了德拉贡机型，可配置特纳 V4 或者多尔曼－理查德两种发动机。市场销量不佳。

△ **郡县全履带式**
年份 1950 **产地** 英国
发动机 铂金斯 P6 6 缸柴油机
马力 45 马力
变速器 前进档 3，倒档 1

这款全履带式拖拉机，是在郡县提供的福特森刹车系统上制造的履带式拖拉机系列中的第一款。大尺寸链式齿轮和引导轮的使用让刹车系统可以在改动最小的情况下转变成履带牵引车。使用 9 英寸（23 厘米）的长履带链片可以减少履带磨损的数量，以减少运营成本。

△ **罗德里斯 E 型**
年份 1950 **产地** 英国
发动机 富德森 4 缸汽油／石油机
马力 27 马力
变速器 前进档 3，倒档 1（红点）

20 世纪 50 年代早期，罗德里斯牵引设备有限公司为了满足中型农业履带式牵引工具的需求，推出了罗德里斯 E 型拖拉机。配置橡胶接头履带，有福特森汽油／石油发动机或铂金斯 P6 柴油发动机 2 款可供选择。该拖拉机生产数量甚少。

◁ **福勒挑战者 3**
年份 1951 **产地** 英国
发动机 梅多森 6 DC630 6 缸柴油机
马力 95 马力
变速器 前进档 6，倒档 4

挑战者 3 是福勒公司最成功的拖拉机机型之一。它最初打算安装马歇尔 ED8 双缸双冲程柴油发动机，并以福勒挑战者 Mk2 之名出售。但因发动机故障很多，便立即被性能更好的亨利·梅多森发动机取代，装配该发动机的拖拉机型号是挑战者 3。

战争农业执行委员会

第二次世界大战爆发时，英国的大多数县都成立了战争农业执行委员会 (WAEC)，该委员会有权监督粮食生产。"战时农业"，通常被称为征用土地，指导种植，协调劳动工具的使用，也包括协调妇女土地服务队，并分配拖拉机和机器给农民。

萨里郡"战争农委会"工作

战争农委会有他们自己的机械仓库，每个仓库都配有拖拉机和各种设备。每个仓库有一个仓库领班，负责司机团队。农业执行委员会的工作包括，在全县范围内征用农场进行生产，也负责土地排水、清扫和开垦运作。他们所分得的拖拉机是英国福特森的产品，以及在"租借法案"下引进的美国设备。重型推土机也从军事处租用。萨里郡的填海工程包括在阿比格·哈默 (Abinger Hammer) 的村庄绿化，在蒂林伯恩河 (the River Tillingbourne) 所建的池塘里进行耕作；这些所谓的"锤子"池塘的名称来源，是源于这个村庄曾经为军用锻造工厂提供过劳动力。

萨里郡战争农业执行委员会在阿比格·哈默使用一台国际 TD-18 推土机工作，这是柴油 IH "牵引－拖拉机"新系列中最大的一款推土机。

1952 -1964
黄金时代

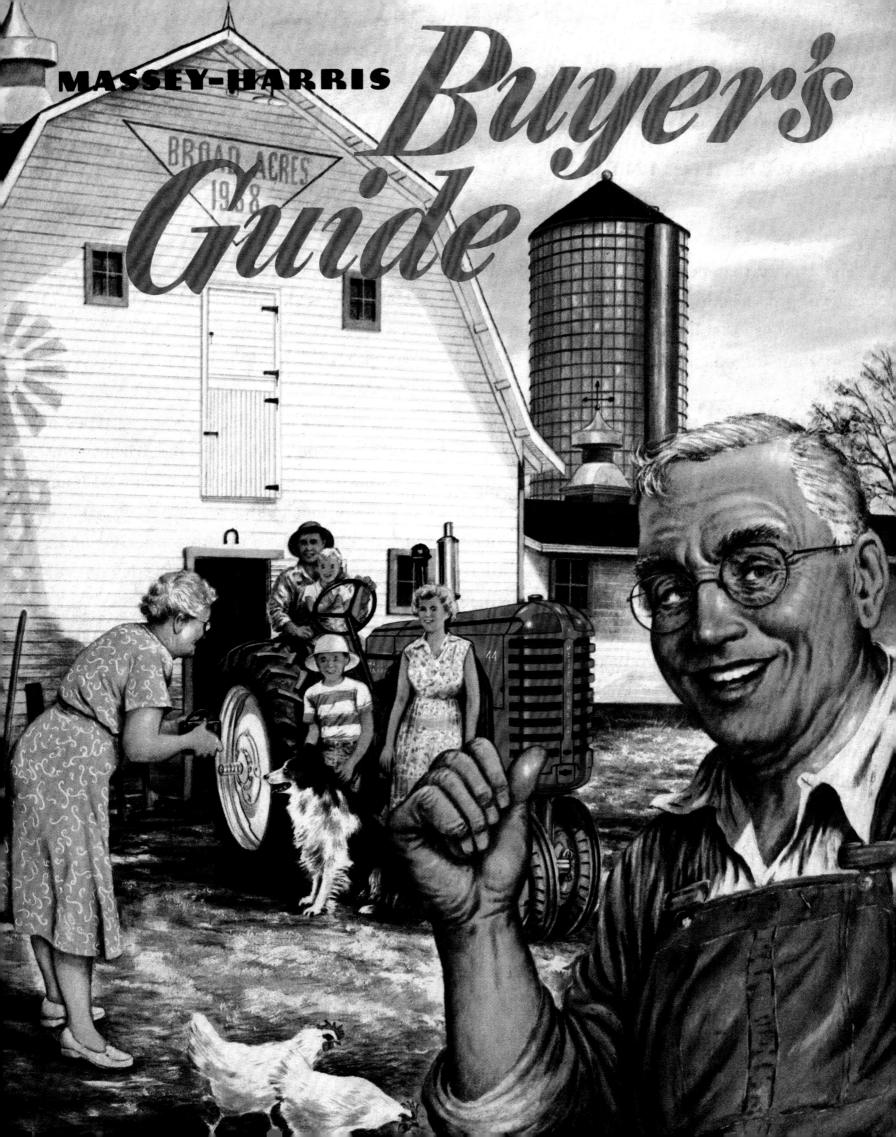

黄金时代

当战后制约拖拉机发展的问题解决后，制造商开始推出改进后的新机型，这些改进包括提升速度、改善差速锁和"实时"动力输出等。

随着拖拉机从单纯的牵引工具发展成安装机械的载具，液压起重机成为了当时很多拖拉机的标配。随着弗格森某些专利的失效，其他制造商终于可以生产类似的液压牵伸传感系统，以控制农耕作业时工具的深度。同时，高速柴油发动机也被普遍采用。

农场机械化和农产品生产流水线化的进步推动拖拉机产业迎来黄金时期。此时，全世界都渴望实现农业机械化。随着密集农业形式新时期的到来，也是拖拉机产业成功的关键时机，大量新生产商和新机型涌入市场。

农民对农机需求逐渐增加，这些需求体现在配有更大的发动机和四轮驱动系统。争夺市场和提高生产力的竞争已经开始。客户也期待从经销商那里得到更多服务，例如雇佣租赁和分期购买等。一些制造商也提供了一整套配套设备。

20 世纪 60 年代，随着农场拖拉机数量（美国接近 500 万辆）达到饱和，战后拖拉机热潮在一些工业化程度较高的国家达到顶峰。随之，农民开始减少对农机设备的购买，即使购买也是一些大型设备。总之，美国拖拉机的产量已经开始下降。

△澳大利亚拖拉机

1953 年正式问世的 60D 是第一款安装了柴油发动机的张伯伦拖拉机。

关键事件

▷ **1953** 哈里·弗格森将其拖拉机公司出售给了梅西－哈里斯

▷ **1955** 第 10 万台福特森柴油少校发动机出厂

▷ **1955** 菲亚特以其 25R dt 车型进入四轮动力市场

▷ **1957** 道格拉斯和莫瑞斯·斯泰格在明尼苏达州的红湖瀑布制造了一台铰接式四轮驱动拖拉机

▷ **1958** "国际"的 560 辆拖拉机因故障而令市场受损，约翰·迪尔得以在美国抢占榜首

▷ **1958** 艾德蒙·希拉里先生乘坐弗格森拖拉机到达南极

▷ **1959** 艾歇尔在其位于法里达巴德的工厂生产了印度第一台国产拖拉机

▷ **1960** 1960 年，约翰·迪尔抛弃了它的两缸线路，转而使用一种新型多缸拖拉机

▷ **1960** 久保田公司开发了日本第一台全面商业化生产的拖拉机

▷ **1961** 国际收割机展示了它的试验性 HT-350 拖拉机，该拖拉机使用了燃气涡轮发动机和静压传动系统

▷ **1962** 约翰·迪尔、明尼阿波利斯－莫林和梅西·弗格森为两轮驱动的拖拉机打破了 100 马力的障碍

> "工程学中的美即是简洁，没有多余设计，每一部分都有确实用途。"
>
> *哈里·弗格森（1884-1960）*

△铂金斯发动机

铂金斯标志是"一个方形联系着 4 个圆环"，其高速柴油发动机供应给全球的拖拉机生产商。

◁ 1953 年的梅西－哈里斯《购买者指南》，为农民提供了全套拖拉机和设备。

△气体冷却器

1958 年，德国制造商道依茨推出 F4L 514 履带式拖拉机，该发动机采用了一种经济的气冷式柴油机，功率为 60 马力。

北美发展

20 世纪 50 年代，美国和加拿大的拖拉机产业见证了柴油发动机的普及。当时普遍使用的橡胶轮胎加快了行驶速度，这意味着更大的传动比变速器成为普遍选择。但是为中小型轮式拖拉机配备全天候驾驶舱仍然被认为是不必要的浪费，因此拖拉机的驾驶舒适性进展很慢。工业设计师的加入对拖拉机外观的影响更大，这一点在制造商对机身颜色的选择上可以看出来。

△ 国际法莫 100
年份 1954-1956　**产地** 美国
发动机 国际 4 缸汽油机
马力 18.3 马力
变速器 前进档 4，倒档 1

由于很多农民仍然用马匹耕地，因此诸如法莫 100 这一类小型拖拉机便成为农业机械化的第一步。法莫 100 拖拉机可以拖拉单式犁，而且其机身下侧留有很大空隙，非常适合在种植蔬菜和其它特殊作物的小规模生产中使用。

◁ 明尼阿波利斯－莫林 ZBU
年份 1953　**产地** 美国
发动机 明尼阿波利斯－莫林 4 缸汽油机
马力 34.8 马力
变速器 前进档 5，倒档 1

ZB 是 ZA 中耕机系列的改进版，从 1953 年开始，配有更容易操作的转向器和更加舒适的座椅。其中，ZBN 版只有一个前轮，ZBE 版提供了宽前轴，而 ZBU 版本则提供了带有双前轮的三轮车版本。

▽ 谢泼德 SD3
年份 1956　**产地** 美国
发动机 谢泼德 3 缸柴油机
马力 32 马力
变速器 前进档 4，倒档 1

20 世纪 50 年代，R·H·谢泼德公司生产的柴油拖拉机有三种型号，分别是标准型、工业型和果园型，其动力均由谢泼德发动机驱动。然而，因销售量很小，这些机型大约于 1959 年停产。

▷ 科克沙特 50
年份 1956　**产地** 加拿大
发动机 布达 6 缸汽油机
马力 49 马力
变速器 前进档 6，倒档 1

产自加拿大的科克沙特 50 也以 Co-op E5 型出售。有汽油和柴油两种发动机选项，且都由布达公司提供，有相同的缸径和行程值。内布拉斯加测试显示柴油版可以提升 20% 的燃油经济性。

▷ 国际 650
年份 1957　**产地** 美国
发动机 国际 4 缸 LPG
马力 61.3 马力
变速器 前进档 4，倒档 1

虽然柴油驱动很受欢迎，但市场仍然对火花点火式发动机有需求。国际公司提供了 650 型汽油和液化石油气（一种低成本的汽油替代品）版本。

△ 约翰迪尔 80 型

年份 1956 **产地** 美国

发动机 约翰迪尔 2 缸平行柴油机

马力 65 马力

变速器 前进档 6，倒档 2

80 型是约翰迪尔首批用数字而不是字母识别的拖拉机之一。驾驶舒适性在新系列中体现在座椅和优化的控制系统上。同时，该系列拖拉机首次提供了可选择的动力转向系统。

▽ 约翰迪尔 320

年份 1957 **产地** 美国

发动机 约翰迪尔 2 缸汽油机

马力 29.9 马力

变速器 前进档 4，倒档 1

约翰迪尔最初的全绿色漆面漆在 1956 年新推出的 20 系列拖拉机问世时，换成了更引人注目的绿色和黄色。这些型号改善了主液压系统，新的座椅悬架系统可以随驾驶员体重进行调节。

△ J.I. 凯斯 830

年份 1964 **产地** 美国

发动机 凯斯 4 缸柴油机

马力 最大 64 马力

变速器 前进档 8，倒档 2，变矩器可供选择

柴油驱动 830 标准型配置了新的凯斯自动化变矩传动装置，该系列在 1958 年的 800 系列机型宣布时推出。830 系列用最新推出的沙漠风暴漆面取代了先前的红色机身颜色。

英国柴油机时代

20 世纪 50 年代和 60 年代早期，柴油动力装置越来越重要。此前，除了少数履带式和非传统机型，柴油驱动拖拉机几乎没人知道，尤其是在 20 世纪前 40 年的英国农场中。福特、铂金斯和大卫·布朗等公司助力英国成为多缸柴油拖拉机方面的世界领军国家。发动机动力的不断增加以及装配更多齿轮的变速器的出现，让操作者可以更容易地高效使用动力更强的发动机。

△ **英国特纳·约曼**
年份 1953 **产地** 英国
发动机 特纳 V4 柴油机
马力 40 马力
变速器 前进档 4，倒档 1

特纳 V4 发动机看起来很强大，广告宣传给人的印象是高效的工作速度和"惊人的拖拽能力"。不幸的是，该发动机存在启动问题，可靠性也不佳。

▷ **菲尔德·马歇尔系列 3A**
年份 1955 **产地** 英国
发动机 马歇尔单缸平行柴油机
马力 40 马力
变速器 前进档 6，倒档 2

这是马歇尔单缸柴油发动机的最终版。于 1952 年发布，3A 系列进行了少量改进以增强发动机性能。推出了加压冷却系统，让拖拉机快速升温；价格上升到 845 英镑。

△ **马歇尔 MP6**
年份 1954 **产地** 英国
发动机 莱兰 6 缸柴油机
马力 70 马力
变速器 前进档 6，倒档 2

这些老化的单缸机型逐渐减少，迫使马歇尔学习其他行业，使用多缸柴油发动机。结果是，强大但昂贵的 MP6 销量很低。

◁ **弗格森 TE-F20**
年份 1955 **产地** 英国
发动机 标准 4 缸柴油机
马力 26 马力
变速器 前进档 4，倒档 1

哈里·弗格森热衷于用科技促进拖拉机生产。但他不喜欢柴油发动机。现实是，他不可避免地开始在其 TE 拖拉机系列中增加柴油动力机型。

窄体拖拉机

有时候，特殊环境下需要特殊的拖拉机，而窄体拖拉机就是小型的标准机型。这种改型通常由专业公司进行，主要进行防滑系统优化。这类拖拉机主要应用在葡萄园，有时候还用在啤酒花等农作物的种植生产中，或者仅仅是用于一些过道或门比较狭窄的农场中。

◁ **弗格森 TE-L20**
年份 1954 **产地** 英国
发动机 标准 4 缸汽油 / 石油机
马力 26 马力
变速器 前进档 4，倒档 1

TE-20 型号的编号时常令人感到困惑，TE 是指在英国制造的，TE-D20 是石油动力版，TE-L20 是一款罕见的葡萄园型，机身十分狭窄低调，用于葡萄种植或甘蔗种植等领域。

△ **福特森柴油少校**
年份 1957 **产地** 英国
发动机 福特 4 缸柴油机
马力 52 马力
变速器 前进档 6，倒档 2

E1A 常被称为"新专业"，以区别于以前的福特森车型，它是拖拉机行业的经典车型之一。在简易启动和可靠的柴油发动机的帮助下，其日产量的峰值达到 350 辆以上。

△ **BMB 总统**
年份 1954 **产地** 英国
发动机 莫里斯 4 缸汽油 / 石油机
马力 10 马力
变速器 前进档 3，倒档 1

战后出现的小型拖拉机通常设计不佳且动力不足，但 BMB 总统系列还是比较好的。装配了轮轨距调节器、液压升降机和皮带轮。

◁ **国际 B275**
年份 1967 **产地** 英国
发动机 国际 4 缸柴油机
马力 35 马力
变速器 前进档 8，倒档 2

1956 年推出的国际 B250 拖拉机成为国际公司小型英国拖拉机的新系列，该系列拖拉机在靠近约克郡的布拉德福德的一个子工厂生产。1958 年出现了改进后的 B275 型，持续生产到 1968 年。该型号是一个后期型号。

▷ **阿利斯－查尔默斯 ED-40 深度自动化**
年份 1967 **产地** 英国
发动机 标准 4 缸柴油机
马力 41 马力
变速器 前进档 8，倒档 1

ED-40 是阿利斯－查尔默斯的最新英国车型。1963 年推出的深度液压系统提供了额外的动力，但改进后的液压系统过于复杂，生产于 1968 年结束。

◁ **大卫·布朗 850 工具自动化**
年份 1963 **产地** 英国
发动机 大卫·布朗 4 缸柴油机
马力 35 马力
变速器 前进档 6，倒档 2

1961 年，大卫布朗推出了 850 和 880 型的窄体版，以满足啤酒花、葡萄园等种植需求。最窄的结构处，整体宽度减少到 48 英寸（122 厘米）。

△ **福特森超级少校 KFD68**
年份 1964 **产地** 英国
发动机 福特 4 缸柴油机
马力 52 马力
变速器 前进档 6，倒档 2

因为全球备件的支持和出色的可靠性名誉，福特森超级少校拖拉机很受欢迎，公司生产了专用型拖拉机，包括肯特·福特经销商（KFD）的窄体葡萄园、果园和工业工作专用拖拉机。

雷诺 N73 初级

雷诺 N 型系列拖拉机在 1960 年首次亮相。N 系列取代 D 系列，涵盖 N70、N71 和 N73，其中 N73 是拥有最小功率的最后一个系列。20 马力拖拉机是一系列拖拉机的基础，该系列拖拉机更大的马力分别为 40（N70）,35（N71）,和 25 马力（N72），它们都安装了德国 MWM（Motoren-Werke Mannheim）柴油发动机。

在第二次世界大战之后的十年里，雷诺在欧洲的拖拉机、汽车和卡车行业建立了自己的强势地位。战后，该公司被法国政府收归国有，当 N 系列产品被推出时，拖拉机生产已被转移到勒芒的一家新工厂。随着 N 系列出现了新风格，带阀帽和散热器格栅为新时代增添了新风貌。这是当时许多小型拖拉机的典型特征，它有一个双缸柴油机和一个下悬式排气装置。N 系列拖拉机在喷洒和除草等轻型田间作业中很受欢迎，也能在较小的农场和搬运设备上进行耕作，例如单沟耕犁。

前视图

后视图

启动电机

双缸MWM柴油发动机

为小型农场而造

N73 初级只有 9 英尺（2.7 米）长，空载质量仅为 1 吨左右，十分灵活，加之底盘低，该系列拖拉机在小型农场和陡峭路面工作中很实用。

规　格			
型号	雷诺 N73 初级	最高速度	未知
排量	85.4 立方英寸（1400cc）	产量	9020
年份	1961	长度	8 英寸 11 英寸（2.71 米）
变速器	前进档 6，倒档 1	发动机	20 马力 MWM2 缸柴油机
产地	法国	重量	1 吨（1 公吨）

细节

1. 20 世纪 60 年代拖拉机前的雷诺标志
2. N 系列中的新款前大灯
3. 驾驶员座位和传动杆
4. 悬挂式排气管
5. 后轮毂

无助力方向盘

坐垫增加舒适度

换挡杆

停车制动杆

大尺寸后轮

变化的市场

20世纪五六十年代，许多独立的拖拉机制造商都在生产个性化的、符合当地市场需求的设备。例如，许尔利曼是第一批专门为瑞士山区设计的，具有四驱动力的拖拉机机型。然而，渐渐地，这些公司中的大多数都消失了。其中大部分是被更大的公司收购，另一些则是因为产品性能差、价格过高而被市场淘汰。

▷ **梅西－哈里斯矮马 820V**
年份 1952 **产地** 法国
发动机 西姆卡 4 缸汽油机
马力 18 马力
变速器 前进档 3，倒档 1

矮马是梅西－哈里斯公司为满足小型拖拉机市场而设计的，与国际公司和约翰迪尔公司产品相竞争。正如其它生产商生产的这类大小的拖拉机一样，矮马拖拉机可以配备耕犁、松土机、起垄犁和其它特定用途的附件装置。

◁ **国际法莫幼兽**
年份 1956 **产地** 法国
发动机 国际 C-60 4 缸侧阀汽油机
马力 9.25 马力
变速器 前进档 3，倒档 1

这是国际法莫系列中最小的拖拉机。幼兽被设计为中耕拖拉机，有多种版本。侧布局的发动机和变速箱为驾驶员提供了良好的前向视野。幼兽系列很受消费者喜欢，1947-1981 年，产量超过 24.5 万辆。

▽ **许尔利曼 D200S**
年份 1958 **产地** 瑞士
发动机 许尔利曼 4 缸柴油机
马力 65 马力
变速器 前进档 10，倒档 2 协调配合

汉斯·许尔利曼于 1929 年成立了他的拖拉机制造公司。D200S 配有同步齿轮箱，这是当时农场拖拉机中非常领先的配置。该系列面向农业和林业市场。许尔利曼拖拉机是在 SAME 道依茨－梅尔思(SDF)的基础上制造的。

▷ **维耶尔宗 201**
年份 1957 **产地** 法国
发动机 维耶尔宗单缸 2 冲程热球机
马力 25 马力
变速器 前进档 3，倒档 1

维耶尔宗 201 由法国公司 Societe Francaise Vierzon（SFV）生产。和维耶尔宗系列其它拖拉机一样，201 是兰茨·斗牛犬的授权复制版。其现代化的外观掩盖了金属外壳下与老款相比简单但可靠的设计感。

△ Volvo-BM 470
年份 1961 **产地** 瑞典
发动机 柏林德 4 缸柴油机
马力 73 马力
变速器 前进档 5，倒档 1

73 马力的 Volvo-BM 470 当时被认为是一种大型拖拉机。在 1961 年，农业拖拉机平均马力为 45 马力。作为一款强大且可靠的拖拉机，Volvo-BM 470 的价格十分昂贵，随着 75 马力级别拖拉机的普及，470 型的产量不高。470 型在本土市场之外属于罕见设备。Volvo-BM 470 拖拉机最终于 1984 年停产。

▽ 斯泰尔 185
年份 1962 **产地** 澳大利亚
发动机 斯泰尔 WD313 3 缸柴油机
马力 45 马力
变速器 前进档 6，倒档 1

斯泰尔 185 型在澳大利亚的市场销量不错，但从未大批量出口，来自福特和梅西·弗格森等制造商的竞争在大多数欧洲国家非常激烈。斯泰尔 185 的发动机产自澳大利亚国内，质量极佳。斯泰尔拖拉机的生产也是凯斯－新－荷兰（CNH）拖拉机系列的一部分。

△ 久保田 L13G
年份 1960 **产地** 日本
发动机 久保田单缸柴油机
马力 13 马力
变速器 前进档 6，倒档 2

L13G 是久保田公司的第一批拖拉机之一。该公司产品的一个特征是，具有很高的产品质量。虽然这台机器个头很小，但是 L13G 在同尺寸的竞争者中性能优异。可以搭配使用的设备包括前置装载机等。

▷ 雷诺 N73 初级
年份 1961 **产地** 法国
发动机 曼海姆马达（MWM）2 缸柴油机
马力 20 马力
变速器 前进档 6，倒档 1

N73 是为法国市场设计的一种小型、轻型拖拉机，主要用于小型家庭农场。雷诺的大量发动机来源于外购，N73 也不例外。N73 具有经济的操作和维护性，拥有动力输出和液压系统——这些特点直到最近才逐渐普及。

德国发展

德国农业机械生产自 1945 年后快速恢复。梅赛德斯－奔驰，兰茨和哈诺玛格等老牌公司很快开始大量制造产品。随着很多小型农场在战后恢复生产，小型拖拉机拥有了广阔的市场。约翰·迪尔收购的兰茨尤其重要——迪尔拥有推出多缸车型的资源，这让该公司在欧洲有了一个制造基地，如今，这一基地正受到越来越多的关注。

▽ **乌尼莫克 401**

年份 1952　**产地** 德国

发动机 戴姆勒－奔驰 OM636　4 缸柴油机

马力 25 马力

变速器 前进档 6，倒档 2；定速变速器可供选择

二战后不久，阿尔伯特·弗里德里希设计了第一款乌尼莫克拖拉机，用于多功能农业生产。梅赛德斯－奔驰于 1951 年收购了乌尼莫克制造商，并推出了新款拖拉机 401 系列。此外还有一款长轴距型 402 型，该型号自 1953 年开始配备封闭式驾驶舱。

△ **兰茨·斗牛犬 D2206**

年份 1952　**产地** 德国

发动机 兰茨平行单缸半柴油机，汽油辅助启动

马力 22 马力

变速器 前进档 6，倒档 2

第 15 万台斗牛犬拖拉机是 D2206型，1953 年 2 月交付，这些拖拉机终于结束了在启动之前用吹灯加热灯泡的历史。气缸必须用汽油点火来加热，然后引擎就会以半柴油机的形式运行。

▽ **兰茨 6017**

年份 1957　**产地** 德国

发动机 兰茨单缸柴油机

马力 60 马力

变速器 前进档 9，倒档 3

兰茨向来有为普通道路使用而设计的专用设备拖拉机，该拖拉机也不例外。兰茨 6017 有特殊的齿轮齿数比，可以将道路行驶速度增加到 19 英里 / 时（31 千米 / 小时）。在曼海姆实施的改变并不是约翰·迪尔的政策，这些拖拉机在接管后的一段时间里继续以兰兹的颜色出现。

▷ **诺曼格·措尔格 C10**

年份 1952　**产地** 德国

发动机 菲瑞曼 DL2 单缸平行柴油机

马力 10 马力

变速器 前进档 5，倒档 2

C10 是诺曼格公司生产的最小的拖拉机。从连续水冷单缸发动机到双皮带传动变速箱，农用拖拉机的齿轮比通常要高得多。虽然是一辆小型拖拉机，但它配备了方向盘刹车、灯光、滑轮和差速器锁。

◁ **保时捷·科菲·特雷恩 P312**

年份 1954　**产地** 德国

发动机 保时捷 2 缸汽油机

马力 24 马力

变速器 直接驱动

保时捷生产了大约 300 辆 P312拖拉机。这种流线型车身的设计是为了不破坏巴西咖啡种植园里一排排的灌木。尽管所有其他保时捷拖拉机都有柴油发动机，但 P312 是用汽油发动机驱动的——因为咖啡种植者不想让他们的作物遭受柴油发动机的烟雾。

△ 华尔思 D130

年份 1956 **产地** 德国

发动机 高勒 2LD2 缸柴油机

马力 17 马力

变速器 前进档 5，倒档 1；
低定速运送器可供选择

约翰·乔治·华尔思于 1870 年成立了他的公司，主要生产农业设备。这种型号有四种版本：常规 D130 版、D130H 高间隙版、长轮距的 D130A 版和 D130AH（A 型和 H 型的结合版本）版。后来经过一系列兼并，华尔思成为 SAME 道依茨 - 华尔思（SDF）的一部分。

△ 约翰迪尔 - 兰茨 2416

年份 1961 **产地** 德国

发动机 约翰迪尔 - 兰茨单缸全柴油机

马力 25 马力

变速器 前进档 9，倒档 3

约翰·迪尔在 1956 年收购了海因里希·兰茨公司，当时有 19 款兰茨车型正在生产。约翰迪尔继续使用单缸拖拉机，但开始小范围地更新和修改。其中包括用绿色和黄色涂装取代传统的兰兹配色。

▷ 施吕特 AS503

年份 1961 **产地** 德国

发动机 施吕特 3 缸柴油机

马力 50 马力

变速器 正齿轮

该公司于 1898 年成立，有安东·施吕特三代人运营到 20 世纪 80 年代。拖拉机生产从 1937 年开始，但被二战中断。该公司以其产品质量高而闻名，施吕特于 1964 年生产了第一辆德产 100 马力拖拉机，又于 1978 年制造出第一辆德产 500 马力拖拉机。

△ 汉诺马克 R460 ATK

年份 1962 **产地** 德国

发动机 汉诺马克 D57 4 缸柴油机

马力 60 马力

变速器 前进档 5，倒档 1

R460 ATK（A 代表充气轮胎，TK 代表发动机和变速器之间的福伊特液力联轴节）是一款强劲、高质量的拖拉机，专门用于道路工作。这台机器配有各种各样的附件；图中拖拉机安装了一个前推板和一个完整的驾驶员座舱罩。

兰茨斗牛犬

1921年，设计简单可靠的斗牛犬拖拉机开始了长达35年的生产周期，斗牛犬是兰茨系列中最出名的拖拉机。在德国，最先提出拖拉机概念的是卡尔·兰茨博士，他是兰茨公司创始人海因里希·兰茨之子，但正是他雇佣弗里茨·胡伯博士作为首席工程师的决定，让德国拖拉机的理念得以实现。

到20世纪50年代早期，兰茨公司提供了两种独特的"半柴油机"系列斗牛犬拖拉机，该拖拉机是在二战前，基于06型拖拉机研发的。D2206是小型拖拉机生产线中最大的型号，其中所有拖拉机都采用了130毫米直径和170毫米冲程发动机。型号名称的前两个数字代表最大输出马力，这取决于发动机不同的速度。小型系列有17马力和19马力两种型号。

较大的28马力、32马力和36马力机型都适配了150毫米直径和210毫米冲程的发动机。兰茨使用的技术与时俱进，之后的拖拉机配置了变速器，提供6个前进档和2个倒档，并配置了充气轮胎。

液压升降操作杆 ————

前视图

后视图

比早期型号尺寸
更大的后轮 ————

规 格	
型号	兰茨斗牛犬 D2206
年份	1952–1953
产地	德国
发动机	22 马力兰茨平行单缸柴油机， 汽油辅助启动
排量	138 立方英寸（2260cc）
变速器	前进挡 6，倒挡 2
最高速度	12.4 英里/时（20 千米/小时）
长度	9 英尺 1 英寸（2.76 米）
重量	1.4 吨（1.4 公吨）

细节

1. 斗牛犬标志和额定功率在
   拖拉机前端
2. 前轮毂
3. 油阀
4. 水温计
5. 换挡杆
6. 升降操作杆

单孔空气滤清器

大直径排气管

方向舵杆直接
连接到前轴

大改发动机罩以提高散热

飞轮由标志盖保护

战后设计

D2206 兰茨斗牛犬有 22 马力的输出功
率，当时是一款中型拖拉机。此外，战
后工程师们不断创新设计出了更轻便、
高速的型号，比此前的重型拖拉机更加
高效。

驶过南极洲

1957 年，新西兰探险家埃德蒙·希拉里爵士受命为英联邦横贯南极探险建立供应链。希拉里的团队将从罗斯冰架上的斯科特基地出发，支持由英国科学家维维安·富克斯领导的大部队，大部队正从威德尔海的沙克尔顿基地穿越过来。

冲向南极点

希拉里的团队有三辆弗格森的 TE-A20 拖拉机，用汽油驱动，经过改装以适应极地环境，前轮和后轮周围安装了柔性履带。富克斯团队的装备更加精良，还有最新的美国塔克猫 (Tucker Sno-cats)。

1957 年 10 月 14 日，希拉里和他的团队从斯科特基地出发，尽管不得不应对暴风雪、冰裂缝和零下 32.8 华氏度（零下 36 摄氏度）的低温。在 12 月 20 日的最后一场较量中，希拉里听说福克斯行程延误了，便决定驾驶他的小拖拉机再向南极点推进 500 英里（805 千米）。仅仅 17 天后，弗格森一队就冲进了美国的南极站，穿越了 1250 英里 (2011 公里) 的地球上最不适宜居住的地区，比富克斯多出了 16 天。

△ 埃德蒙·希拉里爵士（左）和他的团队于 1958 年 1 月 4 日下午 12 时 30 分到达南极点。

世界各地的履带式拖拉机

在 20 世纪 50 年代，中型履带式拖拉机是全世界农场上的主要动力来源。
来自几个国家的制造商竞相满足这一需求。这其中有两个基本版：多缸机型
和单缸机型。英美制造商钟爱多缸机型，马歇尔的单缸英国福勒 VF/VFA
例外。欧洲大陆制造商生产这两种类型，但更偏爱单缸型。

◁ **乌尔苏斯 OMP 55C**
年份 1952 **产地** 波兰
发动机 乌尔苏斯单缸光启半柴油机
马力 50 马力
变速器 前进档 4，倒档 1

OMP 55 使用了单缸光启半柴油发动机。
这种发动机能在燃烧低级液体燃料的情况
下产生全额定马力，但不得不用喷灯加热
热球的操作让消费者觉得麻烦。

△ **菲亚特 55**
年份 1951 **产地** 意大利
发动机 菲亚特 4 缸柴油机
马力 50 马力
变速器 前进档 5，倒档 1

菲亚特履带式拖拉机声誉很好，
55 型也不例外。该车设计基本是
卡特彼勒 D4 的复制版，英国售价
大概是 2700 英镑，昂贵的价格使
其在英国销量很低。

▽ **布雷达 50TCR**
年份 1952 **产地** 意大利
发动机 布雷达单缸热球灯启动
柴油机
马力 50 马力
变速器 前进档 4，倒档 2

50TCR 有一个巨大的 14 升单缸
发动机，从 1947 年到 1953 年一
直在生产。意大利是全世界除美国
之外最大的履带式拖拉机市场国。
布雷达的履带式拖拉机在意大利和
欧洲部分国家很受欢迎，但没有打
入美国市场。

▽ **布巴·阿列特**
年份 1953 **产地** 意大利
发动机 布巴单缸油灯启动半柴油机
马力 40 马力
变速器 前进档6，倒档1

布巴·阿列特生产时间为1938年至1954年，当时零售价达400万里拉（意大利货币单位）。该拖拉机采用德国兰茨的基本设计，因机械操作简单、可靠性高，可使用低等级燃料而广受欢迎。

▷ **大卫·布朗履带大师柴油50**
年份 1953 **产地** 英国
发动机 大卫·布朗6缸柴油机
马力 50 马力
变速器 前进档6，倒档2

大卫·布朗做足了进入履带式拖拉机市场的尝试，在农业设备销售方面相对成功。柴油50后来也称作50TD，是DB的第一款六缸车型，与50D轮式拖拉机的发动机相同。该履带式拖拉机完全在国内生产完成。

△ **履带式马歇尔**
年份 1958 **产地** 英国
发动机 铂金斯L4 4缸柴油机
马力 48 马力
变速器 前进档6，倒档2

履带式马歇尔是英国生产的履带式拖拉机中最成功的一款。它满足了当时的市场需求，优于先前配备单缸马歇尔发动机的VF机型。它有一个在铂金斯L4配置基础上升级的VF底盘，并配有4或5个滚轮轨框架，以及全系列的附件。

▷ **Motomeccanica CP3C**
年份 1960 **产地** 意大利
发动机 铂金斯P3 3缸柴油机
马力 24 马力
变速器 前进档4，倒档1

小型CP3C履带式拖拉机是为小型山坡农场和葡萄园工作而设计的。这家公司最初的名字是帕维西和托洛蒂，但当托洛蒂1919年退休时，公司更名为Motomeccanica。第一批拖拉机是用"巴利拉"的名字销售的。

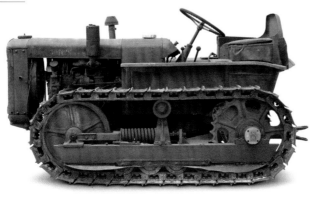

△ **霍华德·普莱提普斯**
　　PD4（R6）
年份 1955 **产地** 英国
发动机 铂金斯R6 6缸柴油机
马力 70 马力
变速器 前进档6，倒档2

普莱提普斯拖拉机公司是埃塞克斯郡宏顿的劳特莱锄具有限公司的子公司。PD4（R6）是所有产品中动力较强的一款，但不太成功。只生产了15辆，记录中也有莱兰动力版，但未售出。

△ **明尼阿波利斯－莫林拖拉机**
年份 1960 **产地** 美国
发动机 明尼阿波利斯－莫林D206A-4 4缸柴油机
马力 59 马力
变速器 直接驱动或前后转换液力变矩器

明尼阿波利斯－莫林（MM）从来不是专业的履带式拖拉机制造商。莫林拖拉机于1960年问世，生产160台；1961年进行了小的改进。柴油版莫林使用了MM D206A-4发动机，汽油版使用了MM 206M-4发动机。汽油拖拉机仅生产了39台。

横跨作物

高净空式拖拉机和轮式拖拉机有许多共同之处，它们都是标准作业型，主要用于在一排排作物之间工作。高净空式拖拉机为跨越较高的农作物提供了额外的高度，这使驱动系统变得复杂。由于销量低，改装工作通常留给专业公司来完成，改装公司使用的是生产商提供的滑轨装置。一些高净空式拖拉机拥有特别的驱动轮毂和轮胎，重量很轻，减少了作物损伤的风险。

△ **约翰·迪尔 GH 型**

年份 1952 **产地** 美国

发动机 约翰·迪尔 2 缸平置石油机

马力 36 马力

变速器 前进档 6，倒档 2

约翰·迪尔工程师生产了很多转换配件，以满足特殊的耕作要求，包括高作物机，即 G 型。没有定型的 G 型于 1938 年问世，GH 则是 1941 年问世的一款多功能升级型号。

△ **国际法莫 MDV**

年份 1954 **产地** 美国

发动机 国际 4 缸柴油机

马力 38 马力

变速器 前进档 5，倒档 1

国际法莫 M 型本质上是麦考密克–迪尔 W-6 拖拉机。包括柴油驱动 MD 型和高净空 MV 型（V 代表"蔬菜"）。图中拖拉机是一款柴油驱动高净空车型。

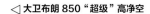

◁ **大卫布朗 850 "超级"高净空**

年份 1962 **产地** 英国

发动机 大卫布朗 4 缸柴油机

马力 35 马力

变速器 前进档 6，倒档 2

大卫·布朗的试验部门为黑加仑种植者制造了这台拖拉机。这是一个特殊的订单，仅制造了一台。减速装置包括一列垂直齿轮，这使其后轴离地高度超过 3 英尺（1 米）。

◁ **梅西–弗格森 35Hi 离地间隙**

年份 1963 **产地** 英国

发动机 铂金斯 A3-152 三缸柴油机

马力 30 马力

变速器 前进档 6，倒档 2

MF35 高净空版是由圣艾夫斯、剑桥郡和肯特郡阿什福德的伦菲尔德工程公司的斯坦丁制作的几个版本之一。改造包括优化后的前轴、后轮毂和后胎。这款拖拉机被用在英国林肯郡的蔬菜种植中。

讨论焦点

终极高度

这款特殊的高净空拖拉机绰号叫做"长腿爸爸"，以一辆退役的福特 WOT6 卡车为基础，于 1946 年在剑桥郡设计和制造，用于控制虫害。在英国的苹果园和海外的咖啡园进行喷洒农药等，它拥有 7 英尺（2.1 米）的离地高度。

在英国汉普郡弗利特县，个头最高的拖拉机由液压杆支撑起来。

△ **郡县高驱动**

年份 1962 或 1963　**产地** 英国
发动机 福特 4 缸柴油机
马力 52 马力
变速器 前进档 6，倒档 2

大多数郡县拖拉机都是履带式或四轮驱动版，但这款高驱动型是双轮驱动，净空高度达到 30 英寸（76 厘米）。主要用于出口，用于甘蔗等作物的种植作业。这款车是在福特森超级少校基础上制造的。

△ **福特动力大师 951**

年份 1959　**产地** 美国
发动机 福特 4 缸汽油机
马力 44 马力
变速器 前进档 5，倒档 1

900 系列拖拉机是动力大师系列中的拖拉机。配备了 2.8 升的升级版福特红虎发动机，1953 年在美国首发。951 系列有 LPG（液化石油气）型、汽油型和一种新的柴油型。

△ **奥利弗 1650**

年份 1964　**产地** 美国
发动机 奥利弗 6 缸柴油机
马力 66 马力
变速器 前进档 6，倒档 2

这些风格独特的 50 系列拖拉机在 20 世纪 60 年代中期可以买到，有 6 种型号在销售。奥利弗 1650 使用汽油或柴油发动机，拥有三轮式宽前轴构型和较高的离地间隙。

执行特殊任务的小型拖拉机

自20世纪20年代开始，随着农民对拖拉机功率和效率的追求，动力的增加成为拖拉机市场的主要特征。然而并不是所有人都需要大功率拖拉机。在某些情况下，质量轻、油耗低的小型拖拉机比大马力的机型更有用——例如在蔬菜农场，高密度牧场，专业的水果种植园中。小型拖拉机的功能与全尺寸的有些不同：例如铰接转向，四轮驱动，以及20世纪五六十年代在一些低马力拖拉机上的多功能设计。

△ **国际超级 H**
年份 1958 **产地** 美国
发动机 国际4缸汽油机
马力 30 马力
变速器 前进档5，倒档1

良好的机动性和较高的离地高度使超级H型非常适合在蔬菜园等环境中工作。它体积小，重量轻，是小农场和花园的热门选择。

△ **兰茨众适 A1806**
年份 1956 **产地** 德国
发动机 MWM2缸气冷柴油机
马力 18 马力
变速器 前进档6，倒档1

没有哪种小型拖拉机和通用拖拉机功能一样多。拆卸了倾斜的容器，在中部结构上换一个工具箱——选项包括干草打包机和一个便携式挤奶机。

▷ **Kiva**
年份 1955 **产地** 法国
发动机 伯纳德W112单缸汽油机
马力 8 马力
变速器 皮带传动

Kiva拖拉机是在20世纪30年代为山区设计的，大多数用于收割和晒制干草，但该拖拉机上独特的犁很罕见。早期版本使用了谢兹发动机，后被伯纳德取代，之后随VM柴油版的出现而停产。

△ **大卫·布朗 2D**
年份 1957 **产地** 英国
发动机 大卫·布朗2缸气冷柴油机
马力 14 马力
变速器 前进档4，倒档1

大卫·布朗的工具架上有一个后置发动机，一个开放的框架，以及为安装在中间的工具提供的空间，司机有清晰的视野进行准确地转向。升降机功能通过压缩空气实现。

▷ **霍尔德 A10**
年份 1957 **产地** 德国
发动机 霍尔德气冷柴油机
马力 10 马力
变速器 前进档3，倒档1

霍尔德从20世纪30年代开始生产徒步控制双轮拖拉机。第一款配有铰接式转向装置的A10拖拉机于1954年为葡萄园作业而设计；它也是一个很受市场欢迎的园艺拖拉机。

△ 奥利弗 660
年份 1959 **产地** 美国
发动机 奥利弗 6 缸柴油机
马力 30 马力
变速器 前进档 6，倒档 2

奥利弗 60 型在 1948 年更改为 66 型。
于 1954 年更新为超级 66 型，1959 年以
660 型重新出现。轮式和常规布局都有，
有柴油和汽油发动机两种选择。

◁ 约翰·迪尔 720
年份 1957 **产地** 美国
发动机 约翰·迪尔 2 缸 LPG
或汽油 / 石油机
马力 55 马力
变速器 前进档 6，倒档 2

20 系列为约翰·迪尔黄绿涂
装，并引入了改进的液压系
统。这台拖拉机上的圆柱形油
箱装有液化石油气 (LPG) 燃
料，在美国的一些地区，这
是一种低成本选择。

▽ SAME 汽车 SA42T
年份 1961 **产地** 意大利
发动机 SAME4 缸气冷柴油机
马力 42 马力
变速器 前进档 6，倒档 1

SAME 公司的所有者是弗郎西斯
科·卡萨尼，他在一次家庭度假
期间，勾勒出了最初的 SAME 汽
车设计框架。他的想法是设计一辆
每小时 25 英里（每小时 40 公里）
的载货拖拉机，配有一个舒适的驾
驶舱，但生产成本高昂，销量不佳。

△ OTO 葡萄种植用 R3
年份 1960 **产地** 意大利
发动机 OTO 单缸柴油机
马力 17 马力
变速器 前进档 6，倒档 2

OTO 梅拉拉公司于 1905 年开始制造军
用设备，但二战后曾短暂的转向制造拖拉
机。他们以 R3 葡萄园拖拉机起家，R3
拖拉机由一个风冷发动机提供动力，也可
作为一个高机动的三轮车或四轮车。

伟大的制造商
大卫·布朗

大卫·布朗奉行英国一贯将卓越的工程质量置于定价体系之前的传统，他没有全球各地其他制造商的资源，却经常在世界舞台上战胜他们。他的这家拥有大想法的小公司靠的是在工业领域的许多个"第一"成就的。

20 世纪 30 年代，国际 10-20 型工业拖拉机在装载木材

20 世纪中叶，大卫·布朗在英国哈德斯菲尔德郡约克郡镇成立了他的公司，主要生产齿轮。将生产范围扩大到拖拉机制造领域的是创始人的孙子，他也叫大卫·布朗。1936 年，大卫·布朗（创始人孙子）签订了一份协议，开始生产哈里·弗格森 A 型拖拉机。

与弗格森的合作很短暂且不稳定。1939 年弗格森在美国与福特形成新的合作关系，随后大卫·布朗与弗格森的合作关系结束。然而，年轻的大卫·布朗（创始人孙子）热衷于拖拉机生产，并成立了大卫·布朗拖拉机有限公司，在梅萨姆附近的一个空纺织厂内生产新型拖拉机。

喷涂了大卫·布朗猎装红商标色的新款大卫·布朗拖拉机（后来特指 VAK1），无论是外观还是设计都限前卫。但受二战爆发影响，其产量有限。二战期间，梅萨姆·米尔斯工厂生产的坦克传动装置和为英国皇家空军"喷火"战机提供的莫林发动机传动装置，让拖拉机部门的财政状况变得稳固。战后，包括在 1947~1953 年间生产的著名收割

大卫·布朗徽章，刻有两朵象征兰开夏郡和约克郡的玫瑰

大师拖拉机，在世界范围内售出近 6 万台。履带式、窄体和工业拖拉机不久后便成为大卫·布朗拖拉机的子系列，其标语"让世界农业机械化"可谓名副其实。

20 世纪 50 年代早期生产的系列包括 25、2D、30C 和 50D 轮式拖拉机；30T、30TD 和 50TD 履带式拖拉机，以及许多特种工业型号。大卫·布朗为二战期间的英国皇家空军生产了飞机牵引拖拉机，进入和平时期后，又生产了许多军用和民用的各种专用拖拉机。

大卫·布朗的小而娴熟的工程队，由技术指导赫尔伯特·阿什菲尔德和总工程师查理斯·赫尔率领。他们都非常有创造力，让公司成为整个行业中最具创新性的公司之一，让很多大型制造商相形见绌。

20 世纪 50 年代，那些被认为是拖拉机理应具有的特征，例如可以改变轮距的设计，以及凹形轮毂，都是由大卫·布朗首创的。该公司也研发了直喷高速柴油发动机，6 速变速箱和双速动力输出装置。第一款大卫·布朗柴油拖拉机也称作收割大师柴油机，于 1949

6缸机型

大卫·布朗 1953 年新生产的最大轮式系列拖拉机是 6 缸 50D 型，很有竞争力，但没有液压平衡装置，销量不佳，大部分是出口。

销量纪录

1961 年推出的新系列机型打破了梅萨姆工厂产出的拖拉机数量纪录，70% 用于出口。

DAVID BROWN 50D DIESEL

> "拖拉机产业……不仅存活了，
> 而且在繁荣发展。"

大卫·布朗先生

VAK1	850	990	1594
1860 公司创始人大卫·布朗在哈德谢尔菲尔德以合伙人身份开始了拖拉机生意	1940 签订为空军单位生产牵引拖拉机的合同	1959 Implematic 液压系统问世	1973 大卫·布朗和凯斯拖拉机统一机身颜色
1931 公司创始人的孙子也叫大卫·布朗，成为公司行政董事	1947 第一台收割大师拖拉机从总装线下线	1960 梅萨姆工厂为美国奥利弗公司提供拖拉机	1977 第50万台拖拉机以皇后25周年之名拍卖
1936 在帕克工厂签订生产哈里·弗格森 A 型拖拉机的协议	1949 大卫·布朗生产了第一台柴油拖拉机	1964 精选机动液压系统推出	1979 新的大卫·布朗 90 系列在摩纳哥正式推出
1939 大卫·布朗拖拉机有限公司成立，一台新大卫·布朗拖拉机在温莎大公园的皇家展上亮相	1953 新的拖拉机系列在哈罗盖特正式推出	1965 大卫·布朗拖拉机将机身颜色从红色改为白色	1983 凯斯 94 系列拖拉机阀盖上不再标注大卫·布朗之名
	1953 独特的 2D 工具拖拉机问世，大卫·布朗被授予农业机械皇家认证荣誉。	1971 液压调整、半自动传动装置投入生产	1985 天纳克将国际收割机公司与凯斯公司合并为凯斯 IH
	1955 收购哈里森－麦格雷戈 & 格斯特公司	1972 大卫·布朗拖拉机被天纳克公司收购，并与凯斯合并	1988 最后的大卫·布朗拖拉机，即凯斯 IH1594 机型在梅萨姆工厂出产

年正式问世。

这段时期最令人兴奋的发展是引进了革新设计的 2D 轮式拖拉机，以及其配备的独特气动犁地升降机。大卫·布朗公司在 1955 年收购了哈里森公司、麦格雷戈 & 格斯特有限公司，以及阿尔比恩系列农具公司后，将业务范围拓展到了农业设备领域。

大卫·布朗此时拥有英国最大的拖拉机生产线，但也处于过分扩张的危险中。公司需要合理化经营，并在 20 世纪 50 年代期间对公司经营进行了缩减。新的 900 型拖拉机项目于 1956 年正式启动，但它遇到了可靠性问题，未能实现预期效果。不过，Implematic 型号的问世为公司发展开辟了新的纪元。

到 1964 年，大卫·布朗将产品出口到 95 个国家，海外销量占总产量的五分之四。次年，公司又推出了新精选系列拖拉机，该系列配置了一套更加先进的液压系统，机身颜色也由红色换成白色。

随着销量的上涨，大卫·布朗又在梅萨姆新设备生产商增加了投资，但当他们完成投资之时，恰好遭遇了全球

市场进入萎靡期。当时，拖拉机业务属于大卫·布朗公司的阿斯顿·马丁分部，这是一种对资源的浪费。据说，运动型汽车公司每年从拖拉机公司分得高达 100 万英镑的份额。当银行介入后，大卫·布朗被迫放弃其拖拉机和汽车公司的运营。

大卫·布朗拖拉机板块在 1972 年被美国工业巨鳄天纳克公司收购，并与 J·I·凯斯合并。接下来的一年，大卫·布朗和凯斯拖拉机使用了统一的红白色系。在凯斯的管理之下，梅萨姆的未来似乎有了保证，新的 DB90 系列拖拉机于 1979 年在蒙特卡洛的浮夸宣传中正式推出，但不稳定的世界经济意味着未来还会有更多变数。

凯斯 94 改进型系列拖拉机于 1983 年在梅萨姆问世，没有在阀盖上加注大卫·布朗之名。两年后，天纳克收购了国际收割机公司，并将其与凯斯

皇后拖拉机

1977 年，史密斯菲尔德展览上展出的大卫·布朗公司生产的第 50 万台拖拉机，这是一台特别的 DB1412 机型，以皇后 25 周年纪念的名义进行拍卖。

公司合并成凯斯 IH。随后，产品系列合理化和生产设备先进化不可避免地让前大卫·布朗工厂受到威胁。

梅尔坦宣布停止拖拉机生产是在 1986 年。1988 年 3 月 11 日上午 10 点 43 分，最后一台拖拉机——红色外壳 IH 1594 型——从工厂的装配线上下线后——大卫·布朗的时代结束了。但是这家工厂继续缓慢运转，为凯斯在全球的产品提供零部件。1993 年 6 月，梅萨姆工厂宣布关闭。

更大的马力，更多的气缸

选择一台发动机功率更大的拖拉机可以有效地提高产量和效率，在 20 世纪 50 年代和 60 年代，拖拉机马力已经开始呈上升趋势，50 年后依然如此。发动机细节显示，柴油动力正成为美国制造的中型至高马力拖拉机的热门选择，通常采用六缸发动机。一些制造商也提供了更好的变速箱和更大的齿轮比率作为选择，以更好地将发动机的动力转换成牵引力。

△ **张伯伦 60DA**

年份 1953 **产地** 澳大利亚
发动机 通用机动 3-71 3 缸柴油机
马力 66 马力
变速器 前进档 9，倒档 3

张伯伦家族为澳大利亚农场设计了拖拉机，而 60DA 型是他们的第一台柴油机器。在 1953 年开始生产的时候，它被认为是澳大利亚最强大的拖拉机。

◁ **奥利弗超级 99**

年份 1954 **产地** 美国
发动机 奥利弗 – 沃基肖 6 缸柴油机
马力 65 马力
变速器 前进档 6，倒档 2

奥利弗公司可能是美国首家全面采用柴油技术的轮式拖拉机制造商。超级 99 是超级系列中最强大的型号，于 1954 年推出，配备了与沃基沙合作开发的六缸柴油机，采用了拉诺娃燃烧系统。

▽ **约翰·迪尔 830**

年份 1960 **产地** 美国
发动机 约翰迪尔 2 缸平行柴油机
马力 75 马力
变速器 前进档 6，倒档 2

从机械上而言，830 与先前 820 机型相似，但 830 有新的驾驶员安全性设计。显著的变化是在选项中增加了电动发动机，这样一来，大的柴油发动机更容易启动。

△ **凯斯 500 型**

年份 1956 **产地** 美国
发动机 凯斯 6 缸柴油机
马力 64 马力
变速器 前进档 4，倒档 1

500 型拖拉机上有一些功能并不新鲜，包括在 1929 年出现的滚链驱动式设计，但这是凯斯第一台柴油驱动拖拉机。500 型也是凯斯在其经典的红色机身色调整之前的最后一款新车型。

△ 梅西·弗格森 98

年份 1960	**产地** 美国

发动机 通用机动 3-71 3 缸柴油机

马力 79 马力

变速器 前进档 6，倒档 2

梅西·弗格森为扩大其大型拖拉机系列而购买的 90 款系列，包括奥利弗制造的 98 款。奥利弗提供了500 台这样的拖拉机，它们由一种排气方式不同寻常的发动机驱动。

△ 梅西·弗格森 97

年份 1962	**产地** 美国

发动机 明尼阿波利斯－莫林 6 缸柴油机

马力 102 马力

变速器 前进档 5，倒档 1

这款 97 型车是梅西·弗格森收购的车型之一，目的是填补其顶级车型的产品缺口。由明尼阿波利斯－莫林 G705 型拖拉机改装而成的MF97，是史上第一辆超过 100 马力的 MF 拖拉机。

FARMALL

△ 国际法莫 560

年份 1961	**产地** 美国

发动机 国际 6 缸柴油机

马力 65 马力

变速器 前进档 5，倒档 1；
　　　　　电力传动装置增强器可供选择

560 型有汽油和 LPG（液化石油气）动力版，也有柴油版，柴油版受到更多消费者青睐。设计问题导致大量召回，使约翰·迪尔趁机抢走了国际法莫公司的市场。

◁ 约翰·迪尔 500

年份 1963	**产地** 美国

发动机 约翰·迪尔 6 缸柴油机

马力 121 马力

变速器 前进档 8，倒档 2

这款 5010 是约翰·迪尔在 20 世纪60 年代初宣布的"新一代动力"拖拉机系列的一部分，旨在取代 40 多年来的两缸拖拉机发动机。新型号采用 4缸和 6 缸发动机，重点是使用了柴油。

多伊 Triple-D

起源于美国和澳大利亚的埃塞克斯农业工程公司，向英国农业协会介绍了将两台拖拉机串联在一起以增加动力和牵引力的想法。福特汽车经销商多伊，采纳了其客户乔治·普莱尔的想法。乔治从1957年开始试验一种铰接式机器，这种机器将两辆福德森拖拉机连接在一起，可以耕犁沉重的粘土。

普莱尔的设计采用一个转台布置，将两辆拖拉机由两对液压连接架连接到一起。多伊完善了该设计，并在 1958 年将其投入生产，因为动力来源于两个福特森动力系统，在为满足当局的车辆许可要求而作出改变后，该拖拉机第二年以多伊·双驱动（Doe Dual Drive）或"Triple-D"这样的简称上市。

驾驶员坐在拖拉机后方，可以通过一个穿过阀盖的手动联动装置操作前面的档位。出于对这种布置安全性的担忧，1960 年 5 月该设计被替换为由一个液压主缸和从动装置进行各种远程控制操作。1964 年，在被多伊 130 取代之前，Triple-D 共生产了 280 多台。

新性能

最终的 Triple –D 拖拉机是在 1963 年，基于"新性能"超级大师拖拉机的最终版本推出的，带有更强的轴承和转盘衬套。售价为 2450 英镑，多伊提供了可选择的耐用连杆装置，需另付 100 英镑。

配有两个辅助连杆的
超重载联动装置

用于动力转向的
液压油箱

转向油压杆

轴颈可以横向运动

细节

1.Triple-D 的编号铭刻在位于拖拉机阀盖上的制造商铭牌上

2. 前牵引车上的控制箱中包含了操作齿轮选择的从动连杆

3. 转盘连接两个动力单元，两个转向柱分别安装在两侧

4. 布置在拖拉机后部的远程控制前端的变速箱

5. 驾驶员可以从后座上控制两个拖拉机部件

前视图

后视图

规　格	
型号	多伊 Triple-D
年份	1964
产地	英国
产量	289
发动机	2×54 马力福特森 4 缸柴油机
排量	220 立方英里（3600cc）/ 一台发动机
变速器	前进档 6，倒档 2
最高速度	16.18 英里 / 时（26 千米 / 小时）
长度	20 英尺 4 英寸（96.2 米）
重量	4.7 吨（4.8 公吨）

油箱可容纳14.5加仑
（66升）燃料

工具箱

4缸福特森柴油发动机，可输出54马力

增加动力

20 世纪 50 和 60 年代期间，四轮驱动（4WD）拖拉机在英国和其它欧洲国家的销量增加有很多原因。其中一个原因是四驱能将牵引力提高 10%，同时能胜任更多复杂环境，提高工作效率，降低油耗。稳定性的增加也能提高安全性，尤其是在泥泞路面或陡峭下坡路段载重时，操纵体验提升明显。

◁ 斯泰格尔 No.1
年份 1958 **产地** 美国
发动机 底特律柴油 V-6 柴油机
马力 238 马力
变速器 前进档 10，倒档 2

当斯泰格尔兄弟无法为他们在明尼苏达州的 4000 英亩（1619 公顷）农场买到一款大型拖拉机时，他们在 1957 到 1958 年间，自己制造了拖拉机。这款拖拉机竟然很好地满足了当时市场的需求，于是，斯泰格尔做起了拖拉机生意。

◁ 菲亚特 25R 4RM
年份 1960 **产地** 意大利
发动机 菲亚特 4 缸汽油 / 石油机
马力 27 马力
变速器 前进档 4，倒档 1
　　　　 或前进档 10，倒档 2

从 1951 年开始，菲亚特 25 型是第一款喷涂了菲亚特标志性橙色的拖拉机。该拖拉机有许多子型号，柴油和汽油版，2 驱和 4 驱版，葡萄园或林园专用型，另外 25C 型还是履带式。

▽ 郡县超级 -4
年份 1961 **产地** 英国
发动机 福特 4 缸柴油机
马力 52 马力
变速器 前进档 6，倒档 2

超级 -4 型拖拉机开启了郡县 4 轮驱动的成功篇章。先前，该公司制造了履带式和差动转向四轮驱动式拖拉机，但超级 -4 是基于福特森超级少校滑轨系统而设计的，前轮通过传动轴驱动。

△ 瓦格纳 TR-9
年份 1955 **产地** 美国
发动机 康明斯 4 缸柴油机
马力 120 马力
变速器 前进档 10，倒档 2

20 世纪 50 年代，瓦格斯四轮驱动拖拉机不仅以自己的品牌售卖，还为约翰·迪尔公司生产了一些。公司从 TR 系列开始生产，该系列输出动力高达 165 马力，但随后便出现了更新的 WA 系列机型。

◁ 多伊 Triple-D（双驱动）
年份 1964 **产地** 英国
发动机 福特森 4 缸柴油机（×2）
马力 108 马力
变速器 前进档 6，倒档 2

4 驱动力和 100 马力左右的输出功率使多伊拖拉机广受欢迎，而此时大公司则在集中生产小型和 2 驱型拖拉机。缺点是有 2 台发动机需要维护，以及 2 个油箱。

△ **马多奥·马士提夫**
年份 1962 **产地** 英国
发动机 福特 6 缸工业柴油机
马力 100 马力
变速器 前进档 6，倒档 2

马修斯兄弟 (Mathews brothers) 开发了一种改进的轴向转向系统，用于迈布罗 (Matbro) 的四轮驱动拖拉机，并在农业和工业装载机上取得了更大的成功。后来，马修兄弟授权卡特彼勒使用该产品。

讨论焦点

玩具

制造商例如英国人、丁奇玩具和 Siku，做的铸模玩具拖拉机，时间久了往往会掉一些油漆，或者一两个轮胎。品相好的也会被玩家收藏，因此安图等公司推出了越来越多的拖拉机和机械模型，以满足专业收藏家日益增长的需求。

早期盒装的拖拉机模型很受专业收藏家的欢迎，尤其是那些有原装盒子的，比如这个火柴盒系列的福特森拖拉机。

▷ **杜特拉 UE-28**
年份 1965 **产地** 匈牙利
发动机 切佩尔 2 缸柴油机
马力 28 马力
变速器 前进档 6，倒档 2

杜特拉以其高功率、4 驱动力闻名，但 28 系列主要是 2 驱版本，因此这款 4 驱版显得与众不同。较大的发动机舱具有欺骗性，因为里面只有一个小的 2 缸柴油机。

△ **罗德里斯 6/4**
年份 1963 **产地** 英国
发动机 福特 6 缸商业柴油机
马力 76 马力
变速器 前进档 6，倒档 2

罗德里斯牵引设备公司第一款拖拉机的名字中有两个数字——6/4，它们分别表示 6 缸发动机和 4 轮驱动。罗德里斯是基于多款拖拉机制造的，其中福特森和福特在参考名单中排名靠前。

水旱地两用拖拉机

1963 年英国制造商郡县商业汽车有限公司开发了一款水旱地两用拖拉机，它可以在近海环境中使用。这款水旱地两用拖拉机基于郡县 4 驱超级 -4 拖拉机生产，并以"海马"品牌走进市场。该拖拉机前后都有浮选槽，每个轮子上都配备了水密舱以增大浮力。超大尺寸的后轮上拥有专门为其设计的蹼，可以为拖拉机在水中产生推力。

拖拉机横渡英吉利海峡，这是一场无与伦比的宣传活动，只为宣传这匹"海马"。在从法国海岸的盖瑞斯内兹到肯特郡多佛附近的金斯镇的途中，"海马"拖拉机成为了英国南古德温地区唯一被记录在册的航行过海的拖拉机。这匹"海马"一到英国就立即开始耕种，以显示它在陆地上的表现和在水上一样好。不幸的是，几分钟后，它的柴油就用完了，这证明了海上穿越是多么险象环生。

穿越英吉利海峡
1963 年 7 月 30 日，郡县公司工程总监戴维·塔普驾驶着这台

▽穿越里程 28 海里（52 千米），平均时速 3.5 节，总共耗时 7 小时 50 分钟，戴维·塔普唯一的问题就是无聊。

1965 -1980

新时代

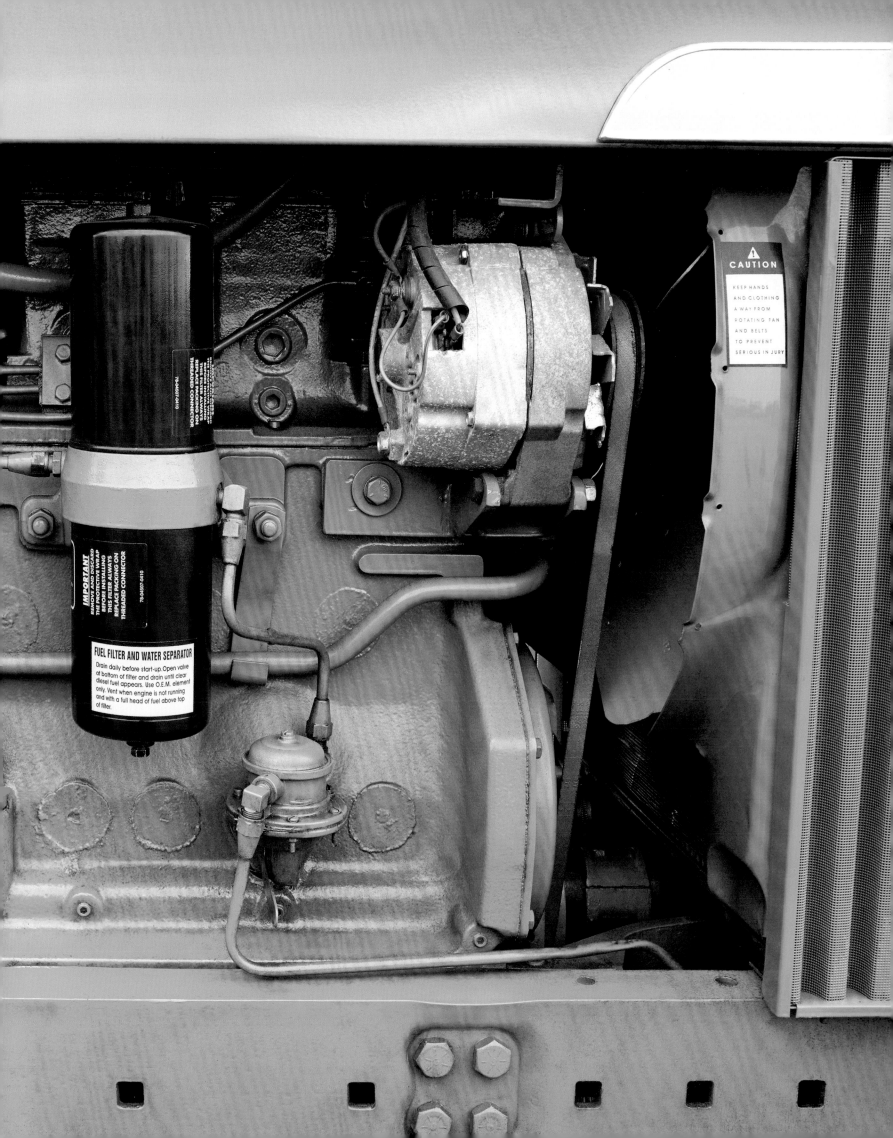

IMPORTANT
REMOVE AND DISCARD
THE PROTECTIVE WRAP
BEFORE INSTALLING
THE FILTER. ALWAYS
REPLACE PACKING ON
THREADED CONNECTOR

FUEL FILTER AND WATER SEPARATOR

Drain daily before start-up. Open valve
at bottom of filter and drain until clear
diesel fuel appears. Use O.E.M. element
only. Vent when engine is not running
and with a full head of fuel above top
of filter.

⚠ **CAUTION**

KEEP HANDS
AND CLOTHING
A WAY FROM
ROTATING FAN
AND BELTS
TO PREVENT
SERIOUS IN JURY

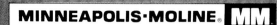

Built to make your farm future more productive
Models G850/G940

新时代

20 世纪 60 年代中期，工业评论家将其称为二战后第二个拖拉机时代，拖拉机的造型更时尚，控制更符合人体工程学，拥有多速变速箱，以及更复杂的液压系统。可靠性得到了提高，同时经销商的日常服务也更容易获得。

典型的新车型是梅西·弗格森 (Massey Ferguson) 的"红巨人" (Red Giants) 和福特 (Ford) 的 6X 系列，这两款车都是 1964 年底推出的。值得注意的是，这些新系列都是针对全球市场的同类型号，旨在在全球各地的工厂同步生产。共通的设计可以大大节省开发和生产成本。更重要的是，随着拖拉机行业的全球化发展，这给了拖拉机制造商一个国际化的企业形象。

随着驾驶员在驾驶座上的时间越来越多，设计师们也对操作舒适度更加关注，也因此推出了防侧翻保护装置 (ROPS)，安全驾驶室和安静驾驶室 (也称 Q 驾驶舱) 等概念设计。暖气，收音机，空调和助力转向逐渐成为驾驶舱标配。随着草原型拖拉机的回归，对能源和生产力的持续竞争见证了"铰接巨人"拖拉机的崛起，尤其是在北美和澳大利亚。

上世纪 70 年代，在大宗商品价格上涨的支撑下，拖拉机的整体销量有所增长，但到本世纪末，前景又变得黯淡。机械化使农业发生了翻天覆地的变化，使土地人口减少。新机器性能的提高意味着，更大面积的土地可以用更少的拖拉机耕种，面对来自东欧、日本和印度在全球市场上的竞争，拖拉机的销量开始降低。

△ **安静的驾驶室**

为满足 1976 年英国施行的农业拖拉机驾驶舱噪音等级规定，福特推出了静音驾驶室。

关键事件

▷ **1964** 瑞典规定，所有由雇佣劳工驾驶的拖拉机都必须安装侧翻保护装置。1970 年，安全驾驶室在英国成为强制性标准。

▷ **1965** 中国推出了第一款量产型拖拉机——长春拖拉机厂生产的东方红 28。

▷ **1966** 戴维·布朗因出口成就而被授予工业女王奖。1968 年、1971 年和 1978 年又三度获此殊荣。

▷ **1970** 荷兰莱利推出了采用液压传动的 87 马力海德鲁 90 拖拉机。

▷ **1971** 美国运输部准备了一份有关拖拉机联邦安全标准的报告，要求拖拉机行业应该制定自己的自愿准则。

▷ **1972** 约翰·迪尔揭开了第一代带声音反馈驾驶室拖拉机的面纱。

▷ **1976** 加拿大通用公司推出"比格·罗伊"—— 配有 4 轴和 8 轮驱动的 600 马力铰接式拖拉机。

▷ **1977** 福特庆祝拖拉机生产 60 周年。

▷ **1977** 蒙大纳的比格·巴德生产了世界上最大的农业拖拉机——600 马力的 16 缸 -747 型。

▷ **1978** 菲亚特成为世界上第五大拖拉机生产商。

"……拖拉机带来的就业机会并不比其带来的失业量多。"

罗伯特·C·威廉姆斯，美国历史学家（1931- ）

◁ 这是本 1971 年的明尼阿波利斯 - 莫林小册子，未来主义的艺术作品强调新一代拖拉机的到来。

△ **4轮驱动**

结构坚固、4 轮驱动式，以及奢华的驾驶室足 1978 年缪尔 - 希尔 121 系列第三代拖拉机的最大卖点。

美国的进步

在上世纪 60 年代末到 70 年代初，美国中型拖拉机的设计发生了重大变化，其中包括柴油型号种类的快速增加，这在一定程度上受到了来自英国的柴油拖拉机成功的启发。为了增加驾驶员的舒适性和便利性，助力转向、座椅改进成为标配，部分型号甚至增加了临时的顶篷。变速箱的改进包括更多档位和更便捷的换挡机构，但尽管如此，那时 4 驱动力的进展仍然缓慢。

▷ **凯斯 1200 牵引王**
年份 1964 **产地** 美国
发动机 凯斯 6 缸涡轮增压柴油机
马力 120 马力
变速器 前进档 6，倒档 6

凯斯于 1964 年以"1200 牵引王"型号进入 4 驱行列，配有吊车转向系统和重载传动系统。该拖拉机装配凯斯发动机涡轮增压型，并被匆匆推向市场。

△ **凯斯 1030 舒适王**
年份 1967 **产地** 美国
发动机 凯斯 6 缸柴油机
马力 102 马力
变速器 前进档 8，倒档 2

1966 年，"1030 舒适王"柴油版问世，该型号将凯斯家族推向 100 马力级别市场。该拖拉机有 2 个版本：图中所示为通用 1031 型，另外还有西部专用 1032 型。

▽ **约翰·迪尔 4020**
年份 1963 **产地** 美国
发动机 约翰·迪尔 6 缸柴油机
马力 91 马力
变速器 前进档 8，倒档 2

20 系列的改进特征包括可以让驾驶员方便操作的双离合装置。升级后的柴油动力型已成为越来越受欢迎的选择，4 驱的 4020 型则在 1966 年问世。

△ **约翰·迪尔 6030**
年份 1972 **产地** 美国
发动机 约翰·迪尔 6 缸柴油机，配有涡轮增压器和内置冷却器
马力 176 马力
变速器 前进档 8，倒档 2

6030 型是当时市场上动力最大的 2 驱拖拉机，有 141 马力自然进气式发动机和 176 马力涡轮增压式发动机 2 个版本。该拖拉机有遮阳棚，但不是全封闭驾驶舱。

◁ **明尼阿波利斯－莫林 G1350**

年份 1969 **产地** 美国

发动机 明尼阿波利斯－莫林 6 缸柴油机

马力 141 马力

变速器 前进档 10，倒档 2

1963 年，怀特动力公司收购了明尼阿波利斯－莫林公司，后者同时也拥有奥利弗品牌。明尼阿波利斯－莫林销售的 G1350 型，以奥利弗色销售时型号为 2155，但 2155 型仅存在了两年。

▷ **国际"金示范"1456**

年份 1970 **产地** 美国

发动机 国际 6 缸涡轮增压柴油机

马力 131 马力

变速器 前进档 8，倒档 4

该款带有"法莫"名称的拖拉机是中耕 1456 型，它并不属于通用型号。国际公司将这款拖拉机涂装成金色，用于展示宣传。1456 型还有封闭式驾驶舱和 4 驱动力选配。

◁ **国际海德鲁 100 柴油机**

年份 1974 **产地** 美国

发动机 国际 6 缸柴油机

马力 104 马力

变速器 2 挡静压变速

国际公司努力提升静压传动系统设计，通过油压而非齿轮将动力输出到驱动轮上。海德鲁 100 是这些特殊型号中的一款，但由于功率损耗增大，这种方案没有在拖拉机上推广。

▽ **福特中校 6000**

年份 1967 **产地** 美国

发动机 福特 6 缸柴油机

马力 66 马力

变速器 前进档 10，倒档 2

1961 年推出的福特 6000 拖拉机有汽油、柴油和 LPG（液化石油气）发动机 3 种选择，但它们一直受到可靠性问题的困扰。这些问题在 1964 年作为福特新的"全球"拖拉机计划的一部分推出的改进型指挥员 6000 型中得到了解决。

△ **奥利弗 2255 柴油机**

年份 1974 **产地** 美国

发动机 卡特彼勒 V8 柴油机

马力 147 马力

变速器 前进档 18，倒档 2

奥利弗 2255 型参加了在美国举行的拖拉机动力竞赛。它是参赛型号中动力最大的 2 驱拖拉机之一，其不寻常之处在于配置了 V8 发动机。2 驱是该款的标准配置。

乡村集市上，一辆凯斯 20-40 型拖拉机正在展示其性能。

伟大的制造商

凯斯

凯斯 IH 是全球农业设备制造商中的领军者，在超过 160 个国家拥有超过 4900 家经销商。如今，它成为了 CNH 集团的一部分，并且合并了"纽荷兰"品牌。该公司的继承关系十分复杂，时间可以追溯到 380 多年前。

该品牌的创始人——杰罗姆·英克里斯·凯斯是英国殖民者约翰·凯斯的后裔，约翰·凯斯于 1633 年离开肯特郡，到美国东海岸的马萨诸塞湾殖民地寻求新的生活。杰罗姆于 1842 年在威斯康星州的罗彻斯特开始试验脱粒机。他最终在两个独立的公司持有股份：J.I. 凯斯脱粒机公司和 J.I. 凯斯犁厂，这两家公司都位于威斯康星州拉辛市。

1869 年，J.I. 凯斯脱粒机公司生产出了第一台蒸汽收割发动机。这台便携式发动机必须由马匹来牵引驱动，因为它有一个机车式的锅炉。凯斯的第一台自动引擎出现在 1877 年。1891 年杰洛去世后，J.I. 凯斯脱粒机公司的控制权移交给了他的姐夫斯蒂芬·布尔。布尔是很精明的商人家族，因此尽管竞争激烈，但该公司仍然兴旺发达。而 J.I. 凯斯的耕地设备工厂的情况就不一样了，该公司在财务上陷入了困境。杰罗姆的儿子杰克逊·凯斯绝望地接受了后者的关切，并用他自己和姐姐在其它公司的股票作为抵押，才从家庭信托基金获得了贷款，以此让 J.I. 凯斯耕地设备工厂免于破产。这样一来，他们就失去了凯斯家族在脱粒机公司的全部利益。

杰克逊·凯斯的姐夫亨利 M.沃利斯最终获得了耕地设备工厂的管理权，导致两家之间出现了的强烈内讧。J.I. 凯斯脱粒机公司从 1892 年就开始对拖拉机进行试验了，但进入市场的时间较晚，直到 1912 年才开始全面生产 20-40 型和 30-60 型拖拉机。为了不被超越，亨利·M·沃利斯在同年创办了沃利斯拖拉机公司。

这种针锋相对直到 1928 年，梅西-哈里斯收购了耕地工厂和沃利斯拖拉机公司时才结束。之后，J.I. 凯斯脱粒机公司更名为 J.I. 凯斯公司，以此来凸显其成为全线产品制造商。

20 世纪 20 年代，凯斯的拖拉机生产线由一系列带有横向放置发动机的坚固机器组成。这些"横置发动机"型号在工程质量方面享有令人羡慕的声誉，但它们太重、太贵，无法与即将上市的新一代拖拉机竞争。

1929 年出现的 C 型和 L 型拖拉机的发动机按传统方式纵向安装，但工程的高标准保持不变。这些拖拉机比它们的前辈更轻、更强大，为未来几年的箱式拖拉机设计奠定了基础。1939 年，该系列的颜色从灰色改为"火烈鸟红色"，并获得了新的身份。

在随后的几十年里，凯斯通过扩大和巩固其农业和工程机械生产线，实

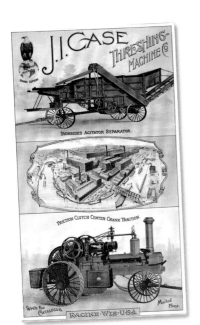

早期的凯斯产品

1887 年，J.I. 凯斯脱粒机公司在拉辛制造的系列产品中，使用了带有摩擦离合器的中曲柄蒸汽牵引发动机。

"OLD ABE" 是著名的凯斯商标

用凯斯拖拉机进行农耕活动

1965 年的凯斯拖拉机系列包括 4 驱的 1200 牵引王，拥有 6 种功率大小的 30 系列，以及紧凑型拖拉机。

20-40	C 型	1200 牵引王	马格南 7250
1842 杰罗姆·因克里斯·凯斯开始进行脱粒机实验。	1891 杰罗姆·凯斯去世，女婿史蒂芬·布尔继承了 J.I. 凯斯脱粒机公司董事长之位。	1964 凯斯推出其四轮转向拖拉机 1200"牵引王"。	1986 凯斯·IH 收购位于美国北达科他州法戈市的斯泰格拖拉机公司。
1844 杰罗姆·凯斯迁往拉辛，经营一家生产脱粒机的工厂。	1892 J.I. 凯斯脱粒机公司开发试验拖拉机。	1967 凯斯·科恩郡土地公司的大部分股东融入天纳克公司。	1989 马格南系列成为凯斯 IH 旗下的第一款全新拖拉机。
1863 杰罗姆·凯斯与三个合伙人成立 J.I. 凯斯公司。	1912 凯斯 20-40 和 30-60 拖拉机正式推出。	1970 凯斯成为天纳克公司全权拥有的子公司。	1996 凯斯 IH 收购了奥地利斯泰尔的控制股权。
1869 凯斯制造了它的第一台蒸汽发动机。	1928 梅西-哈里斯收购 J.I. 凯斯耕地机工厂和沃利斯拖拉机的产权。	1971 新的生产工厂在巴西 Sao Paulo 成立。	1999 纽荷兰和凯斯 IH 合并为 CNH 公司。
1876 杰罗姆·凯斯成为凯斯·怀挺公司的合伙人，开始制造耕地机。	1929 凯斯 C 型和 L 型拖拉机正式问世。	1972 天纳克收购大卫·布朗有限公司。	2011 凯斯 IH 于其法戈工厂开始生产斯泰格 620，该型号是世界上动力最大的拖拉机。
1878 凯斯·怀挺公司重组为 J.I. 凯斯耕地机工厂。	1958 在英国、法国和巴西成立子公司。	1985 天纳克收购国际收割机公司的农业机械生产线，并将其与 J.I. 凯斯公司合并为凯斯 IH 公司。	

力不断增强。1964 年，该公司凭借 1200 辆"牵引王"(Traction King) 进入四轮驱动领域。1200 型是一种四轮转向的钢结构机器，配备了重型工业变速箱，标志着凯斯进入大型农业拖拉机市场。

1967 年，该公司的大股东克恩郡土地公司与美国天纳克公司合并。天纳克是世界上最大的天然气经销商，业务涉及石油、化工、包装和其他大宗商品。为了稳固发展，天纳克稳步增持股份，这家农业公司最终在 1970 年成为这家工业集团的全资子公司。

1973 年，凯斯的营业额达到了 9.19 亿美元的历史新高，利润达到了 6,580 万美元。1972 年的部分利润被用于收购大卫·布朗拖拉机有限公司，后者成为其美国母公司的一个运营部门。曾有一段时间，大卫·布朗和凯斯的关系是独立运作的，但两个拖拉机系列都采用了新的"动力红"和"兰花白"配色方案，以显示家族关系。两家公司的合并也为凯斯在利润丰厚的欧洲市场提供了一个有价值的立足点。

1984 年，天纳克竞购了国际收割机公司的农业部门，当时该部门正处于破产的边缘。第二年，美国司法部批准了这笔 4.75 亿美元的交易，J.I. 凯斯和国际收割机公司合并为凯斯 IH 公司。1986 年，美国制造商斯泰格尔加入该公司。

1994 年，由于天纳克试图减少其所有权，凯斯 IH 在纽约证券交易所上市。5 年后，纽荷兰公司和凯斯公司宣布合并，组建一家规模庞大的全球农业和建筑设备企业，震惊了整个农业世界。该合并于 1999 年后期得到批准，不可避免地让生产设备合理化，但这两条生产线保留了各自的特色。

创新还在继续：凯斯 IH 斯泰格 620 型拖拉机是世界上最强大的拖拉机，它在燃油效率方面创造了新的行业记录，并在德国汉诺威农业科技公司荣获"2014 年度机器奖"(Machine of The Year of 2014)。

> **"对一个公司而言，坚持 150 年屹立不倒就是一项非常了不起的成就。"**
>
> *爱德华 J·坎贝尔，凯斯公司董事长（任期 1992-1994 年）*

履带和轮式组合

凯斯在 2014 年推出了最新的概念拖拉机，它的前轮为传统设计，后轮为独立履带式驱动。在后方结合了单独的轨道单元和一个驱动的前轴。

英国的进步

英国拖拉机的成功延续到了20世纪60年代末70年代初，北美公司的英国子公司走在了前面。增长的部分原因是柴油动力在世界范围内日益普及，而柴油动力在拖拉机市场上仍是英国的一个主要成功案例。由于改进了座椅和配置了更方便使用的控制和仪器，驾驶员的舒适度和便利性有了适度的进步，但是大量的拖拉机公司继续忽视了市场对四轮驱动日益增长的需求。

▷ **大卫·布朗 880 选择性全自动**
年份 1966 **产地** 英国
发动机 大卫·布朗 3 缸柴油机
马力 46 马力
变速器 前进档 12，倒档 4

880 是大卫·布朗抢眼的新涂装拖拉机的典型，也是简单但高效的选择液压系统的代表。顾客可以选择 6 速和 12 速的变速箱；后者提供了比任何其他英国产品更快的速度。

▷ **国际 B614**
年份 1966 **产地** 英国
发动机 国际 4 缸柴油机
马力 60 马力
变速器 前进档 8，倒档 2

在 1963 年的伦敦史密斯菲尔德车展上，新款 B614 为国际客户提供了更好的性能和更多的功能。另一个特点是一个独立的动力输出装置，它通过一个单独的多盘离合器操纵。

▽ **福特 5000**
年份 1968 **产地** 英国
发动机 福特 4 缸柴油机
马力 65 马力
变速器 前进档 8，倒档 2，也可选择前进档 10，倒档 2

1964 年，福特新推出的 6X 型拖拉机问世，这是埃塞克斯郡巴塞尔登新工厂生产的第一批拖拉机。5000 型是 4 款车型中最大的一款，这款拖拉机是 1968 年制造的，生产时间刚好就在更新后的福特 Force 5000 型发布之前。

◁ **国际 434**
年份 1968 **产地** 英国
发动机 国际 4 缸柴油机
马力 43 马力
变速器 前进档 8，倒档 2

1966 年，国际 434 型取代了 B-414 型，B-414 型是该公司的第一辆拖拉机，采用了牵引力控制液压系统。它们都是在约克郡布拉德福德附近的闲置工厂里制造的。434 的兄弟型号，来自唐卡斯特的国际 634，也在同一时间问世。

◁ 纳菲尔德 4/65

年份 1969 **产地** 英国

发动机 BMC 4 缸柴油机

马力 65 马力

变速器 前进档 10, 倒档 2

纳菲尔德的产业在 20 世纪 60 年代摇摇欲坠, 主要是因为缺乏投资。1967 年, 新款 3/45 和 4/65 车型上市时, 通用系列已有 19 年历史, 设计也有了重大改进。然而, 它们很快就被新莱兰品牌车型所取代。

△ 梅西－弗格森 135

年份 1969 **产地** 英国

发动机 珀金斯 3.152 3 缸柴油机

马力 45.5 马力

变速器 前进档 6, 倒档 2

这是 DX 项目中最小的拖拉机, 非常成功。它继承了以前 MF35X 型号的许多规格特征, 包括发动机, 其发动机经过修改后, 功率增加了 12.4%。

◁ 梅西－弗格森 165

年份 1970 **产地** 英国

发动机 珀金斯 4 缸柴油机

马力 58 马力, 1968 年增加至 60 马力

变速器 前进档 12 个, 倒档 4 个, 多动力

MF165 是 DX 系列拖拉机项目中的一部分, 该项目是 1962 年梅西弗格森开始开发的。驾驶舒适性有以下付费升级选项: 悬挂式座椅, 全封闭驾驶舱和助力转向装置。

◁ 约翰·迪尔 4020

年份 1963 **产地** 美国

发动机 约翰·迪尔 6 缸柴油机

马力 91 马力

变速器 前进档 8, 倒档 2

这款 15 马力迷你拖拉机于 1965 年加入纳菲尔德 (Nuffield) 系列, 但销量不佳, 部分原因是日本紧凑型拖拉机的竞争。将功率提升到 27 马力, 并在 1969 年将名称改为莱兰, 将颜色改为蓝色, 这些都无助于改善销量。

先驱者

环球拖拉机系列

福特和梅西·弗格森都在 1965 年为全球市场推出了全新的拖拉机系列。这两家公司在设计用于世界农业的拖拉机方面都有着悠久的历史, 但引进全系列拖拉机需要大量的资源。福特的 6X 生产遍布英国、比利时和美国的工厂, 梅西·弗格森为他们的 DX 拖拉机项目投入了 100 多万小时的设计和开发工作。

福特 1000 系列拖拉机的全球市场销售型号, 包括在位于埃塞克斯巴斯尔登的新英国工厂生产的 5000 机型。梅西·弗格森的 DX 项目生产了"红色巨人"拖拉机系列, 该系列拥有 6 款全新或大幅升级的车型。

保护驾驶员

拖拉机行业及其客户必须为安全框架和安静驾驶舱的姗姗来迟承担责任。拖拉机在 19 世纪 90 年代出现，到 20 世纪 20 年代初，有证据表明，因拖拉机翻倒造成的驾驶员受伤和死亡已经成为一个严重的问题。实际上，直到 1959 年瑞典成为第一个立法要求新拖拉机必须配备经批准的安全驾驶室或车架的国家，厂家才采取行动；随后其他国家也纷纷效仿。随着装有安全驾驶室的拖拉机出现，由于拖拉机倾覆而导致的司机死亡人数大幅减少。

◁ **福特 7000**
年份 1975 **产地** 英国
发动机 福特 4 缸涡轮增压柴油机
马力 94 马力
变速器 前进档 8，倒档 2

尽管按照 20 世纪 70 年代初的标准，这是一辆大型拖拉机，但 7000 的动力单元是从小型 5000 型拖拉机使用的发动机发展而来的。为了提高动力输出，7000 成为第一个装有涡轮增压发动机的福特拖拉机。

△ **大卫·布朗 1210**
年份 1971 **产地** 英国
发动机 大卫·布朗 4 缸柴油机
马力 72 马力
变速器 前进档 12，倒档 4，同步齿合变速装置

1971 年推出的 DB1210 配备了一个易于使用的同步齿轮箱。这是一个使用了 4 驱动力、德国克雷默车轴和安全驾驶舱的型号，它还提高座舱高度，加装了隔音覆层。

△ **梅西－弗格森 1080**
年份 1974 **产地** 法国
发动机 珀金斯 6 缸柴油机
马力 92 马力
变速器 前进档 12，倒档 4，多动力选项

第一代安全驾驶室的设计往往会放大噪音等级，这导致了新一代安静座舱的诞生。MF1080 就是一个例子，升级版 Mark II 的设计变化包括额外的 2 马力动力和更好的隔音性能。

▷ **梅西－弗格森 1155**
年份 1974 **产地** 美国
发动机 珀金斯 V8 柴油机
马力 155 马力
变速器 前进档 12，倒档 4，多动力选项

梅西－弗格森根据对更大功率需求的市场反馈推出了 MF1155 型，它配备了一个大 V8 引擎，可以填满机舱。令人惊讶的是，对于在上世纪 70 年代中期推出的一辆 155 马力的拖拉机而言，它竟然没有推出 4 驱的版本。

◁ **道依茨 D10006**

年份 1972 **产地** 德国

发动机 道依茨6缸气冷柴油机

马力 100 马力

变速器 前进档 12，倒档 6

道依茨是为数不多的使用气冷发动机
的拖拉机公司之一，与其他行业的水
冷柴油机竞争。100 马力的 D10006
机型有 2 驱和 4 驱型号供选择。

▷ **兰博基尼 R1056**

年份 1977 **产地** 意大利

发动机 兰博基尼6缸柴油机

马力 105 马力

变速器 前进档 12，倒档 3

这位创立兰博基尼 (Lamborghini)
拖拉机业务的意大利人还制造了一
些世界上最昂贵的知名跑车，但他
最终决定卖掉拖拉机业务，继续生
产汽车。R1056 拖拉机有两轮和
四轮驱动版本。

△ **凯斯 1570**

年份 1976 **产地** 美国

发动机 凯斯6缸涡轮增压柴油机

马力 180 马力

变速器 前进档 12，倒档 4

1976 年，美国庆祝了它的 200 周年纪念
日，为了纪念这个特殊的时刻，凯斯推出
了"76 年精神"型拖拉机，这是 1570 型
号的限量版。1570 型的标准规格包括：完
整的驾驶室，双轮后驱，没有 4 驱型号。

▷ **菲亚特 680H**

年份 1977 **产地** 意大利

发动机 菲亚特4缸柴油机

马力 68 马力

变速器 前进档 12，倒档 3

早期的一些封闭式驾驶舱是现有拖拉
机型号的附加配件，但菲亚特的舒适
驾驶舱是由意大利跑车设计工作室皮
尼法利纳设计的。680 有 2 驱和 4 驱
版本，以及一款名为 665C 的履带型。

▽ **莱兰 272 同步机**

年份 1976 **产地** 英国

发动机 莱兰4缸柴油机

马力 72 马力

变速器 前进档 9，倒档 3，同步齿合变速

1969 年，外格兰巴斯盖特工厂生产的纳菲
尔德系列将名字改为莱兰，车身颜色换成深
浅两种蓝色。新的 272 机型于 1976 年出
现，配备了封闭驾驶舱；该型号与 4 驱版本
的 472 型通用。

菲亚特首款拖拉机 702 进行演示

伟大的制造商

菲亚特

菲亚特是最后一家仍在生产拖拉机、汽车和卡车的公司。20 世纪 90 年代的重要扩展包括收购了像福特·纽荷兰和凯斯公司这样的竞争对手，并采用了他们的品牌。虽然新拖拉机不再采用菲亚特之名，但菲亚特公司仍然是世界上最大的生产商之一。

1899 年，乔瓦尼·阿涅利 (Giovanni Agnelli) 等工程师和投资者在意大利都灵创立了法拉利汽车公司。阿涅利很快成为该公司的首任董事。该公司最初涉足汽车制造，但很快就转向大型产品，并开发了自己的卡车和巴士。

将经营范围拓展到拖拉机领域似乎是顺理成章的下一步，而且意大利大部分地区崎岖的地形需要耐用的机器。菲亚特的第一个设计使用了该公司的军用卡车引擎，这是一个 1.2 加仑 (5.6 升) 的汽油发动机，4 个气缸能产生 20 马力，通过一个三速变速箱驱动。这款拖拉机被命名为 702 型，1918 年首次亮相，仅仅在福特森的 F 型投入生产一年后。

乔瓦尼·阿涅利
（1866-1945）

702 型有很多版本，包括 702 A、B 和 BN 选项。它一直生产到 1925 年，共生产了 2000 台拖拉机。1926 年，菲亚特推出了更轻的 35 马力 700 车型。1932 年，菲亚特推出了首款履带式汽车 700C，随着意大利山区市场的兴起，该公司成为了这一领域的行业领军者。

最著名的早期产品是履带式 40 型，它的特点是一个 Boghetto 引擎，以其细长的燃烧室而闻名，该燃烧室的特点是"双锥形"文丘里式顶部，并且能使用一系列不同的燃料。

1944 年，菲亚特 (Fiat) 摩德纳 (Modena) 工厂的拖拉机停产。有限的原材料和纳粹的占领意味着其生产转向了军用产品。然而，创新仍然在秘密进行中，菲亚特的技术部门为一种新的履带制造了一个原型——50 系列。

随着二战的结束，菲亚特工厂全面恢复拖拉机产品的生产，该公司可以再次专注于产品开发。这辆 18 马力 600 拖拉机于 1949 年问世，是第一辆采用动力输出和充气轮胎的拖拉机。仅仅一年后，55 型上市时，可用功率已跃升至 55 马力。然而，小型拖拉机仍然很受欢迎，1957 年推出的 19-20 马力的潘亚皮卡拖拉机标志着菲亚特实现了进军小型拖拉机市场的承诺。

但可以肯定的是，无论是轮式还是履带式，411 型都是菲亚特战后最重要的拖拉机。1958 年在维罗纳农业博览会上推出，它使用一个四缸发动机，

菲亚特阐述
于 1926 年推出 35 马力 700 拖拉机，重量超过 1 吨 (1016 千克)，比 702 轻，配有一个小型高转速发动机，结合了顶阀技术。

菲亚特首批系列
菲亚特 1965 年生产的钻石系列拖拉机。是第一个具有同步速度和差动锁的系列。它确立了菲亚特在欧洲的地位。

以 2300 转 / 分钟的速度输出 41 马力。铸铁曲轴箱使发动机可以安装在一个应力底盘上。

在接下来的 10 年里，拖拉机动力继续增长。菲亚特首款全系列拖拉机钻石 (Diamante) 于 1965 年问世。新系列包括 4 款车型 215、315、415 和 615，使用新的惠普 22-70 马力发动机，新造型由宾尼法利纳汽车设计公司设计。一个关键的特点是该拖拉机配备有一款全新的动力输出齿轮箱。

随着菲亚特拖拉机生产 50 周年的临近，该公司于 1968 年推出了纳斯特罗·多罗系列，这是该公司钻石生产

线的一个发展。拖拉机的车身仍然是橘黄色的，但发动机部位涂上了深蓝色的油漆。在引擎盖下，有新的直喷发动机与燃油喷嘴，以及同步齿轮牵伸 / 位置控制悬挂系统。

1971 年，公司生产的 1300 型拖拉机突破了 100 马力，3 年后，菲亚特生产了第 100 万台拖拉机。到 1975 年，公司推出全新系列拖拉机，80 系列。它独特的风格，同样由宾夕法尼亚设计，突出了尖锐的驾驶室线条。

独特的菲亚特·特拉托雷拖拉机集团在菲亚特公司内成立，十年内，该集团通过收购意大利同行拉维达公司的收割机板块，进入了新的领域，随后又收购了美国饲料设备公司赫斯顿。

到 20 世纪 80 年代中期，菲亚特·特步利再次扩张，收购了法国葡萄收获公司布劳德。菲亚特的 80 系列设

702

1899 意大利都灵都灵汽车公司由包括乔瓦尼·阿涅利 (Giovanni agnelli) 在内的一群工程师和投资者创建。

1918 公司展示其第一款拖拉机 702 型,第二年开始销售该车。

1926 推出 35 马力的 700 型拖拉机,比 702 型轻,采用了一款更加小巧的发动机和顶阀技术。

1932 推出首款菲亚特履带式拖拉机,型号为 700C 或 30 型。

505C

1933 菲亚特收购意大利公司 Societa Anonima Officine Meccaniche(OM)。

1939 在意大利维罗纳农业博览会上,多燃料 40 型沼泽履带车亮相。

1949 推出 18 马力的 600 型拖拉机,第一辆菲亚特以动力输出和充气轮胎为特点的拖拉机。

1957 面向小农户的 19-20 马力皮卡拖拉机进入市场。

1965 首款全系列菲亚特拖拉机钻石系列正式启动生产,拥有 4 种型号,输出从 22-70 马力不等。

680

1968 "金丝带"系列推出,该系列在钻石系列基础上研发。该拖拉机身颜色仍然是橙色,但发动机外观换新的深蓝色。

1971 首款 100 马力菲亚特拖拉机问世。

1974 菲亚特庆祝其生产的第 100 万台拖拉机。

1975 80 系列推出,新的车厢设计由宾尼法利纳完成。

冠军 110

1975 菲亚特收购意大利联合生产商拉韦尔达及其位于布雷甘泽的工厂。

1977 菲亚特收购美国生产饲料调制设备和打包机的海斯顿公司。

1983 菲亚特农业机械公司成立,将菲亚特农业股权全部集合在一起。

1991 菲亚特收购福特纽荷兰 80% 股权,后又收购剩下部分股权。

1997 菲亚特纽荷兰拖拉机的菲亚塔里"赤陶土"配色方案已逐步淘汰。

1999 菲亚特农业机械收购凯斯公司,并与纽荷兰公司合并为 CNH。

1977 年,为了见证菲亚特·特拉托雷这个品牌变成菲亚谢里,该公司的制服被换成了一种新的橙色。

计延续到 90 系列,一直到 1990 年,一个全新的概念被引入新产品线,即 100 -140 马力的赢家系列。

不久之后,菲亚特与福特达成协议,收购后者 80% 的福特纽荷兰业务。菲亚特将两个农业部门合并到一起,形成了一个全新的品牌,该品牌结合了菲阿特农业的标志和纽荷兰的名称。

最初,这两个品牌产品(在意大利生产的小型拖拉机和在英国、北美前福特工厂生产的大型机械)都有自己的装

新的启程

1975 年,菲亚特推出了风格全新的 80 系列拖拉机,这些拖拉机是在该公司的摩德纳工厂生产的。

涂颜色。但最终,福特和菲亚特农业机械的产品颜色(像以前的菲亚特古铜色机身)不再使用,都换成蓝色涂装。对品牌而言,菲亚特已极大提升了其在世界市场中的地位,并于 1999 年收购凯斯公司,随后又创建了凯斯纽荷兰公司。

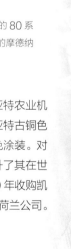

最后的菲亚特

100 -140 马力的"赢家(冠军)"系列是菲亚特独家设计的最后一款拖拉机,该拖拉机以菲亚特之名命名。

欧洲工业

拖拉机行业在欧洲大陆起步缓慢，与美国和英国相比技术创新较少。少数几项进步之一是使用柴油动力，这项技术始于德国，紧随其后的是意大利，不过这项技术来自英国。20 世纪 50 年代和 60 年代，欧洲大部分地区的产量有所增加，到 60 年代中期，来自东欧和西欧的拖拉机在世界市场上的竞争力明显增强。

◁ **SAME 桑盟托 V**
年份 1965 **产地** 意大利
发动机 SAME 双缸气冷立式发动机
马力 25 马力
变速器 前进档 5，倒档 1

菲亚特小型皮卡拖拉机的成功，促使这家卡萨尼公司在同系列中增加了较小的车型。其结果是 1961 年的桑盟托型，有 2 驱和 4 驱版本，用于葡萄园和果园种植。

◁ **菲亚特 411R**
年份 1965 **产地** 意大利
发动机 菲亚特 4 缸柴油机
马力 37 马力
变速器 前进档 6，倒档 2

菲亚特的拖拉机生产在 20 世纪 50 年代和 60 年代迅速扩张，推出了一系列轮式和履带式拖拉机。411 型和这款四轮驱动的 411R 车型于 1958 年问世，成为菲亚特最畅销的中档拖拉机。

△ **道依茨 A110**
年份 1965 **产地** 德国
发动机 道依茨 6 缸气冷柴油机
马力 110 马力
变速器 前进档 5，倒档 1

A110 的不同寻常之处在于，它有两个垂直并列的排气管，每个有 3 个气缸。气冷式发动机是多伊奇的特色产品，它避免了冻坏的风险。这台拖拉机是德国为在阿根廷装配而专门设计的。

▷ **芬德·法沃里特 3 FWA**
年份 1965 **产地** 德国
发动机 MWM 4 冲程柴油机
马力 52 马力
变速器 前进档 16，倒档 4

这个 FWA 版本的特点是 4 驱。也有 2 驱型的 FW 拖拉机。挡泥板上的结构是一个座位，这是一个安全意识不那么强的时代的遗迹，当时这种座位设计在一些欧洲国家很流行。

▽ 约翰·迪尔 1120
年份 1967 **产地** 德国
发动机 约翰·迪尔 3 缸柴油机
马力 50 马力
变速器 前进档 8，倒档 2

迪尔最初的计划是将其欧洲工厂设在英国，但一项政策改变导致该公司收购了德国的海因里希兰茨公司。在这里，1967 年的中档 1120 机型开始生产。

△ 热特 3045
年份 1966-1968 **产地** 捷克斯洛伐克
发动机 热特 3 缸柴油机
马力 39 马力
变速器 前进档 10，倒档 2

上世纪 60 年代，东欧的拖拉机仍以过时的设计而闻名，但热特的一些型号拥有更先进的功能。3045 型是帮助热特成为主要拖拉机出口国的车型之一。

△ 国际·麦考密克 523
年份 1967 **产地** 德国
发动机 国际 3 缸柴油机
马力 52 马力
变速器 前进档 8，倒档 2

德国扩大拖拉机生产的贡献来自曼海姆的约翰·迪尔工厂，加上诺伊斯的约翰·迪尔国际工厂。523 型是最畅销的国际车型之一，有 2 驱（如图）和 4 驱版本。

△ 芬德 F231 GTS
年份 1967 **产地** 德国
发动机 MWM 气冷柴油机
马力 32 马力
变速器 前进档 8，倒档 4

立式走刀箱拖拉机是芬德公司的一个成功产品。这类拖拉机用于牵引装备：在前部装上集装箱便于装载，拆掉集装箱又可进行视角极佳的耕种作业。

▷ 斯泰尔 540
年份 1974-1977 **产地** 澳大利亚
发动机 斯泰尔 3 缸柴油机
马力 40 马力
变速器 前进档 8，倒档 6

在开始生产汽车、卡车和拖拉机之前，斯泰尔是重要的军用设备和运动枪支生产商。该款拖拉机的规格通常很高，从 20 世纪 50 年代初开始，一些车型就提供前桥悬挂。

全球扩张

欧洲和北美的农业，在第二次世界大战和随后的几十年里变得高度机械化，但在全球其他许多地方，拖拉机和相关设备的数量仍然很少。为了满足日益增长的粮食生产需求，拖拉机制造商开始在南美等"新"地区建厂。与此同时，东欧、日本和澳大利亚等地区的制造商开始提高产量，在某些情况下还在寻找新的市场。在将汽车、卡车，以及后来的拖拉机加入他们的产品范围之前，斯塔尔是一家重要的军用和运动枪支制造商。斯塔尔拖拉机的规格通常很高，从 20 世纪 50 年代初开始，一些车型就提供了前桥悬挂。

△ **日本久保田 L245 FP**
年份 1979 **产地** 日本
发动机 日本久保田 3 缸柴油机
马力 25 马力
变速器 前进档 8，倒档 2

虽然久保田最近开始扩大其产品线，进一步扩大动力规模，但其传统拖拉机产品线一直在 50 马力以下的领域。L245 是这家日本公司在 1976-1985 年间的核心产品。

▽ **维美德 360D**
年份 1965 **产地** 巴西
发动机 MWM 3 缸柴油机
马力 40 马力
变速器 前进档 6，倒档 2

1960 年，维美德在巴西的莫吉达斯克鲁兹建立了一家新工厂，360D 型是维美德在芬兰本土以外制造拖拉机业务扩张的首批产品之一。它使用德国制造的发动机，但其他设计类似于芬兰制造的 359D。

◁ **白俄罗斯 MTZ-50**
年份 1975 **产地** 白俄罗斯
发动机 白俄罗斯 4 缸柴油机
马力 70 马力
变速器 前进档 9，倒档 2

明斯克拖拉机厂始建于 1946 年，位于白俄罗斯苏维埃共和国明斯克镇，从 1949 年起，拖拉机就被打上了国家的烙印。MTZ-50 可升级为 4 驱版 MTZ-52。

▽ **福特 8 BR**
年份 1967 **产地** 巴西
发动机 珀金斯 4 缸柴油机
马力 35 马力
变速器 前进档 6，倒档 2

和维美德和梅西弗格森一样，20 世纪 60 年代福特在巴西建立了一家新的拖拉机厂，以满足政府要求：即在巴西销售的拖拉机必须在巴西制造，零部件必须从当地采购。8 BR 采用巴西制造的帕金斯发动机。

▷ 乌尔苏斯 1204
年份 1978 **产地** 波兰
发动机 热特 6 缸柴油机
马力 110 马力
变速器 前进档 8，倒档 2

在共产主义时代的东欧，波兰国有拖拉机制造商乌尔苏斯，多年来一直以自己的名义生产大马力拖拉机，并以捷克斯洛伐克的热特名义销售。后者的 1204 系列被命名为热特·克里斯汀 12011 型。

△ 佐藤 D-650G
年份 1971 **产地** 日本
发动机 三菱 4 缸汽油机
马力 25 马力
变速器 前进档 6，倒档 2

佐藤农业机械制造有限公司于 1914 年在日本成立，1980 年与日本同行三菱机械公司合并，合并后的拖拉机生产线更名为三菱。

▽ 厄普顿 HT-14 350
年份 1978 **产地** 澳大利亚
发动机 康明斯 6 缸柴油机
马力 350 马力
变速器 前进档 14，倒档 2

HT-14 350 为澳大利亚可耕地中心地带平坦、干燥的土地设计，采用传统配置，前轮较小，拖拉机的 350 马力输出仅通过后轮实现。

△ 山东 TS-25
年份 1979 **产地** 中国
发动机 山东 3 缸柴油机
马力 25 马力
变速器 前进档 6，倒档 2

中国制造商"山东"制造了大量不同版本的 Ts-25 拖拉机，包括专门为稻田作业、运输和窄胎面作业制造的拖拉机。这款拖拉机有 2 驱和 4 驱两种型号，是中国最畅销的拖拉机之一。

△ UTB 通用 530
年份 1979 **产地** 罗马尼亚
发动机 通用 3 缸柴油机
马力 53 马力
变速器 前进档 12，倒档 3

罗马尼亚拖拉机制造商通用公司与意大利制造商菲亚特关系密切，多年来一直在获得许可的情况下使用后者的一些机械部件。后来的 530 型配备了梭式倒车变速箱。

诺斯罗普 5004T

与当时的几款英国 4 驱变速器一样，诺斯罗普公司的变速器基于福特 5000 型。这节省了开发成本，制造商还能利用福特的全球销售、备件和服务网络。该变速器由大卫·J·B·布朗开发，他是英国越野车的主要倡导者之一。诺斯罗普拖拉机拥有独特的布局，采用了一个凸起的动力系统来优化地面间隙。

1964 年，戴维·J·B·布朗 (David J.B. Brown) 在非洲开发采矿车辆后，被任命为英国诺斯罗普公司 (Northrop) 猎场部门的首席执行官。他开始研制一种四轮驱动的农用拖拉机，机动性好，地面间隙大，能满足林业和甘蔗工业的需要。由于发动机和变速箱底部的驱动布局优化，这台机器的重心升高了，但性能却非常出色。

这款拖拉机被命名为诺斯罗普 5004，但是人们担心 67 马力四缸福特发动机缺乏动力。为了解决这一问题，诺斯罗普公司开发了 5004T 型号的 CAV 涡轮增压器，将输出功率提高到 80 马力。1967 年推出了 6 缸发动机，但在停产前只生产了 3 台。

前视图

后视图

弹簧曲线形座椅增加舒适性

前轴驱动控制杆

后胎与前轮等尺寸，以最大限度增加牵引力

涡轮增压拖拉机

诞生于 1965 年的诺斯罗普 5004T 版拖拉机配有 CAV 涡轮增压器、新的通风管和大功率增压器。4 缸福特 5000 发动机的动力增加了大约 25%，从 67 马力增大到 80 马力，该拖拉机的吊牌价格是 2495 英镑。

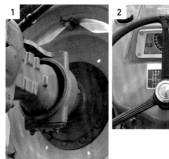

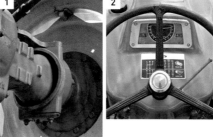

外置空气滤芯 ——

直连排气管是涡轮增压器的一部分 ——

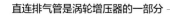

细节

1. 前驱动转向轴基于福特零件设计

2. 配有校对计数器的福特仪表，记录发动机转速

3. 8 速福特变速箱与手动操作杆控制的控制机构

4. 4 缸福特发动机与一西姆斯喷油泵

5. 传动齿轮箱将动力从传动轴驱动到前轴

—— 前置重型护板

—— 前轮传动轴内有行星齿轮减速装置

规 格	
型号	诺斯罗普 5004T
年份	1965
产地	英国
产量	100 – 150
发动机	80 马力福特 4 缸涡轮增压柴油机
排量	233 立方英寸（3818cc）
变速器	前进档 8，倒档 2
最高速度	19.65 英里 / 时（32 千米 / 小时）
长度	12 英尺 3 英寸（3.7 米）
重量	3.5 吨

全轮驱动

在拖拉机历史的前 60 年期间，人们对四轮驱动几乎没有兴趣，而对于需要额外牵引效率的农民来说，履带式拖拉机仍然是显而易见的选择。在 20 世纪 50 年代和 60 年代，4 轮驱动之所以取得成功，主要是因为英国的专业公司为其提升了牵引力，尤其是在困难的工作条件下。最有效的牵引力来自大小相同的前后轮，通常称为全轮驱动。

▷ **诺斯罗普 5004T**
年份 1965 **产地** 英国
发动机 福特 4 缸涡轮增压柴油机
马力 80 马力
变速器 前进档 8，倒档 2

福特刹车装置在四轮驱动系统中很受欢迎，诺斯罗普公司将他们的 67 马力福特 5000 安装在 5004 拖拉机上。紧随其后的是 5004T，它拥有一台涡轮增压版的福特发动机，其输出功率达到 80 马力。

△ **多伊 130**
年份 1967 **产地** 英国
发动机 2 台福特 5000 4 缸柴油机
马力 130 马力
变速器 前进档 8，倒档 2

一位农民想到将两台拖拉机首尾相接，以提供足够的牵引力。这个想法吸引了欧内斯特·多伊，一位福特拖拉机经销商的兴趣。他将这个想法商业化，开发了多伊 3-D 型，后来推出了动力更强的多伊 130。

◁ **国际 634 全轮式驱动**
年份 1971 **产地** 英国
发动机 国际 4 缸柴油机
马力 66 马力
变速器 前进档 8，倒档 2

诸如国际公司这样的大型拖拉机公司正朝四轮驱动型拖拉机方向发展，这给专门制造轮式拖拉机的公司如郡县公司增加了压力，这一事实导致郡县公司同意出售他们的等尺寸车轮技术给 IH 等大公司。

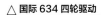

△ **国际 634 四轮驱动**
年份 1968 **产地** 英国
发动机 国际 4 缸柴油机
马力 66 马力
变速器 前进档 8，倒档 2

国际公司为消费者提供了双轮或四轮驱动版的 634 型拖拉机。4 驱拖拉机有大前轮和小前轮两种版本，使用罗德里斯公司的防滑型轮胎。

◁ **罗德里斯 120**
年份 1972 **产地** 英国
发动机 福特 2715E 6 缸柴油机
马力 120 马力
减速器 前进档 8，倒档 2

20 世纪 50 年代调整为生产四轮驱动拖拉机以前，罗德里斯在生产履带式拖拉机上拥有很长的一段历史。该公司还生产车轮大小相同的全轮驱动拖拉机，包括这款 120 型，即 115 型的升级版。

△ **郡县 754**
年份 1968 **产地** 英国
发动机 福特 4 缸柴油机
马力 75 马力
变速器 前进档 8，倒档 2

在成为美国四轮驱动车专产的领军企业之前，郡县公司生产福特森履带式车辆和福特拖拉机。通过等大的前后轮传动的郡县 754 型，配备了新的福特·福斯 5000 刹车装置。

▷ 莱兰 485
年份 1976 **产地** 英国
发动机 莱兰 6 缸柴油机
马力 85 马力
变速器 前进档 10，倒档 2

1907 年，庞大的英国莱兰汽车集团合并，为急需的投资获得了资金。485 型和它的姊妹型号 4100 型，输出 100 马力，都是由莱兰公司开发。这两款产品的销量都很小。

△ 杜特拉 D4K-B
年份 1974 **产地** 匈牙利
发动机 切佩尔 6 缸柴油机
马力 110 马力
变速器 前进档 10，倒档 2

匈牙利杜特拉工厂的产品包括自动倾卸卡车（dumper trucks）和拖拉机（tractor）——这两种产品合成了其公司名（Dutra）。D4K-B 型是 20 世纪 60 年代英国少有的 100 马力四轮驱动拖拉机之一。

▷ 郡县 1174
年份 1978 **产地** 英国
发动机 福特 6 缸柴油机
马力 112 马力
变速器 前进档 16，倒档 4

全轮驱动郡县 1174 型开始优先考虑驾驶舒适性和便利性。标准规格包括带彩色车窗的驾驶室、三速冷热风机、遮阳板和可调节的座椅。

大马力输出

想要高效地使用强大的发动机动力，要克服的最大问题则是车轮打滑。随着功率输出的增加，传统的两轮驱动拖拉机的轮胎会失去抓地力，从而浪费时间和燃料。四轮驱动更有效，理想情况下是采用大小相同的前轮和后轮。为了使大型前轮具有良好的机动性，大型的拖拉机需要铰接式转向，或称"中间弯曲"转向，中间需要有一个铰链点。这成为自20世纪60年代末以来制造大马力轮式拖拉机的标准布局，当时发动机输出功率超过200马力，现在正朝着1000马力的方向发展。

▷ **奥利弗 2655**

年份 1969 **产地** 美国

发动机 明尼阿波利斯－莫林6缸柴油机

马力 143 马力

变速器 前进档10，倒档2

奥利弗和明尼阿波利斯－莫林都是20世纪70年代早期怀特公司的一部分，一些车型同时以这两个品牌销售。2655型是奥利弗最大的拖拉机——同样型号的拖拉机还有A4T-1600，颜色和明尼阿波利斯－莫林的一样。

△ **梅西·弗格森 1200**

年份 1967 **产地** 美国

发动机 珀金斯6缸柴油机

马力 105 马力

变速器 前进档12，倒档4

1200型的外观很具有误导性。看起来像安装了铰接转向器和液压联动装置的高马力输出四轮驱动拖拉机，但105马力的动力与大多数高马力发动机相比，不算太大。

△ **斯泰格黑豹 ST350 系列 III**

年份 1977-1981 **产地** 美国

发动机 康明斯V8柴油机

马力 350 马力

变速器 前进档10，倒档2

斯泰格III系列拖拉机于1976年推出，有4种基本机型：野猫（Wildcat）、勇士（Bearcat）、美洲狮（Cougar）和黑豹（Panther）。4种机型都配置了10速变速器和卡特彼勒或康明发动机。ST代表标准框架，与中耕RC型相反。

▷ **沃尔塔娜 4-250**

年份 1977 **产地** 澳大利亚

发动机 卡特彼勒6缸涡轮增压柴油机

马力 250 马力

变速器 前进档14，倒档2

第一款沃尔塔娜拖拉机于1975年生产，但到20世纪80年代早期，公司制造了至少12台不同的四轮驱动车型，功率达到400马力左右——这对一个仅有12名员工的公司来说是很了不起的成就。4-250型是250马力的中型拖拉机之一。

◁ **通用 1080 "大罗伊"**

年份 1976 **产地** 加拿大

发动机 康明斯6缸柴油机

马力 600 马力

变速器 前进档6，倒档1

随高端市场竞争增加，通用公司通过制造世界上动力最强大的拖拉机暂时领先。结果是600马力的8轮驱动"大罗伊"面世，但该拖拉机存在的设计问题和缺乏合适的配件注定了其产量很小。

▽ **大巴德 16V-747**
年份 1977 **产地** 美国
发动机 底特律 16 缸 2 冲程柴油机
马力 900 马力
变速器 前进档 6，倒档 1

大巴德被认为是世界上最大的农用拖拉机，900 马力的工作功率令人印象深刻，以 8 英里（12.9 千米）/时的速度在 79 英尺（24 米）宽的田间耕地时，每分钟可完成 1 英亩（0.4 公顷）的耕地。当油箱注入 1000 加仑（4546 升）燃油时，16V-747 拖拉机总重超过 40 吨。

◁ **施吕特 5000TVL**
年份 1978 **产地** 德国
发动机 MAN 12 缸涡轮增压柴油机
马力 500 马力
变速器 前进档 8，倒档 1

施吕特专注于制造大功率和有设计感的拖拉机。5000TVL 型是其普罗菲拖拉机系列中的顶级机型。不同寻常的是，这么大的四轮驱动拖拉机，它是建立在一个没有铰接转向的刚性框架上的。

▷ **菲亚特 44-28**
年份 1979 **产地** 加拿大
发动机 康明斯 NT855 6 缸涡轮增压柴油机
马力 280 马力
变速器 前进档 12，倒档 4

上世纪 70 年代，菲亚特与东欧关系密切，这家意大利公司意识到，该地区有一个大马力拖拉机的潜在市场。加拿大通用公司同意提供一些菲亚特颜色的车型，其中包括 1979 年推出的菲亚特 44-28 型。

世界最大的拖拉机

制造于 1977 年的大巴德 16V-747 是当时最大的农业拖拉机，也是有史以来功率最大的拖拉机。这台拖拉机装有一台额定 747 马力的 V16 底特律柴油机，它被卖给了美国加州的罗西兄弟。他们用大巴德取代了两个履带式 D9 进行深耕作业。

在加利福尼亚时，16V-747 的输出功率达到了惊人的 900 马力。20 世纪 80 年代，这台拖拉机被卖到佛罗里达州的一个农场，在被蒙大拿州的威廉兄弟公司收购前，它在那里工作了 20 年。之后，新主人用它来拉动一台 80 英尺（24 米）高的耕田机，每分钟可耕田 1 英亩（0.4 公顷）。

大巴德的起源

比格·巴德·尼尔森是蒙大纳一拖拉机代理商的车间领班。1969 年，尼尔森与该拖拉机代理商老板威利·亨斯勒合伙。他们成立了北方制造公司，打算制造大型高马力输出的铰接式拖拉机——从此，大巴德生产线诞生了。

从 280 马力的拖拉机生产起，公司推出动力输出和体型都更大的机型。将大型 16V-747 型号投入全线生产的计划从未完成，图中显示的拖拉机仅是其曾经生产的机型中的一款。部分 516 大巴德拖拉机生产历时 22 年，于 1991 年停产。

900 马力的大巴德 16V-747 高 14 英尺（4.3 米），长 28 英尺（8.7 米）。运行重量达 58 吨。

钢制履带的衰落

在橡胶履带拖拉机出现之前，钢制履带拖拉机在农业工业中很受欢迎。在不严格定义下，钢轨拖拉机也是一款可靠的四轮驱动拖拉机。四轮驱动拖拉机能很好地在轻质土壤中作业，但在湿黏土中，这类拖拉机会压实土壤，破坏土壤的保水性。这个问题只有履带式拖拉机能避免。但是，随着农场规模的扩大和公路上机械的普及，钢制履带拖拉机普及度逐渐下降。这一点，再加上他们缓慢的工作速度，使得这种类型的拖拉机几乎完全从现代农业中消失了。

△ **履带式马塞尔 55**
年份 1968 **产地** 英国
发动机 珀金斯 4.270 4 缸柴油机
马力 55 马力
变速器 前进档 6，倒档 2

马塞尔公司生产的履带式 55 型拖拉机比其它任何型号都多。55 型是一种非常可靠和受农业和工业客户欢迎的机器。它配有全套附件，包括驾驶室、推土机，以及一个后置的工具栏。

△ **菲亚特 505C**
年份 1976 **产地** 意大利
发动机 菲亚特 3 缸柴油机
马力 54 马力
变速器 前进档 6，倒档 2

菲亚特制造了一系列小型履带式拖拉机，主要销售市场是葡萄园和小型农场。这些拖拉机在各方面都是真正的履带式拖拉机配置。多年来，其它制造商生产的小型履带式拖拉机，要么是组装车，要么没有采用大型拖拉机中所具有的最佳性能配置。

▷ **卡特彼勒 D4D**
年份 1970 **产地** 美国
发动机 卡特彼勒 4 缸柴油机
马力 75 马力
变速器 前进档 5，倒档 5

早期的 D4D 拖拉机安装了 D330 发动机，65 马力。这台发动机被一台额定功率为 75 马力的 3304 机组所取代；后来对发动机燃油喷射系统的改进使输出功率提高到 90 马力。D4D 在世界各地的几家卡特彼勒工厂生产；拖拉机外观相同，但每个工厂的产品都有一个单独的序号前缀。

△ **Rixmann Knapp 4000**

年份 1973 **产地** 美国

发动机 卡特彼勒 3306 6 缸汽油机

马力 180 马力

变速器 前进档 6，倒档 3

Rix 拖拉机的发动机是 Vickers VR180，数量很少。其运行齿轮为二战坦克设计，这提高了运行速度。发动机问题减少了，但还有变速器和履带问题没解决。

△ **迈连姆 5001**

年份 1967 **产地** 意大利

发动机 福特 4 缸柴油机

马力 65 马力

变速器 前进档 8，倒档 2

早期的 5001 履带式拖拉机选用 65 马力的 6X 福特 5000 发动机，后来的型号采用改善后的福特 75 马力 6Y 发动机，也可以选择福特 2703 发动机的 6 缸型号。底盘基本是基于 92 系列国际 TD9 履带式拖拉机生产的。1970 年有 3 台拖拉机出口到英国。

△ **白俄罗斯 DT75**

年份 1977 **产地** 前苏联

发动机 俄罗斯 4 缸柴油机

马力 101 马力

变速器 前进档 7，倒档 1

DT75 拖拉机产量很高，以满足前苏联大量的国营农场需求。履带技术源自苏联军用坦克——由铸铁链构成，只需很少的机械加工，而且生产和更换成本低廉。

△ **国际 TD8 CA**

年份 1979 **产地** 英国

发动机 国际 4 缸柴油机

马力 83 马力

变速器 前进档 5，倒档 1

TD8 CA 是唐卡斯特工厂生产的最后一款农用履带式拖拉机。在其量产之时，英国农场对机械动力的需求不断增加，对钢轨履带式拖拉机的最小动力要求达到了 125～150 马力。雇佣驾驶员来运行低动力输出拖拉机很不划算。

▷ **卡特彼勒 D4E 专用**

年份 1980 **产地** 美国

发动机 卡特彼勒 4 缸柴油机

马力 97 马力

变速器 前进档 5，倒档 5

D4E 完全符合当时的农业生产规格。它配置了一个三点连接装置、空调驾驶室和特别的变速箱。后序生产的型号能够提供可变动力输出。

1981 -2000
新技术

新技术

随着电子和计算机技术在 20 世纪 80 年代出现和推广，当时拖拉机也变得越来越先进，以满足农业科学时代的挑战需要。然而，技术奇迹也推高了拖拉机的价格，这可不是什么好消息，因为市场已陷入衰退。

由政治紧张和生产过剩引起的全球大宗商品价格下跌，加剧了不可避免的衰退。1979 年的燃料危机造成了严重的通货膨胀，拖拉机公司面临着投入增加、出口下降和销售停滞的困境。只有通过大量注资，几家领先的制造商才免于破产。

20 世纪 90 年代，拖拉机市场持续恶化，拖拉机行业不得不转型以求生存。随着许多独立制造商被并入全球组织，拖拉机行业迎来了一个收购和合并的时代。

尽管经济动荡，这个时代仍然是拖拉机技术发展最辉煌的时代。新概念层出不穷，橡胶履带式拖拉机、高速拖拉机、驾驶室悬挂系统、动力转换变速箱和程序控制系统相继问世。人们对环保问题的担忧让燃油利用更加高效的低排放发动机成为现实，此外，新拖拉机采用全球卫星定位系统更加精确地投放肥料和化学药剂。

△ 安静的驾驶室
为满足 1976 年英国施行的农业拖拉机驾驶舱噪音等级规定，福特推出了静音驾驶室。

关键事件

▷ **1984** 白俄罗斯的明斯克拖拉机厂下线了其第 200 万台拖拉机。

▷ **1985** 天纳克收购国际收割机公司，并将旗下的凯斯与后者合并为凯斯 IH 品牌。

▷ **1986** 梅西 - 弗格森的 Autotronic 和 Datatronic 型号是首批配置计算机电子系统的拖拉机。

▷ **1987** 卡特彼勒推出橡胶履带式挑战者 65 型拖拉机。

▷ **1990** AGCO 通过购买阿利斯割捆机公司产权的方式成立；4 年后，AGCO 收购梅西 - 弗格森。

▷ **1991** 菲亚特收购福特纽荷兰。

▷ **1994** 约翰·迪尔的 8000 系列拖拉机是第一个获得设计概念专利的拖拉机。

▷ **1995** 意大利制造商 SAME 将道依茨 - 华尔思收入旗下。

▷ **1996** 在美国，针对越野柴油车的一级引擎排放提案开始生效。

▷ **1997** 德国制造商芬特成为 AGCO 的一部分。

▷ **1999** 纽荷兰和凯斯 IH 合并为一家全球设备公司，营业额接近 120 亿美元。

△ 准备运送
1962 年，马欣德拉品牌与国际公司合资经营，到 1983 年已成为印度最畅销的拖拉机品牌。

"虽然我们厌恶挑战，但挑战带来的进步让我们备受鼓舞。"

翁贝托·夸德里诺，纽荷兰执行总裁，任期 1996 年 -2000 年

◁ JCB 的山斯麦迪公司引入了高速拖拉机概念，这种拖拉机在国内的土地和公路上都适用。

大三元

上世纪 80 年代和 90 年代，许多中小型拖拉机制造商通过收购和合并而消失，把控制权留给了少数几家巨头。福特、约翰·迪尔和梅西－弗格森仍是主要以北美和欧洲为基地的市场中最有名的全球品牌。像 JCB 之类的新兴企业的出现，以及日本、印度和中国的拖拉机工业崛起，注定会使未来的竞争变得更加激烈。

▷ **福特 TW-35**
年份 1985 **产地** 比利时
发动机 福特 6 缸柴油，配置涡轮增压系统和中间冷却器
马力 195 马力
变速器 前进档 16，倒档 4

1982 年，福特比利时工厂接管了 TW 的整个生产计划，所有型号都在 1983 年更新。当时，TW-30 型的功率被提高，TW-35 雷达速度探测系统也成为升级选项之一。

△ **福特 7810 25 周年纪念版**
年份 1989 **产地** 英国
发动机 福特 6 缸柴油机
马力 90 马力
变速器 前进档 8，倒档 2

位于埃塞克斯郡的福特巴西尔登工厂生产的 25 周年涂装版拖拉机，银禧漆面涂装的是 7810 型限量版。作为福特第三代系列产品的一部分，它被引入作为 10 系列拖拉机进行升级。

△ **约翰·迪尔 3140**
年份 1980 **产地** 德国
发动机 约翰·迪尔 6 缸柴油机
马力 97 马力
变速器 前进档 8，倒档 2

40 系列延续了约翰·迪尔在 20 世纪 80 年代早期的成功故事。3140 型是四轮驱动，标准变速箱可以被动力同步变速箱取代，这种变速箱是一种动态变速箱，具有 16 个前进速度。

▷ **约翰·迪尔 4240S**
年份 1982 **产地** 德国
发动机 约翰·迪尔 6 缸涡轮柴油机
马力 132 马力
变速器 前进档 16，倒档 6，4 轴同步

1983 年，大批量的新约翰·迪尔拖拉机正式推出，包括 40 系列经济款和配置铰接转向装置的 352 马力拖拉机。新的 4040S 和 4240S 型也在这年出现，这类拖拉机的特点是 4 轴同步变速器。

▷ **约翰·迪尔 4250**
年份 1982 **产地** 美国
发动机 约翰·迪尔 6 缸涡轮增压柴油机
马力 120 马力
变速器 前进档 16，倒档 6，4 轴同步

全新的 4050 和 4250 是首批出口到英国的拖拉机之一，它们配备了全功率变速箱，可以在不使用离合器的情况下实现前进和倒车。它们也是通用拖拉机，有高离地间隙和中耕机型。

▷ **梅西－弗格森 698T**
年份 1984 **产地** 法国
发动机 珀金斯 AT4.236 4 缸涡轮增压柴油机
马力 88 马力
变速器 前进档 12，倒档 4

698T 中的 T 表示涡轮增压器，该装置用于增加柴油发动机的动力输出，并提高燃油效率。3.9 升珀金斯发动机很特别，因为其应用了最新的"废气阀门"涡轮增压装置，这种装置能让发动机在低速状态下运行更加高效。

▷ **梅西－弗格森 3065HV**
年份 1992 **产地** 法国
发动机 珀金斯 4 缸柴油机
马力 85 马力
变速器 前进档 32，倒档 32；功率转换

HV 代表高能见度，是指为驾驶室提高了前视能见度和向下可见范围。3065HV 等 MF3000 系列拖拉机是拖拉机电子领域的一项重大发展，具有数据电子和自动电子控制及信息设备。

▽ **梅西－弗格森 4207**
年份 1997 **产地** 英国
发动机 珀金斯 6 缸涡轮增压柴油机
马力 110 马力
变速器 前进档 12，倒档 3；功率转换

1997 年，MF 在英国考文垂郡的工厂推出了 4200 系列，功率范围从 52 马力到 110 马力。设计特点包括在使用后桥差速器锁时，自动与前桥差速器锁啮合的控制。

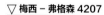

△ **梅西－费格森 9240**
年份 1994 **产地** 美国
发动机 康明斯 6 缸涡轮增压柴油机，内置冷却器
马力 226 马力
变速器 前进档 18 个，倒档 9 个；功率转换

在梅西－费格森需要动力更足的传统拖拉机时，它采用了来自怀特系列的型号（如 MF），那是 AGCO 公司的一部分。更复杂的是，MF9240 的后轴则是由大卫·布朗公司制造的。

法国制造的 MF825 拖拉机
于 1960 年问世

伟大的制造商

梅西－弗格森

梅西－弗格森的历史可以追溯到 1847 年的一个加拿大小车间，
当时还远未发明第一台拖拉机。今天，作为爱科公司的一部分，
梅西－弗格森仍然是农业技术发展的领导者，在努力提高拖拉
机效率方面有着卓越的成绩。

丹尼尔·梅西和阿兰森·哈里斯是加拿大农业机械产业的先驱。丹尼尔·梅西于 1847 年开始经营一家小型工作室，为加拿大安大略纽卡斯尔的当地农民生产工具和简单机械设备。10 年后，阿兰森·哈里斯在安大略的布兰特福德，以一家小型铁匠厂主的身份开启了雄心壮志的事业。

自1958年起，弗格森标志上有MF的标记。

20 世纪末，农业生产是一个热门行业，但梅西和哈里斯比大多数同行做的成功。在 1891 年合并成立梅西－哈里斯之前，他们是加拿大最大的两家农业机械制造商。新公司很快发展到出口阶段，且发展以公司名誉为基础。梅西机械公司已经在 1867 年的法国国际展览会上亮相，在那里，这家加拿大公司赢得了两枚金牌和一批订单。然而，直到 1917 年，当他们成为美国最畅销的三轮公牛拖拉机的加拿大分销商时，玛莎·哈里斯才对拖拉机表现出兴趣。当供应问题打破了他们这种经销模式时，该公司签署了一份许可协议，在加拿大生产帕雷特拖拉机。到 1923 年，过时且没有竞争力的帕雷特拖拉机停产了。1928 年，梅西－哈里斯收购了 J.I. 凯斯耕地机工厂，该厂制造的沃利斯拖拉机取代帕雷特拖拉机。

精心设计的沃利斯拖拉机奠定了梅西－哈里斯成功拖拉机生产商的地位。

1930 年，梅西－哈里斯成为第一家生产大直径前后轮四轮驱动拖拉机的大公司，但市场还没有准备好接受这种类型的拖拉机，销售情况很差。与此同时，梅西－哈里斯继续在其农业机械业务的其他领域取得成功，推动了联合收割机的重大发展，包括自动种植模式，以及第一次使用柴油为动力。1953 年，玛莎·哈里斯公司宣布收购了哈里·弗格森的全球拖拉机公司。这家新公司最初名为梅西·哈里斯·弗格森，直到 1958 年更名为梅西－弗格森。将弗格森的拖拉机生产和营销加入到梅西－哈里斯机械生产线后，新合并的公司处于农业设备行业的最前沿。为了巩固其在市场上的地位，梅西－弗格森在 1959 年收购了柴油发动机专业公司帕金斯 (Perkins)，从而扩充了自己的工业产品线。

弗格森被收购之后，公司决定不合并梅西－哈里斯和弗格森产品线或经销网络，保持灰色涂装的弗格森和亮红色的梅西拖拉机生产。这在英国造成了一些麻烦；较小的弗格森敌不过动力更足的英国 MH745，因此允许经销商出售"灰色"和"红色"系列拖拉机就很正常了。然而，在北美，由于产品线非常不同，进程就更加艰难了。为了让两

动力更大

1959年增加的两种车型的销售广告，这两款拖拉机可以为美国市场提供更大的动力。其传单都在标榜拖拉机牵引重型设备的能力。

全球机型

这款 MF165 型拖拉机产自英国、法国和
美国的梅西－弗格森工厂。

35 型

1847 丹尼尔·梅西开始在加拿大安大略省制造和
修理工具和设备

1857 阿兰森·哈里斯在安大略收购一家钢铁厂，
用于制造简单机械

1891 梅西和哈里斯合并成立梅西－哈里斯公司

1917 梅西－哈里斯在加拿大推广布尔拖拉机

1930 梅西－哈里斯成为第一家生产四轮驱动
拖拉机的大公司

1200 型

1933 哈里·弗格森制造了布莱克拖拉机，
第一款弗格森系统的拖拉机

1939 梅西－哈里斯推出其 20 型机动式联合收割机

1953 梅西－哈里斯收购了弗格森工艺并合并
成立梅西·哈里斯·弗格森公司，后来
简化为梅西·弗格森公司

1959 梅西·弗格森收购珀金斯柴油发动机公司

3065 型

1962 新的多功率传输系统，引入了一个两速
的动力转换装置，使齿轮数翻倍

1964 梅西－弗格森发布 6 款 100 系列新拖拉机，
型号范围从 MF135 到 MF1130

1986 MF300 和 MF3000 系列拖拉机引入
梅西－弗格森的先进自动电子和数据电子
信息及控制系统。公司名调整为"威尔第"，
但梅西－弗格森仍然是品牌名。

8737 型

1991 梅西－弗格森制造了世界上第一款使用
定位装置的拖拉机，该装置利用卫星信号定位。

1995 AGCO 收购梅西－弗格森

1999 珀金斯出售给卡特彼勒公司

2002 梅西－弗格森拖拉机的生产结束在英国
考文垂郡的旗帜巷。

2008 370 马力的 MF8690 拖拉机问世。这是
第一款采用选择性催化还原装置的清洁
尾气拖拉机。

家销售集团都能使用类似的拖拉机，他们开发了新车型。由此产生的复制型号包括弗格森 40 型，它的引入是为了给"灰色"拖拉机经销商提供标准型、中耕以及三轮车版本的拖拉机。MH50机型推出后，"红色"拖拉机进入拥有与弗格森 TO35 匹配的梅西机械。这个费钱且复杂的政策于 1957 年结束，当时这两款产品生产线被一套中小型拖拉机取代，喷涂为红色机身，并冠以梅西－弗格森品牌。

然而，梅西－弗格森在较高马力输出系列中仍然面临问题，尤其是在北美地区。对动力更足的机械的需求快速增加，其它生产商可以很快满足这种需求，由此赢得了新顾客。梅西－弗格森开始从明尼阿波利斯－莫林公司购买 90 马力拖拉机，将此方法作为短期解决方案。

这些机型以梅西公司的颜色涂装后被名为 FM95 型，1959 年，奥利弗以相似的方式生产了 MF98 型。动力缺口不久后便被梅西托格萨开发的拖拉机补全，包括梅西－弗格森开发的四轮驱动转向拖拉机，如 20 世纪 70年代流行的 MF1200 型。1978 年，4000 系列拖拉机继续这一趋势，动力输出增加到 273 马力，这些拖拉机装备了电子后悬挂装置控制系统，这使得拖拉机行业向精致农业科技迈出了第一步，也是重要的一步。

1986 年，梅西－弗格森在MF300 和 MF3000 系列上引入了电子"自动和数据同步"信息和控制系统，保持了其技术领先地位。1991 年，该公司利用全球定位系统 (GPS) 绘制联合收割机产量图，帮助电子农业实现了巨大的飞跃。这项技术后来被推广到更广泛的拖拉机产业中。1995 年，梅西－弗格森成为 AGCO 企业集团的一部分。它从很小的规模起步，成长为AGCO 这个加拿大最大的品牌，与挑战者、芬特、赫斯顿、西苏动力和维创等品牌齐名。

任何条件的耕地上，它都可以完全取代马匹。

1930 年，梅西－哈里斯对特定农场主做的广告。

运营商的焦点

20 世纪 70 年代的 MF500 型升级了"舒适"
驾驶室，将安全性与噪音等级联系在一起。

耕犁的创新

　　20 世纪末新型拖拉机生产率的提高，导致需要大容量的耕犁设备。人们对耕地经营态度的改变，使人们开始重视土壤保护、减少压实和减少耕作。再加上燃料成本不断上升，拖拉机必须尽可能地覆盖更多地面，尽可能少地穿越田野。

　　"推拉式"耕犁系统
　　20 世纪 70 年代末，向最低限度耕作的转变导致犁地过时，但一年生耕地中杂草带来的问题使人们认识到，翻耕土地对良好的畜牧业至关重要。20 世纪 80 年代期间，耕犁复兴，犁地的新概念

包括板犁、菱形犁和方形犁。为了让更大的多沟犁不那么笨重，而且更容易操纵，出现了铰接式设计和"推拉"系统。后者由连接到拖拉机尾部的传统耕犁和安装在前交接处的其他设备组成，以这种方式来增加犁沟数量。这种系统是由两家领先的犁制造商蓝赛姆斯（Ransoms）和道斯维尔（Dowdeswell）在英国发明的。

这款来自福特 1989 的第三代系列的 6 缸 7810 拖拉机，和蓝赛姆斯 TSR300 系列"推拉式"耕犁配合使用。

北美动力

北美的大马力拖拉机传统上被设计成两轮驱动的机器，在这种动力水平下，美国和加拿大很少有农民操作欧洲农场使用的附加设备，他们更喜欢使用牵引工具的液压系统控制耕犁深度。这种偏好没有改变，但到了 20 世纪的最后 20 年，更多的人选择有动力的前轴车型，即四轮驱动型。因此，他们的大型拖拉机销量开始增长。

▷ **凯斯 3294**
年份 1984 **产地** 美国
发动机 CDC 凯斯／康明斯 6 缸柴油机
马力 197 马力
变速器 前进档 12，倒档 3

这款 3294 型拖拉机是凯斯公司引进的最后几款白色／黑色拖拉机之一，之后母公司天纳克收购了国际公司农业设备业务，并采用了红色／黑色。合并后，威斯康辛州拉辛工厂继续生产。不同寻常的是，它配备了一个全时四轮驱动系统。

△ **阿利斯－查尔默斯 6070**
年份 1985 **产地** 美国
发动机 阿利斯－查尔默斯 4 缸柴油机
马力 80 马力
变速器 前进档 12，倒档 3

在 1981 年的销售季，阿利斯－查尔默斯用 6060 型和 6080 型拖拉机替换了 175 型和 185 型拖拉机，后来又增加了 6070 型号。随着 1985 年 12 月 6 日农业设备业务的出售，最后一辆离开韦斯特·阿利斯工厂的阿利斯－查尔默斯拖拉机是 6070 型。

△ **道依茨－阿利斯 9150**
年份 1989 **产地** 美国
发动机 道依茨 6 缸柴油机
马力 155 马力
变速器 前进档 18，倒档 9，双离合

9100 系列是 1989 年道依茨－阿利斯为北美市场生产的旗舰产品，那年是收购 AGCO 之前的最后一年。这 3 款机器融合了美国方形线条和阀盖样式，呼应了德国母公司克勒克纳－洪保德－道依茨拖拉机生产线的设计。

△ **怀特 6195**
年份 1993 **产地** 美国
发动机 CDC 康明斯 6 缸柴油机
马力 195 马力
变速器 前进档 18，倒档 9，双离合

怀特 4 缸重型机器 6100 系列拖拉机与它们的"表兄"，在 AGCO 母公司生产的 AGCO 阿利斯共用一个平台。主要区别是怀特使用 CDC 康明斯发动机；AGCO 阿利斯同级别安装有道依茨气冷发动机。

◁ **怀特 125 重负荷型**
年份 1991 **产地** 美国
发动机 CDC 康明斯 6 缸柴油机
马力 125 马力
变速器 前进档 18，倒档 6

125 重负荷型是 1991 年怀特推向北美市场的 4 种新拖拉机中最小的一种。这种拖拉机产自俄亥俄州科德沃特工厂，每 6 个齿轮组上有 3 个动力输出系统。

◁ **怀特·菲尔德·博斯 2-110**
年份 1982 **产地** 美国
发动机 珀金斯 6 缸柴油机
马力 110 马力
变速器 前进档 18，倒档 9

1982 年，怀特农业设备（WFE）用新型珀金斯动力驱动 2-110 取代了 2-105 拖拉机。变速器具有 6 个主前进档，主要特征是 3 速双离合变速器，生产商标注了"上/下"液压转换逻辑。该车的驾驶室也进行了重新设计。

▽ **凯斯 IH 马格南 7250 Pro**
年份 1997 **产地** 美国
发动机 CDC 凯斯／康明斯 6 缸柴油机
马力 264 马力
变速器 前进档 18，倒档 9，双离合变速器

1992 年，在原有的四型 IH 7100 系列万能拖拉机的基础上增加了一辆新的 7150 型旗舰型拖拉机。然而，欧洲农民不得不等到 1994 年引进改良款 7200 系列后，才能接触到它的继任者 7250 型。

△ **国际 5288**
年份 1981 **产地** 美国
发动机 国际 6 缸柴油机
马力 180 马力
变速器 前进档 18，倒档 6

5288 型是 150 马力的 5088 型、205 马力的 5488 型之间的一款拖拉机。3-6 变速箱允许驾驶员在 1-2、3-4 和 5-6 档之间无离合器变速，而其他的换档需要离合器。这为此后的 IH 7100 型万能拖拉机提供了设计基础。

△ **福特 7810 25 周年纪念版**
年份 1989 **产地** 英国
发动机 福特 6 缸柴油机
马力 90 马力
变速器 前进档 8，倒档 2

AGCO 的阿利斯 9775 型拖拉机生产时间很短，仅在 1998 年到 1999 年，它有两种发动机可供选择，康明斯或纳威司达。后者是由该公司在出售其农业设备部门之前生产的，名为"国际收获机"。

设计大胆，时代暗淡

20 世纪 80 年代和 90 年代初标志着英国拖拉机制造业顶峰的结束和衰退的开始。福特的巴西尔顿基地、梅西－弗格森在考文垂的工厂以及凯斯国际的唐卡斯特工厂，巩固了它们作为全球重要生产商的地位。然而，到了 20 世纪 80 年代末和 90 年代初，随着行业的收缩，一些工厂，如位于梅尔瑟姆的凯斯国际，以及原名为戴维·布朗的工厂也关闭了。与此同时，大多数国家的小型国内制造商也没能活到 20 世纪 90 年代。

◁ **国际 885XL**
年份 1981 **产地** 英国
发动机 国际 4 缸柴油机
马力 85 马力
变速器 前进档 8，倒档 4

1981 年，国际公司用 85 机型取代了 84 系列，这将为唐卡斯特工厂以该品牌推出的最后一款产品。主要的发展是加大号驾驶室，该驾驶室在随后的产品中得以延续。

▽ **罗德里斯 Amex 重型负荷**
年份 1981 **产地** 英国
发动机 杜卡迪 2 缸柴油机
马力 22 马力
变速器 前进档 4，倒档 1

美国运通公司是该公司倒闭前最后一批白手起家开发的拖拉机之一。该拖拉机设计于 1981 年，目的是为发展中国家提供一种低成本的机器，在发展中国家，运输的主要动力源是拖拉机。

△ **马歇尔 804**
年份 1982 **产地** 英国
发动机 莱兰 4 缸柴油机
马力 82 马力
变速器 前进档 9，倒档 3

该拖拉机由莱兰拖拉机系列发展而来，而莱兰拖拉机系列是由林肯郡农民查尔斯·尼克森于 1981 年从英国莱兰公司收购的，在推出 904 拖拉机之前，82 马力的 804 拖拉机最初在 02/04 系列中占据榜首位置。"斯库拉"驾驶室与大卫·布朗的车型外观很相似。

▽ **马歇尔 100**
年份 1984 **产地** 英国
发动机 莱兰 6 缸柴油机
马力 103 马力
变速器 前进档 20，倒档 9

1984 年问世的马歇尔 100 拖拉机外形具有尖锐的流线型新风格，与之前的型号看起来很不一样。后来推出了 115，125 和 145 型，但这些都是公司最后几批产品。

△ **罗德里斯 120**
年份 1983 **产地** 英国
发动机 福特 6 缸柴油机
马力 130 马力
变速器 前进档 8，倒档 4

和福特四轮驱动设计大师的专家，郡县和缪尔－希尔公司相似，罗德里斯公司经历了 20 世纪 80 年代的艰难时期。由于主要专注于四轮驱动，其它拖拉机制造商进入这一领域对其打击最大。1983 年停产，最后的拖拉机被英国电话公司 BT 购买。

▷ **郡县 1884**

年份 1984　**产地** 英国

发动机 福特 6 缸柴油机

马力 188 马力

变速器 前进档 16，倒档 8

1884 型拖拉机被广泛认为是郡县拖拉机公司的终极产品，它是该公司生产的最大型号。它以福特 TW-35 为基础，能输出 188 马力的额定功率。虽然大多数拖拉机是 "Q 型（静音型）驾驶室"，但最后生产的两款 1884 型则配置了福特轻型超静音型驾驶室。

▷ **JWD494 农场大师**

年份 1993　**产地** 英国

发动机 珀金斯 4 缸柴油机

马力 85 马力

变速器 前进档 15，倒档 4

马歇尔拖拉机停产后，位于兰开夏郡的前马歇尔拖拉机经销商约翰·查恩利父子公司（John Charnley & sons）获得了该系列拖拉机的生产权。上世纪 80 年代末，一小部分采用新外观设计的农场大师又被生产了一些。

△ **凯斯国际 1594**

年份 1988　**产地** 英国

发动机 凯斯国际 6 缸柴油机

马力 95 马力

变速器 前进档 12，倒档 4

凯斯和国际农业生产线合并之后，母公司天纳克保留了国际公司的唐卡斯特工厂和凯斯公司的梅萨姆工厂。然而在 1988 年，梅萨姆工厂关闭，100 马力以下的拖拉机生产集中在唐卡斯特。纪念版的 72 - 108 马力 1394-1694 型号标志着生产的结束。

◁ **凯斯 IH4210**

年份 1997　**产地** 英国

发动机 凯斯 IH 4 缸柴油机

马力 70 马力

变速器 前进档 8，倒档 4

1981 年由国际公司推出的 85 系列拖拉机的设计持续影响了凯斯 IH3200 和 4200 机型的设计。它们是上世纪 90 年代中期在唐卡斯特的惠特利霍尔路工厂生产的。

哈里·弗格森和亨利·福特与福特 9N 拖拉机

伟大的制造商

福特

福特拖拉机生产线始于 1939 年，9N 型拖拉机采用了哈里－弗格森的液压系统。这台灰色的小拖拉机获得了美国农民的青睐，蓝色的椭圆商标逐渐跻身国际市场，福特成为了世界上最大的农业机械生产商之一。

"这是拖拉机制造商承担过的最大的工程项目。"

约翰·福克斯威尔，福特拖拉机 6X 系列运营首席工程师，任期 1964 年 -1975 年

1938 年 10 月，哈里－弗格森在福特位于密歇根州迪尔伯恩附近的费尔莱恩住所会见了亨利·福特。两名商人就"福特拖拉机与弗格森系统"的合作协议进行了接洽。他们制造的 9N 型拖拉机问世即受到好评，这向美国农民带来了一种全新的耕作系统，9N 拖拉机的销量达到了 30 多万台。

1946 年，福特与弗格森发生了激烈的分歧，并导致了一场旷日持久的专利侵权官司，最终在 1952 年，福特同意庭外和解，支付给弗格森 925 万美元。与此同时，福特继续在密歇根州的海兰德公园生产 8N 拖拉机和之后的 NAA 型，后者是在 9N 基础上设计的，但外观颜色换成了红灰色。

1955 年，福特放弃了一种型号的政策，推出了两种动力等级的 5 种新型拖拉机。随着规模进一步扩大，福特增加了更多的选项，包括柴油发动机。1961 年推出的 6 缸车型福特 6000 (Ford 6000)，因可靠性问题而声誉受损。

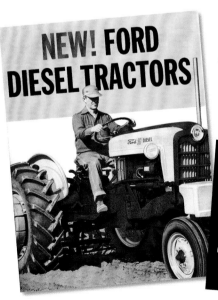

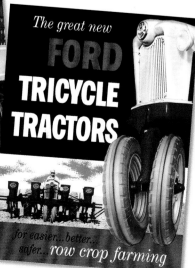

福特多样化

20 世纪 50 年代，福特的美国拖拉机生产线扩张到多系列产品：实用型、通用型、中耕型和柴油机型，这些型号均有两种不同的动力级别。

1962 年，福特推出了一种新的蓝灰色配色方案，这预示着公司的全球拖拉机业务将在福特旗下得到整合。英国福特森在达格楠工厂的生产工作被新的"环球"6X 系列横扫并取代，6X 系列拖拉机在英格兰巴西尔登、比利时安特卫普和海兰德公园同时生产。

6X 系列项目投入超过 9000 万美元和百万工时的工程成本，最终新的 2000，3000，4000 和 5000 系列拖拉机于 1964 年 10 月 10 日在纽约隆重推出。这 4 种全新拖拉机生产使用了大量未经试验的设备，这意味着初期问题不可避免，6X 系列经历了相当多的失败过程。然而，任何一处失败的设计都在 1968 年推出的改进型 6Y 福特军用系列拖拉机身上消失无踪。

20 世纪 70 年代，福特凭借令竞争对手羡慕的全球销售和服务网络，巩固了其全球业务，成为拖拉机行业的后起之秀。在此期间新推出的车型包括涡轮增压的福特 7000 型，以及一系列重型 6 缸拖拉机，最终在 1979 年推出了久负盛名的 TW 系列。

8N 型

1939 福特 9N，以生产年份命名，在鲁热工厂投入生产。

1945 海兰德公园成为福特拖拉机的主要生产中心。

1947 福特 8N 拖拉机投入生产。

1948 弗格森因专利侵权问题向福特提出法律诉讼。

1952 福特与弗格森庭外和解，福特赔偿 925 万美元。

1953 NAA 型拖拉机在福特 50 周年纪念上亮相。

5000 型

1957 福特展示了它的实验燃气涡轮台风拖拉机。

1958 美国福特拖拉机首次使用柴油发动机动力。

1961 为协调全球事业发展而创立的福特拖拉机公司。

1964 环球 6X 系列在纽约拉直奥城市音乐厅发布。

1970 日本芝浦推出首款福特小型拖拉机。

1971 福特首款涡轮增压拖拉机 7000 型正式亮相。

7000 型

1974 美国福特拖拉机生产转移到密歇根州罗密欧市。

1977 与斯泰格共同生产的 FW 系列问世。

1979 高功率的 TW 系列拖拉机在安特卫普和罗密欧投产。

1981 罗密欧制造了福特第 500 万台拖拉机。

1984 全球 73 万台拖拉机中，10 万台由福特生产，占全球市场的 13%。

7810 型 25 周年纪念

1985 福特从斯佩里公司收购纽荷兰公司。

1987 福特拖拉机业务更名为福特纽荷兰，并收购了通用公司的罗密欧工厂，美国生产业务转移到英国巴塞尔登。

1989 巴西尔登为庆祝生产 25 周年，推出限量版 7810 25 周年纪念版拖拉机。

1991 菲亚特收购福特纽荷兰公司，并将其与菲亚特农业设备生产部门合并。

1994 福特商标不再用在拖拉机上。

全球产品（左）

福特 6X 系列是为全球销售而设计的，在巴西尔登生产的英国制造拖拉机有 70% 以上出口。大部分货物是通过该公司位于达格南（Dagenham）的码头海运出口。

小型和大型拖拉机（右）

到 1979 年，福特的拖拉机产品线几乎涵盖了所有动力等级。大型铰接 FW 系列由美国斯泰格制造，而小型拖拉机产自日本芝浦。

通过与美国北达科他州的斯泰格和日本芝浦之间的生产协议，完善了这一系列拖拉机的高端和低端产品线。斯泰格尔制造了采用 FW 系列的铰接式巨型拖拉机，而芝浦负责生产福特紧凑型拖拉机。到 1981 年，它们在英国独自提供了超过 20 种不同的拖拉机机型，其中不包括所有的工业设备。20 世纪 80 年代的新型号包括 10 系列，军用 2 型和通用 3 型，它们更先进、更舒适。

到 1984 年，福特在英国拖拉机行业排名中位列第二，紧随梅西－弗格森之后，且在北美市场的地位升高到第三名，前两位分别是迪尔和国际公司。福特在英国拥有无懈可击的地位，连续 12 年成为市场领导者。然而，严重的世界经济衰退影响了收益，随

后福特机动公司准备放弃其拖拉机业务的谣言四起。

福特认为，如果能将其拖拉机部门转型为拥有一系列机械的全系列设备制造商，与 MF、国际公司和迪尔公司竞争，那么对任何潜在买家来说，其拖拉机部门都将是一个更具吸引力的选择。1985 年 10 月购买纽荷兰斯佩公司超过 2.36 亿股份。拖拉机业务现在从母公司福特纽荷兰手中获得了一定程度的自主权，1987 年通用汽车的收购进一步提振了这一业务。

强大动力

这台涡轮增压 6 缸发动机为福特 1983TW 系列的 TW-35 拖拉机提供动力，功率为 195 马力。内置的空气冷却器是其独有的特征，冷却器将空气冷却后导入汽缸内，以容纳更多燃料，以此增加动力。

大陆的发展

和英国一样，欧洲大部分地区的农业在 20 世纪 80 年代早期的经济衰退中处理得非常好，拖拉机工厂也同样如此。法国、德国、澳大利亚、意大利和芬兰等国家继续制造新机型，让农业生产更加快速简便——这一结果一部分得益于电子、变速器和操作舒适性这些方面的发展。长期由售后市场供应商提供的四轮驱动系统，开始由拖拉机制造商自己供应，而此时随高容量设备发展和翻转犁的普及，拖拉机平均动力输出也得到提高。

▷ **雷诺 155-54 耐克特拉**
年份 1991 **产地** 法国
发动机 MWM 6 缸柴油机
马力 145 马力
变速器 前进档 16，倒档 16

除了福特和菲亚特，雷诺是少数几家在 20 世纪大部分时间里一直涉足拖拉机、汽车和商用汽车的公司之一。其中一个关键的发展是在舒适性领域，创建了其液压稳定驾驶室悬架系统。

△ **芬特农用 310LS 涡轮增压**
年份 1985 **产地** 德国
发动机 芬特 4 缸柴油机
马力 94 马力
变速器 前进档 15，倒档 4

芬特农用车型采用了自己公司的涡轮增压系统，该系统结合了泵轮和涡轮，提供发动机和变速器系统之间的能量。前者将燃油注射到后者的"隔间"，以便在离合器松开、发动机加速时提供平稳的动力传递。

▷ **凯斯国际 1056XL**
年份 1992 **产地** 德国
发动机 凯斯国际 6 缸柴油机
马力 105 马力
变速器 前进档 16，倒档 8

1981 年推出的德产 856 型、956 型和 1056 型拖拉机在 1985 年重新涂装，在凯斯和国际两家公司合并后以新装亮相。生产工作持续到 1992 年，后被 Maxxum 5100 系列取代。

△ **菲亚特获胜者 F110**
年份 1990 **产地** 意大利
发动机 菲亚特 6 缸柴油机
马力 110 马力
变速器 前进档 16，倒档 8

在收购福特农业设备业务前不久，菲亚特推出了一款全新设计的 100-140 马力拖拉机，被统称为"赢家"系列。它们使用了一种全新的驾驶室，去掉了 80/90 系列中的棱角线条设计。

▷ **斯泰尔 8130A 涡轮增压型**
年份 1992 **产地** 奥地利
发东西 斯泰尔 6 缸柴油机
马力 120 马力
变速器 前进档 18，倒档 6

斯泰尔拖拉机公司诞生于奥地利一家军火制造商，因其产品质量而广受欢迎。该公司及其工厂于 1996 年被凯斯公司收购，至今仍在生产斯泰尔和凯斯国际拖拉机。

▷ **热特 9540**
年份 1992 **产地** 捷克共和国
发动机 热特 4 缸柴油机
马力 95 马力
变速器 前进档 18，倒档 6

1992 年，热特第一次推出其重新设计的中型拖拉机——40 系列。一开始是 75 马力的 7540 型，之后增加了 3 种大型拖拉机，其中包括 9540 型。

△ **道依茨－法尔 AgroXtra DX6.08**
年份 1991 **产地** 德国
发动机 道依茨 6 缸柴油机
马力 107 马力
变速器 前进档 48，倒档 12

在上世纪 80 年代末和 90 年代初，一些欧洲农民选择自己改装拖拉机，以改善它们的前视能力——这一举措反映出前视挂载的需求越来越多。意识到这一趋势，道依茨－法尔率先采用了适合其气冷发动机拖拉机的垂鼻设计。

▽ **维美德 8400**
年份 1995 **产地** 芬兰
发动机 维美德 6 缸柴油机
马力 140 马力
变速器 前进档 36，倒档 36

1917 年，在他们的拖拉机业务协会成立后不久，沃尔沃－宝马维美德的名字就成为了合并后公司的拖拉机商标名。之后的 10 年，该商标简称为"维美德"。尽管进行了更新，但这些机器仍然保留着他们独特的前鼻设计。

△ **SAME 提坦 190**
年份 1994 **产地** 意大利
发动机 SAME 6 缸柴油机
马力 189 马力
变速器 前进档 27，倒档 27

上世纪 90 年代中期，该公司的旗舰产品 SAME 190 型和小型兄弟型号 160，安装有一个电子变速箱。通过操纵杆上的按钮，变速器可以将 3 个大档位中的 9 个速度档位在不使用离合器的情况下自动转换。

放眼全球

除了跨国农业设备公司之外，一些区域的重点制造商主要集中生产拖拉机，以满足其国家和区域农民的需要。从基本的、低马力的机器到在小型农场工作的机器，再到为一个国家特定类型的大田耕作而制造的拖拉机，一些设备销往世界各地，而另一些设备仍是原产国特有的。特别是，主要由日本、韩国、印度和中国公司制造的 40 马力以下紧凑型拖拉机取得了很大的成功。

◁ 张伯伦 4480B
年份 1982 **产地** 澳大利亚
发动机 约翰·迪尔 6 缸柴油机
马力 119 马力
变速器 前进档 12，倒档 4

张伯伦拖拉机公司成立于 1947 年，前身是澳大利亚西部威尔什普尔镇的一家军工厂。1970 年，约翰·迪尔收购了张伯伦 49% 的股份，然后完全收购了该公司。4480B 型是 68-119 马力范围内最大的型号。

△ 张伯伦 4490
年份 1984 **产地** 澳大利亚
发动机 约翰·迪尔 6 缸柴油机
马力 190 马力
变速器 前进档 18，倒档 18，双离合

张伯伦的拖拉机被赋予了约翰·迪尔的颜色，同时有保留了张伯伦的品牌、型号和某些独特的风格。张伯伦的生意被约翰·迪尔完全吸收了，德国和美国制造的机器取代了澳大利亚制造的机器。

△ CBT8060
年份 1989 **产地** 巴西
发动机 珀金斯 4 缸柴油机
马力 60 马力
变速器 前进档 8，倒档 2

位于巴西圣卡洛斯的巴西拖拉机公司从 1960 年开始生产拖拉机。公司生产的机械设备通常采用框架设计，发动机和变速器置于框架中，这意味着一般维修不需要把拖拉机拆开。

△ 马恒达 265DI
年份 1995 **产地** 印度
发动机 珀金斯 3 缸柴油机
马力 45 马力
变速器 前进档 8，倒档 2

马恒达是世界上最大的拖拉机生产商之一。主要市场在国内，但该印度公司也向全球出口拖拉机产品。这款 265DI 型沿用国际公司的 B-250/275 型拖拉机外观设计。

△ 维美德 1780 涡轮增压版
年份 1989 **产地** 巴西
发动机 维美德 6 缸柴油机
马力 170 马力
变速器 前进档 10，倒档 2

1960 年，巴西政府接到几家外国主要制造商的请求，希望获得在巴西境内建立拖拉机厂的许可，巴西政府选择维美德公司作为首选合作伙伴。这家芬兰公司在靠近圣保罗市的摩基达斯克鲁易斯市建立了一家工厂，1989 年 1780 型涡轮增压版拖拉机在这里诞生。

KUBOTA

△ 白俄罗斯 1522
年份 2000 **产地** 白俄罗斯
发动机 白俄罗斯/MTZ 6 缸柴油机
马力 155 马力
变速器 前进档 16，倒档 8

位于明斯克（现在位于白俄罗斯）的苏联重要拖拉机制造商。

◁ 久保田 L3250
年份 1989 **产地** 日本
发动机 久保田 3 缸柴油机
马力 35 马力
变速器 前进档 8，倒档 2

这款 L3250 型拖拉机是久保田公司用于草皮作业的小型拖拉机。久保田公司是世界上此类拖拉机的主要生产商之一，为了在农业市场上更充分地竞争，久保田公司逐渐增加了大型拖拉机的功率。

◁ 大东 D55
年份 1996 **产地** 韩国
发动机 大同 3 缸柴油机
马力 55 马力
变速器 前进档 8，倒档 2

韩国大东公司最初以自己的名义出口拖拉机，后来创立了"京都"品牌，以吸引其他市场更广泛的买家。与许多远东公司一样，大东公司倾向专注于 100 马力以下的市场。

△ 雷诺 155-54 耐克特拉
年份 1991 **产地** 法国
发动机 MWM 6 缸柴油机
马力 145 马力
变速器 前进档 16，倒档 16

印度拖拉机和农业设备公司（TAFE）与梅西－弗格森公司保持长期合作关系，多年来一直将该跨国品牌的零部件作为其拖拉机生产的基础。45 马力的 45DI 型内部构造与其广受欢迎的 MF135 相同。

橡胶履带兴起

现代橡胶履带拖拉机的问世是多年设计和试验的结果。从 20 世纪 20 年代起，由于橡胶技术的限制，人们多次尝试将橡胶轮胎的移动性与钢轨式拖拉机的高牵引力结合起来，但均以失败告终。美国宇航局为了探索月球研发了橡胶履带，从此拖拉机上的橡胶轨道技术也随之得到突破，钢丝和橡胶编织成的柔性橡胶履带得以广泛应用。

△ **Waltanna 200 高驱动**

年份 1990 **产地** 澳大利亚

发动机 康明斯 6 缸柴油机

马力 225 马力

变速器 液压传动

詹姆斯·纳古卡制造并在当地展会上展出一辆拖拉机，之后他收到更多制造这款拖拉机的请求，为此他成立了自己的公司。他设计了一系列常规的型号，并改进了这种大马力型号的设计。

△ **卡特彼勒挑战者 65**

年份 1987 **产地** 美国

发动机 卡特彼勒 3306 6 缸柴油机

马力 256 马力

变速器 前进档 10，倒档 2，全功率变速

挑战者 65 型是首款成功的橡胶履带式拖拉机。橡胶部件用分级牵引装置和修正过的钢轨结构，经过几年的改进，早期出现的摩擦传动问题得到了解决。

▽ **卡特彼勒挑战者 85D**

年份 1997 **产地** 美国

发动机 卡特 3196 6 缸柴油机

马力 370 马力

变速器 前进档 10，倒档 2

卡特彼勒继续发展和扩大其橡胶履带拖拉机的范围。早先的挑战者 65 使用了一个充气橡胶轮胎作为轨道系统的前托辊，但这可能会被刺穿。在后来的型号，如 85D，取代了钢托辊与粘结橡胶胎面。这个更新的功能，也必须应对非常高的皮带张力，需要应付不断增长的额定马力。

△ 马歇尔轨道式 **TM200**
年份 1991 **产地** 澳大利亚
发动机 康明斯 6CT8.3
马力 210 马力
变速器 液压传动

马歇尔 200 型轨道是由澳大利亚的 Waltanna 制造的，英国市场上出售的该款拖拉机做过少许改动。大多数生产机型只是将机身颜色由白色换成黄色——只有首先生产的几台拖拉机采用全黄配色。图中展示的黄黑双配色取代了全黄色版本。

△ 约翰·迪尔 **8400T**
年份 1998 **产地** 美国
发动机 约翰·迪尔 6 缸柴油机
马力 235 马力
变速器 16 速

8000T 系列与 8000 系列轮式拖拉机的变速器和发动机相同，很多部分可以互换。这是近 30 年来，约翰·迪尔首次对同款拖拉机同时提供轮式和履带式两种版本。

▽ 伏尔加格勒 **BT-100**
年份 1994 **产地** 俄罗斯
发动机 伏尔加格勒 4 缸柴油机
马力 101 马力
变速器 前进档 7，倒档 1

俄罗斯农业和西方国家开启了橡胶轨道革命。伏尔加格勒了推出最新的钢轨式拖拉机，积极推进橡胶皮带的使用，以此取代金属履带。这款拖拉机自身需要进行的改进很少；牵引杆上的载荷只要在合理范围内，系统就能正常工作。

◁ 盛冈 **MK220**
年份 1995 **产地** 日本
发动机 康明斯 6 缸柴油机
马力 220 马力
变速器 液压传动

这是将橡胶履带牵引设备推向市场的又一次尝试。盛冈在所有型号上采用了履带前端的正驱动系统，这款拖拉机也不例外。MK220 非常实用，因为它对地面的压力比较小。

▷ 克拉斯挑战者 **45**
年份 1997 **产地** 美国
发动机 卡特彼勒 3116 6 缸柴油机
马力 242 马力
变速器 前进档 16，倒档 9

除了机身颜色，克拉斯挑战者系列与卡特彼勒挑战者系列完全相同。挑战者 35，45 和 55 机型是卡特彼勒生产线中首批采用大直径后驱动轮的产品。虽然拖拉机相同，但这种绿色的拖拉机从来不向卡特彼勒那样热卖。

凯斯 IH 四轮履带

IH 型四轮履带车是一种全铰接式履带车辆，它在同类车型中非常少见。当其他制造商开始销售橡胶履带式拖拉机时，凯斯·伊赫想办法将自己的这种拖拉机投放市场。为了节省开发全履带的成本，该公司在经过反复试验后，决定将铰接式四轮履带车投入市场。

1987 年 1 月，凯斯 IH 收购了美国北达科他州法戈市的斯泰格拖拉机制造商。这次收购带来了斯泰格尔广受好评的铰接式四轮驱动拖拉机生产线——这家中西部公司是这种大马力机器的先驱之一。凯斯 IH 继续研发产品，该产品因性能坚固、简单和可靠而闻名。它的"中间弯曲"式转向系统取代了复杂的液压 - 机械转向系统，而控制差动转向通常需要全履带式转向系统。四轮车的橡胶履带是正驱动的，这使得拖拉机几乎可以在所有农耕环境下运行。

通用动力

9370 型拖拉机的主要优点在动力。康明斯 N14 发动机价格合理、性能可靠、维修方便。四轮履带系统的成本很高，但其高效率的优点抵消了高昂的履带成本。

干式空气净化器，进气量大

6缸发动机

前视图

后视图

履带驱动轮

履带架支点

规 格	
型号	凯斯IH 四轮履带 9370
年份	1997
产地	美国
产量	未知
发动机	360 马力康明斯 6 缸涡轮增压水冷柴油机
排量	855 立方英寸（14000cc）
变速器	前进档 12，倒档 3
最高速度	18.7 英里 / 时（30.1 千米 / 小时）
长度	19 英尺 6 英寸（5.95 米）
重量	19.9 吨

细节

1. "四轮驱动"标识
2. 康明斯 360 马力涡轮增压后冷柴油发动机
3. 驾驶员仪表盘和方向盘
4. 拖拉机功能仪表
5. 变速箱，液压操纵杆
6. 钢缆加强型橡胶履带

无尘驾驶室，配有空调

转向架支点

转向控制液压柱

液压、三点联动式附件"快速转速器"接口

大轮车

英国四轮驱动拖拉机发展于较小的专业公司，而最大的制造商则在等待着市场的发展。在美国和加拿大也出现了类似的趋势，当时带有铰接式转向的大功率四轮驱动拖拉机开始吸引更多客户。最初的市场需求由大巴德、斯泰格和通用公司这类小型专业公司来满足——后来大公司也紧随其后。北美制造商在大马力拖拉机市场中占主导地位，但俄罗斯也生产了许多，澳大利亚和德国等其他地方也有小规模生产。

▷ **罗马 475C**
年份 1978 **产地** 美国
发动机 卡特彼勒 V8 柴油机
马力 475 马力
变速器 前进档 12，倒档 2

罗马犁公司是一家历史悠久的农具制造商，从 1978 年到 1984 年生产大马力拖拉机。475C 拖拉机是卡特彼勒和康明斯发动机驱动的 4 种型号系列中的一部分，动力输出范围为 375 到 600 马力。

△ **国际 3788**
年份 1979 **产地** 美国
发动机 国际 6 缸柴油机
马力 170 马力
变速器 前进档 12，倒档 6

1979 年，国际公司宣布推出 88 系列铰接式转向的新车型，由于其不同寻常的前端外观，赢得了"史努比"的绰号。驾驶室接近尾部，在交接点后面，使前端结构显得很长，看起来强劲有力。

△ **通用 935**
年份 1980 **产地** 加拿大
发动机 康明斯 V8 柴油机
马力 330 马力
变速器 前进档 12，倒档 4

935 型是 1978 年推出的新车型之一，当年推出的新车型都由康明斯发动机提供动力。该系列被称为"劳动力"，935 型是 5 种机型中动力最大的一款。通用公司被福特纽荷兰集团于 1987 年收购。

△ **鲍尔温 DM525**
年份 1979 **产地** 澳大利亚
发动机 康明斯 KAT 6 缸柴油机
马力 525 马力
变速器 前进档 12，倒档 4

DM525 产于 1979 年，配有机械变速箱，是鲍尔温家族生产的第一款拖拉机，DP525 也可用双离合变速器。鲍尔温也生产了一款 600 马力机型，据说是澳大利亚动力最大的拖拉机。

◁ **大巴德 500**
年份 1985 **产地** 美国
发动机 小松 6 缸柴油机
马力 500 马力
变速器 前进档 12，倒档 2

大巴德以其大马力的特点在市场中地位显著，该机型适合大型农场。500 型的标准动力规格为小松发动机，但也可以选用 19 升的道依茨发动机。

ACO 600
年份 1989 **产地** 南非
发动机 ADEV 12 柴油机
马力 820 马力
变速器 前进档 12，倒档 4

ACO 是一家私营公司，成立于 1986 年，主要生产包括 ACO 600 型在内的大马力拖拉机。销量在 20 世纪 90 年代初达到顶峰，但 1999 年需求减少改变了公司所有权，几年后公司停产。

凯斯 IH 四轮履带 9370
年份 1997 **产地** 美国
发动机 康明斯 6 缸涡轮增压后冷柴油机
马力 360 马力
变速器 前进档 12，倒档 3

凯斯系列中的大型四轮履带拖拉机由斯泰格尔制造，其中包括 9370 型拖拉机，有四轮驱动，也有安装在独立悬挂的橡胶轨道上的四履带拖拉机。这些履带有助于分散拖拉机的重量，以减轻土壤压实。

福特通用 9680
年份 1993 **产地** 加拿大
发动机 康明斯 6 缸柴油机
马力 325 马力
变速器 前进档 12，倒档 4

纽荷兰的新福特通用 80 系列拖拉机于 1993 年底问世。这款 80 型拖拉机是早先的 946 型拖拉机的替代品，那款拖拉机的发动机是 350 马力的康明斯 NTA-855-A 型。

约翰·迪尔 8770
年份 1993 **产地** 美国
发动机 约翰·迪尔柴油机
马力 300 和 259 马力发动机
变速器 前进档 12，倒档 3

约翰·迪尔是高马力拖拉机中的成功范例之一，4 款 70 系列促成该款拖拉机。8770 型能提供 300 马力输出，但该系列中的其它型号拥有 250、350 和 400 马力发动机的动力。

JCB 山斯麦迪

JCB 山斯麦迪拖拉机的生产是为了应对农业变化趋势而制造的——当时农用拖拉机在运输任务上花费了大量的时间。1986 年，JCB 开始研发一种可以在高速公路上安全运行并执行传统野外任务的机器。这类拖拉机生产从 1991 年开始生产，一直持续到现在。

山斯麦迪 185 拖拉机非常全能。其传统的前、后连接装置可以使用标准拖拉机工具，重达 6613 磅（3000 千克）的工具都可以安装在驾驶室后面的装载平台上——这是农业作物喷雾器等较重物品的理想装载平台。自调平后悬架保持了前后轴之间的重量分布，可以提高牵引力和各种处理能力。185 型拖拉机拥有强大的发动机和尺寸相同的驱动轮，在野外从事繁重的工作或快速运输重物时，操纵性、便捷性不减。

大多数订单来自大型农场和农业承包商，但山斯麦迪在市政工作、林业和机场维护等任务中也很受欢迎。

快速且灵活

山斯麦迪 185 拖拉机的设计注重速度和机动性并存。它 185 马力的发动机、6 档全同步啮合齿轮箱和两速分速器意味着，这款机器可以用犁或拖曳重型拖车在地面上运行。它的标准轮胎是米其林 495/70R24，额定时速 47 英里 (75 千米 / 小时)。

185马力康明斯发动机动力强劲

前视图

前挂载可承受6613磅（3000千克）重物

后视图

轮胎可在崎岖路面负重前行

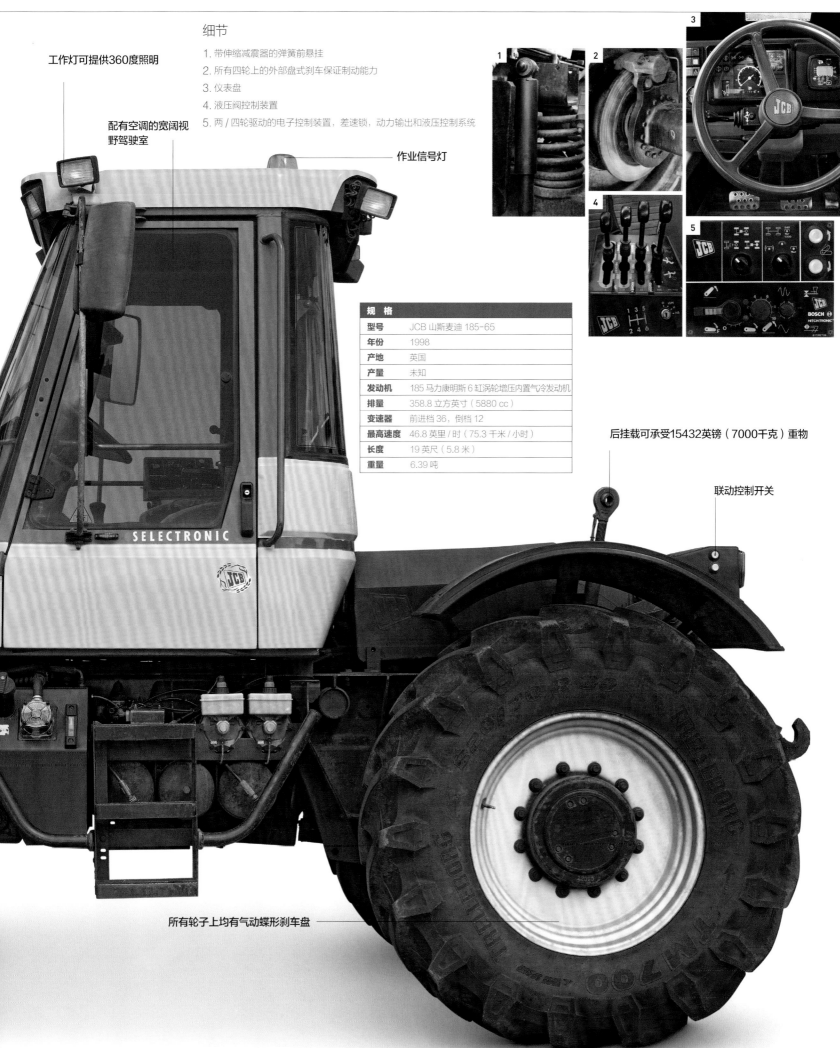

细节

工作灯可提供360度照明

1. 带伸缩减震器的弹簧前悬挂

2. 所有四轮上的外部盘式刹车保证制动能力

3. 仪表盘

4. 液压阀控制装置

5. 两 / 四轮驱动的电子控制装置, 差速锁, 动力输出和液压控制系统

配有空调的宽阔视野驾驶室

作业信号灯

规 格	
型号	JCB 山斯麦迪 185-65
年份	1998
产地	英国
产量	未知
发动机	185 马力康明斯 6 缸涡轮增压内置气冷发动机
排量	358.8 立方英寸（5880 cc）
变速器	前进档 36, 倒档 12
最高速度	46.8 英里 / 时（75.3 千米 / 小时）
长度	19 英尺（5.8 米）
重量	6.39 吨

后挂载可承受15432英镑（7000千克）重物

联动控制开关

SELECTRONIC

所有轮子上均有气动蝶形刹车盘

多用途拖拉机

长期以来，工程师们一直试图设计出一款多用途的拖拉机或综合性的机器，这种机器一次可以进行两三次野外作业，使农民能够节省时间、燃料和劳动力。它们通常具有将工具连接到拖拉机的功能，同时，拖拉机本身又是装载平台。其他功能还包括公路高速运输，全向操作能力等，这种能力在执行某些任务时可以方便驾驶员操作。

△ **斯泰尔 8300**

年份 1982 **产地** 澳大利亚

发动机 斯泰尔 6 缸柴油机

马力 245 马力

变速器 液压传动

斯泰尔拖拉机的生产工作从 1982 年持续到 1987 年，该拖拉机采用侧置驾驶室，可以调整驾驶方向，主要设计目的是为了在安装收割机等设备时反向驾驶方便操作。在 1993 年生产结束之前，它被 8320 型拖拉机取代。

▷ **运输拖拉机马克 II**

年份 1985 **产地** 英国

发动机 莱兰 4 缸柴油机

马力 80 马力

变速器 前进档 10，倒档 2

20 世纪 70 年代，根据对农民使用拖拉机需求的调查，发现几乎四分之三的拖拉机都用于执行运输任务，因此该公司便设计了一台运输型拖拉机。之后马克 II 型发动机功率增大到 92 马力，驾驶室也进行了改进。

△ **BIMA 360**

年份 1988 **产地** 法国

发动机 卡特彼勒 6 缸柴油机

马力 360 马力

变速器 前进档 16，倒档 8

法国制造的 BIMA 拖拉机于 1983 年问世，与大多数其他铰接式大马力拖拉机不同，它的转向方式不同，它的接合点在驾驶室下方，发动机在后面。两端装有三点连杆和动力输出装置。

◁ **梅赛德斯－奔驰 MB-trac 1000**

年份 1985 **产地** 德国

发动机 梅赛德斯－奔驰 6 缸柴油机

马力 95 马力

变速器 前进档 16，倒档 8

梅赛德斯－奔驰在 1972 年推出 MB-trac 型拖拉机，这是一款与众不同的车型，由大小相同的车轮和中置驾驶室组合而成，车尾还有一具装载台，可以装载喷雾剂等设备。后来该公司推出更大车型，驾驶室可以转向，1991 年停产。

△ JCB 山斯麦迪 185-65

年份 1998 **产地** 英国
发动机 康明斯 6 缸柴油机
马力 185 马力
变速器 前进档 36，倒档 12

山斯麦迪完全实现商业化生产 3 年后，制造商 JCB 推出其至今为止最大的型号 185-65 型拖拉机。该拖拉机由康明斯 5.9 升发动机提供动力，其他设计和更小型的 135-65 和 155-65 型拖拉机相似。

△ 克莱顿 C4105

年份 1994 **产地** 英国
发动机 约翰·迪尔 4 缸柴油机
马力 110 马力
变速器 前进档 10，倒档 2，或液压驱动

1992 年问世的 C4105 型是重载拖拉机，主要用于装配可拆卸的喷雾剂或播散机。后置连接，有液压输出、机械动力输出可供选择，这增加了该拖拉机的通用性。

▷ 芬特 Xylon 524

年份 1990 **产地** 德国
发动机 MAN 4 缸柴油机
马力 140 马力
变速器 前进档 44，倒档 44

多年来，芬特一直在生产载具拖拉机——这些拖拉机的发动机安装在驾驶室下面，前面有一个可以安装锄头或喷雾器罐的平台。这种车型的概念诞生于 1990 年，开创了驾驶室在车中部的设计理念。生产周期相对较短。

△ 莫菲特 MFT 7840

年份 1995 **产地** 爱尔兰
发动机 纽荷兰 6 缸柴油机
马力 100 马力
变速器 前进档 16，倒档 16

莫菲特 7840 是福特纽荷兰 7840 型的专业改装版，驾驶员可以旋转拖拉机的控制系统，并反向操作。主要优点包括不受阻碍的视野，并可以使用自家生产的后置装载机。

▷ 克拉斯·埃克斯瑞恩 2500

年份 1996 **产地** 德国
发动机 卡特彼勒 6 缸柴油机
马力 250 马力
变速器 无级变速器

克拉斯·埃克斯瑞恩最初被设计为一种多用途车辆，可以调节拖拉机前后以及装载台上安装的附加设备。前后连接装置和可移动的驾驶室让驾驶员和设备可以准确作业。

2000年后
21世纪

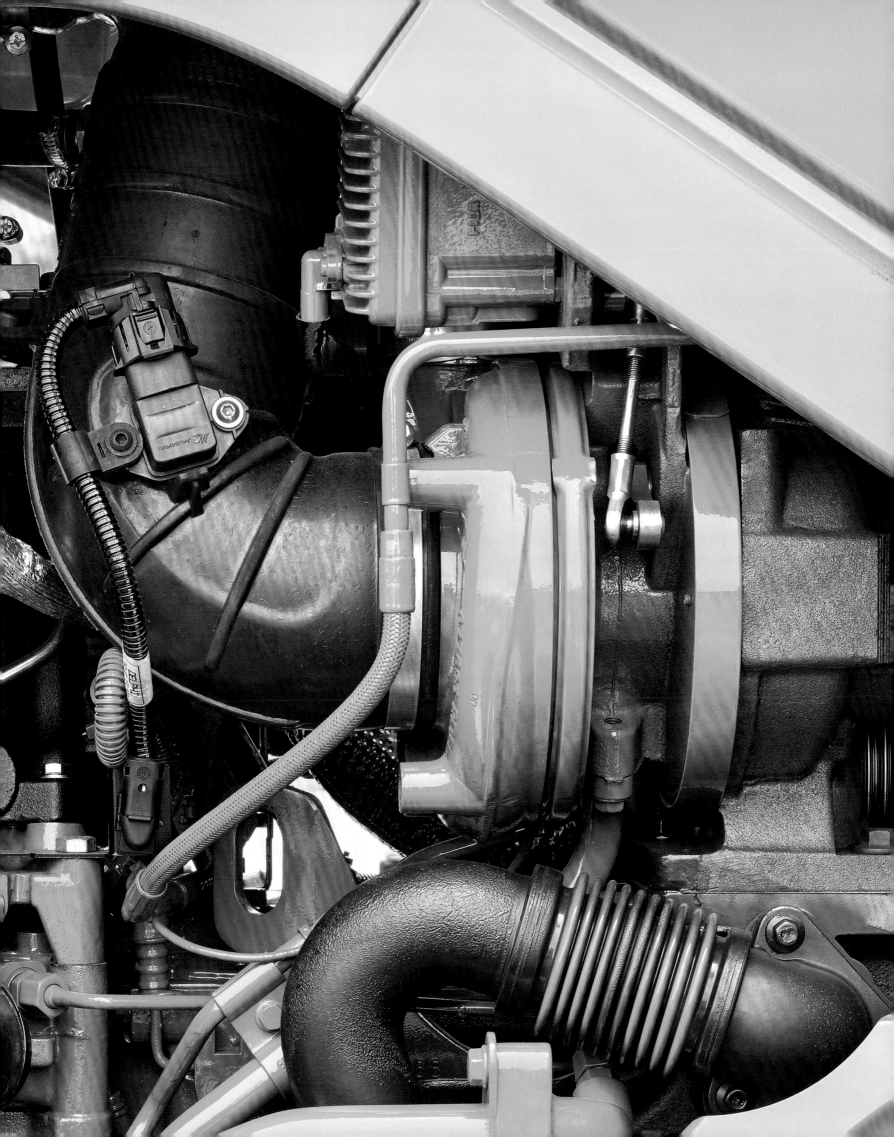

21 世纪

自 2000 年以来，拖拉机的发展主要是对之前的设计进行改进，重点是提高性能、降低排放，以及进行先进的远程信息处理。拖拉机的平均动力持续上升。在英国，平均动力已经从 2003 年的 124 马力增加到 150 马力。一些较大铰接式的和带有橡胶履带的拖拉机可达 600 马力。最新的发展包括设计带有触摸屏显示器，主动制动功能和具有多种操作模式的无级变速器的拖拉机。

农业已经成为一种商业而不是职业，大公司正以密集的耕种区取代众多个体农场。用户需要高规格的机器，其部件具有更高的可靠性和耐用性。精准农业意味着许多操作都通过卫星导航自动完成，驾驶员可以像乘客一样轻松。

拖拉机行业为了生存不得不继续发展。许多传统的名字已经消失，工厂也已经关闭。现在拖拉机的装配在全球范围内进行，发动机在一个国家制造，传动装置在另一个国家制造。拥有全球影响力的三大巨头是约翰·迪尔，CNH（由纽荷兰与凯斯公司合并而成）以及 AGCO。

尽管技术不断发展，最基础的低马力拖拉机仍占有一席之地，特别是在新兴经济体中。该领域已经成为印度、中国和韩国等制造商在市场上增长最快的部分。印度制造商马恒达现在可能是全球规模最大的拖拉机制造商，2012 年销量超过 20 万台。

△ **俄罗斯履带式拖拉机**

伏尔加格勒拖拉机厂是俄罗斯最大的农业履带式拖拉机制造商，于 2003 年 3 月成为 AGROMASH 集团的一部分。

关键事件

▷ **2000** 意大利 ARCO 集团收购了英国凯斯 IH 的唐卡斯特工厂，并在密克旗下推出了新的拖拉机。

▷ **2002** AGCO 公司获得橡胶履带挑战者拖拉机的设计、装配和营销权。

▷ **2003** 德国制造商克拉斯接管雷诺农业集团。

▷ **2004** 芬兰拖拉机制造商 Valtra 被 AGCO 收购。

▷ **2006** 纽荷兰 TM190 拖拉机使用生物柴油连续运行时间超过 500 小时。

▷ **2007** AGCO 挑战者 MT875B 在 24 小时内耕作面积达 1591 英亩（644 公顷）。

▷ **2011** SAME 道依茨 - 法尔的第 100 万辆拖拉机下线。IVa 级排放法规成为 174 马力以上发动机的法律要求。

▷ **2012** 约翰·迪尔公司庆祝建厂 175 周年，净收入达 362 亿美元。

▷ **2013** 英国凯斯四轮履带 620 拖拉机和纽荷兰 T8 自动控制拖拉机赢得"2014 年度最佳机器"奖。印度成为世界最大的拖拉机生产国。

▷ **2014** 纽荷兰推出其 Golden Jubilee T7 和 T6 型号的拖拉机，庆祝巴斯尔登 50 年来对拖拉机行业的贡献。

△ **耕作纪录**

2005 年，英国凯斯 IH Quadrac StX500 创造了世界纪录，在不到 24 小时的时间里用 20 槽犁耕犁了 792 英亩（321 公顷）土地。

"拖拉机和农机工业是农民利用这些稀缺资源的核心。"

格林汉姆·爱德华，国际公司董事长

◁ 来自 Valtra 的最新概念设计是将铰接式转向与旋转前轴结合在一起，以减轻土壤压实的情况。

共同的动力

随着近几十年发动机水平的提高，低于 100 马力的拖拉机适用于畜牧业等相关领域，例如畜牧业和草原作业。高于此马力的拖拉机往往集中用于有耕地业务的农场。这两个类别有不同的需求。100 马力以下的拖拉机凭借其小巧的设计，可以进入低矮的建筑物内部，它们拥有穿行狭窄空间的灵活性，以及应对特殊任务时进出驾驶室的便捷性。

▷ **梅西 – 弗格森 5410**
年份 2014 **产地** 法国
发动机 AGCO 动力 3 缸柴油机
马力 75 马力
变速器 前进挡 16，倒挡 16

2003 年，随着英国考文垂 AGCO 梅西 – 弗格森工厂的关闭，Mf4300 系列的拖拉机被新的 5400 系列所取代。这些是在法国博伟工厂制造的，它们拥有更大的后部挂载能力，并且设计师对驾驶室、动力转向器和多片湿式离合器都做了改进。

▽ **凯斯 IH JXU 85**
年份 2007 **产地** 意大利
发动机 依维科 4 缸柴油机
马力 86 马力
变速器 前进挡 24，倒挡 24

凯斯 IH JXU 系列产品与纽荷兰 TL-A 系列产品共享一个平台，两者都是在意大利耶西的前身——菲亚特拖拉机工厂生产的。随着机器型号的逐渐增多，最终产品范围覆盖了 76-113 马力的 5 种型号。

△ **约翰·迪尔 5090 G**
年份 2014 **产地** 意大利
发动机 约翰·迪尔 4 缸柴油机
马力 90 马力
变速器 前进挡 12，倒挡 12

约翰·迪尔的 5G 拖拉机有两款，马力分别为 80 和 90 马力，都是由约 4.5 升的柴油发动机提供动力，且配有驾驶室或翻斗机，以及两轮或四轮驱动，可以通过转向杆左侧的机构选择正向或反向运行。

▷ **纽荷兰 T4.85**
年份 2014 **产地** 意大利
发动机 FPT 4 缸柴油机
马力 85 马力
变速器 前进挡 12，倒挡 12

纽荷兰 T4 系列车型有 5 种型号，从 75 马力到 115 马力，是意大利杰西 CNH 工业工厂的主要产品之一，该工厂于 1986 年成立，主要生产菲亚特拖拉机。

◁ **热特少校 80**
年份 2012 **产地** 捷克共和国
发动机 热特 4 缸柴油机
马力 77 马力
变速器 前进挡 12，倒挡 12

2012 年，热特推出了一款全新的经济型拖拉机，名为"80 型"。这款机型经过升级，增加了 10 年的使用寿命，并提高了输出功率。这台拖拉机的特点是拥有一个具备 12 个前进挡和 12 个倒挡的卡拉－罗变速箱。

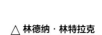

△ **林德纳·林特拉克**
年份 2013 **产地** 澳大利亚
发动机 珀金斯 4 缸柴油机
马力 102 马力
变速器 CVT

第一次展示是在 2013 年的德国农业设备展上，林特拉克的关键特征是前后轴都可以转向，从而缩短转向半径，减少作业空间。

△ **维美德 A63**
年份 2012 **产地** 芬兰
发动机 AGCO 动力 3 缸柴油机
马力 68 马力
变速器 前进挡 12 倒挡 12

该系列是维美德的入门级拖拉机。包括从 50 马力到 101 马力的 5 种型号，这 3 款小型机器可以用在小果园里，其中一种型号尺寸较窄、较低，可以在树木周围等小空间活动。

△ **久保田 M9960**
年份 2014 **产地** 日本
发动机 久保田 4 缸柴油机
马力 100 马力
变速器 前进挡 36，倒挡 36

久保田 M9960 的功率小于 110-135 马力的 MGX 拖拉机。M9960 属于久保田的中档产品生产，拥有从 60 马力到 100 马力的四种型号。直到 2014 年，该公司的所有产品都在日本生产。2015 年，久保田开始在法国的一家新工厂生产三款 130-170 马力的新机型。

◁ **斯泰尔 4065S 小型**
年份 2014 **产地** 意大利
发动机 FPT 4 缸柴油机
马力 65 马力
变速器 前进挡 12，倒挡 12

斯泰尔在奥地利的一个传统小镇圣瓦伦丁生产马力更大的拖拉机型号。该品牌最小的康巴普特型拖拉机　　50 马力 4055 型和 65 马力 4065 型——都是在土耳其安卡拉的前菲亚特工厂生产的。

约翰 · 迪尔 6210R

6210R 型拖拉机用途广泛，其特点是可以使用多种燃料，且在结构上有一定创新性，可减少排放和提高燃油效率。 凭借基于 F1 赛车技术的无级变速直接传动系统，6210R 型具有较高的功重比，这使其能够将更多功率用在动力输出上。这对于高速运输，搬运重物或拖动大型工具有效。

现代排放标准是当今拖拉机工程师们面临的一项主要挑战。6210R 型是约翰·迪尔对于平衡燃油效率与动力、速度的解决方案。他开发了一套智能电源管理系统，并调节了 210 马力发动机所使用的功率。额外的燃料仅在必要时燃烧，当操作要求较为苛刻，或拖拉机行驶速度超过 13 英里 / 小时（21 千米 / 小时）时，功率可额外增加 30 马力。在其他情况下，为达到最高效率，油料使用会受到严格控制。

先进技术

所有 6R 系列车型都包含一个塞萨尔数据安全系统和一个独特的防盗钥匙。6210R 可以选装自动运行的卫星导航系统和液压悬挂驾驶室。

规 格	
型号	约翰 · 迪尔 6210R
年份	2011 年 4 月
产地	德国
产量	未知
发动机	210 马力约翰·迪尔 6 缸涡轮增压内冷柴油机
变速器	前进挡 20，倒挡 20，PowerQuad；前进挡 24，倒挡 24，直传动；或自动动力 CVT
最高速度	31 英里 / 小时（50 千米 / 小时）
长度	16 英尺 6 英寸（5.05 米）
重量	7.3 吨

细节

1. 节油柴油发动机
2. "跳跃鹿" 标志位于约翰·迪尔的散热器上
3. 前轮轴上的三连杆式悬挂可以提供额外的动力，并且可以增加操作舒适性
4. 多功能照明系统
5. 全彩色电脑控制触摸屏
6. 拖拉机操纵台随座椅一起移动

集成的前置悬挂和重型前置动力输接口

道路作业指示灯

驾驶室广播系统的无线电天线

驾驶室灯光拥有360度
照明能力

前视图

后视图

驾驶室有副驾驶
座位和冰箱

塞萨尔数据安全防盗系统

后轮直径达6英尺9英寸
（2.05米）

力量和精度

通常情况下，超过 100 马力的拖拉机往往作用于野外作业，因此具有自动换档和无级变速器（CVT）等功能，从而无需人工换挡。 近年来，一定程度的计算机自动化系统已被应用到拖拉机的设计中，以减轻驾驶员的负担。这可以提高生产率并减少燃料使用，产生更大的经济效益和环境效益。 GPS 导航自动驾驶的应用也十分广泛。

△ **纽荷兰 T8040**
年份 2008 **产地** 美国
发动机 FPT/ 依维柯 6 缸柴油机
马力 255 马力
变速器 前进挡 16，倒挡 4

T8000 系列拖拉机和它的前身一样，与凯斯 IH 马格南型号共享一个基础平台，但设计上却截然不同。它们用不同的引擎布置方案，T8000 系列的引擎位于车架下方，因此外观更短、更高。

△ **克拉斯·阿特拉斯 946RZ**
年份 2003 **产地** 法国
发动机 道依茨 6 缸柴油机
马力 282 马力
变速器 前进挡 16，倒挡 16

大马力的阿特拉斯拖拉机系列在 2000 年以雷诺的橙色推出。之后，克拉斯收购了这家法国公司的农业部门，更换了新的绿色和红色涂料。但是在新公司的管理下，该系列逐渐被放弃，最终被 Axion 900 系列取代。

◁ **雷诺·阿里斯 710RZ**
年份 1997 **产地** 法国
发动机 约翰·迪尔 6 缸柴油机
马力 145 马力
变速器 前进挡 32，倒挡 32

上世纪 90 年代中期推出的雷诺·阿里斯拖拉机，是法国公司的最后一个全自主设计系列，然后拖拉机部门被出售给德国克拉斯公司。新公司对这些拖拉机进行了重新包装销售，但最终仍被放弃。

◁ **麦考密克 X7.460**
年份 2013 **产地** 意大利
发动机 FPT 6 缸柴油机
马力 166 马力
变速器 前进挡 24，倒挡 24

2013 年，在德国汉诺威举行的两年一度的农业机械展上，具备 150-200 马力的麦考密克 X7 系列与 ARGO 的前代机型完全不同，它是一款全新设计的产品。

▷ **JCB 山斯麦迪 8310**
年份 2011 **产地** 英国
发动机 AGCO 6 缸柴油机
马力 306 马力
变速器 CVT 无级变速

这是第一款突破 300 马力标准的 JCB 拖拉机，8310 型与其相似的 8280 型和重新设计的 8250 型一样，采用了尺寸相同的前后轮，与原来的高速拖拉机设计风格不同。

▽ 凯斯 IH 美洲狮 **230 CVX**

年份 2013 **产地** 澳大利亚 / 英国
发动机 FPT6 缸柴油机
马力 228 马力
变速器 CVT 无级变速

奥地利小镇圣瓦伦丁的 CNH 工厂制造的
230 型拖拉机，是美洲狮拖拉机系列中最
大的一款，采用了凯斯 IH 的配色。CVX
型使用了双离合器技术，以确保不同档位
之间的平稳变化。

△ 梅西－弗格森 **7618**

年份 2014 **产地** 法国
发动机 AGCO 动力 6 缸柴油机
马力 165 马力
变速器 前进挡 24，倒挡 24

该公司位于法国博韦，是一家长期
生产的梅西－弗格森工厂。7618 型
是 6 款车型中第二小的拖拉机，具
备 140 马力到 240 马力的额定功率。
这些型号都可以使用 6 级变速器或
无级变速。

△ 约翰·迪尔 **6210R**

年份 2012 **产地** 德国
发动机 约翰·迪尔 6 缸
马力 210 马力
变速器 CVT 无级变速

这是约翰·迪尔在德国曼海姆工厂生
产的最大的拖拉机，直到 2014 年才被
6215R 型取代。6210R 型曾是迪尔 6R
系列的旗舰产品。它具备重量轻、马力大
的优点，可从事大量繁重的工作。

◁ 芬特 **936** 瓦里奥

年份 2012 **产地** 德国
发动机 道依茨 6 缸柴油机
马力 360 马力
变速器 无级变速

1995 年，芬特首次在 926 型拖拉机上引
入无级变速。该型拖拉机具备液压和机械
功率输出，包括 936 型。现在，该公司的
所有拖拉机都配备了瓦里奥无级变速箱。

SAME DA52 是 1952 年世界上第一台四轮柴油动力拖拉机。

伟大的制造商

SAME 道依茨－法尔

SAME 道依茨－法尔 (SDF) 成立于 1995 年，当时意大利 SAME-兰博基尼-赫莲姆公司从德国的科勒克-洪堡-道依茨（KHD）公司手里收购了道依茨－法尔品牌。 今天，这家跨国多品牌公司是欧洲最主要的拖拉机和柴油发动机制造商之一，在欧洲和亚洲拥有生产线。

SAME 道依茨－法尔的成功归功于一个人的聪明才智和创造力，那就是意大利公司的创始人弗朗西斯科·卡萨尼。他是一位天才的工程师，也是一位有才情的画家，更是一位有远见的智者。他与兄弟欧金尼奥，在二战前花费了 20 年的时间研究柴油发动机，并以自己的名字来命名。1927 年，他成功研制出世界上第一台柴油动力拖拉机卡萨尼 40。当时的他只有 20 岁。

弗朗西斯科·卡萨尼
（1906年-1973年）

SDF 的故事始于二战时期建立的 SAME（Società Accomandita Motori Endotermici）公司。1942 年，弗朗西斯科和欧金尼奥·卡萨尼在意大利特雷维格里奥的一家工厂里制造拖拉机。第二次世界大战结束后不久，1948 年，SAME 推出了小型三轮通用型拖拉机。这款价格实惠、用途广泛的 10 马力拖拉机采用了简单的液压升降装置，是世界上第一款提供了可翻转驾驶座的拖拉机型号。

弗朗西斯科在战争期间看到了美国吉普车的优秀性能，这给他留下了深刻的印象。于是他决定设计一台四轮驱动的拖拉机。1952 年，SAME 推出了世界上第一台柴油动力 25 马力气冷式双缸 4 驱拖拉机 DA25。

在那时，弗朗西斯科已经开发了一套系统，可以制造出拖拉机发动机的标准化部件，例如活塞，阀门和气缸。

这些零部件可以在不同的发动机配置中使用，相同类型的拖拉机同样可以使用。

1958 年，该公司推出了自动联动控制装置，该模块的设计与弗格森系统的原理相同。弗朗西斯科非常崇拜哈里弗格森，认为这位爱尔兰人是他唯一真正的竞争者。

欧金尼奥·卡萨尼于 1959 年逝世，这对于该公司是一个沉重的打击。然而，弗朗西斯科继续推动公司向前发展，推出新的琴陶罗系列，并在 20 世纪 60 年代后期打开了荷兰、比利时、希腊、西班牙、葡萄牙、瑞士、英国甚至非洲市场的大门。

1971 年，SAME 收购了国有金融控股公司 GEPI 旗下的超级跑车制造商兰博基尼的拖拉机部门。兰博基尼拥有自己的经销商网络，已成型的产品线，良好的品牌，更重要的是拥有多余的制造能力。该收购在 1973 年完成，取得成功。SAME 在整个 20 世纪 70 年代继续扩张版图，使用从兰博基尼继承的技术开发新的拖拉机产品，包括履带式拖拉机。

工程奇才

1927 年，当弗朗西斯科·卡萨尼制造出世界上第一台柴油拖拉机卡萨尼 40 时，他只有 20 岁。拖拉机的发动机是由弗朗西斯科和他的兄弟欧金尼奥设计的。

宣传单

兰博基尼拖拉机的广告。这家超级汽车制造商的农业部门在 1973 年被 SAME 收购。

1979 年，瑞士拖拉机制造商赫莲姆被其收购，公司名称正式更名为 SAME-兰博基尼-赫莲姆（SLH）。位于苏黎世附近的赫莲姆工厂以质量闻名，每年仅生产几百台手工组装的拖拉机。这次收购意味着 SLH 集团拥有了世界市场上最广泛和最全面的产品系列，型号动力范围覆盖 25 马力到 260 马力，这还使得该公司成为意大利第二大拖拉机制造商。

上世纪 80 年代初，由于世界经济衰退，很多制造商进入了困难时期，但在 1983 年，公司经营状况因为引入了开创性的 SAME 探险者拖拉机系列而得到扭转。新机型采用了一系列创新技术，包括自动润滑、前后动力输出和电动液压控制，同时保留了传统的 SAME 气冷发动机和四轮驱动系统。

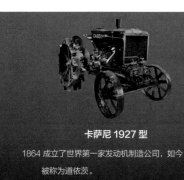

卡萨尼 1927 型

1864 成立了世界第一家发动机制造公司，如今
　被称为道依茨。

1906 弗朗西斯科·卡萨尼出生。

1927 弗朗西斯科·卡萨尼与他的兄弟欧金尼奥制造
　出世界上第一台柴油拖拉机卡萨尼 40。

1942 弗朗西斯科和欧金尼奥·卡萨尼在意大利
　特雷维格里奥创立了 SAME。

1948 SAME 生产通用小型拖拉机 trattorino 系列，
　兰博基尼 trattori 成立。

DA25 型

1952 SAME DA25 问世——世界上第一台柴油
　4 轮驱动拖拉机。

1954 法国 SAME 在阿尔贝维尔生产了 4 轮驱动拖拉机。

1956 意大利特雷维格里奥工厂扩建至 86.1 万
　平方英尺（80,000 平方米）。

1959 欧金尼奥·卡萨尼去世。

1961 开始生产命途多舛的 SameCar 型拖拉机。

1968 法尔被科勒克 - 洪堡 - 道依茨（KHD）收购，
　合并成道依茨 - 法尔。

SameCar SA42T 型

1971 SAME 开始接管兰博基尼的农业部门。

1973 弗朗西斯科·卡萨尼去世。

1975 推出新款"Q-cab"拖拉机，包括黑豹、
　美洲豹和野牛型号。

1979 SAME 接管赫莲姆，组建 SAME- 兰博基尼 -
　赫莲姆（SLH）公司。

1981 SLH 拖拉机产量达到 21,000 台。

1983 全新的 SAME 探险者系列问世。

道依茨 - 法尔 Agro Extra

1990 SLH 为道依茨 - 法尔旗下改进的 AgriStar
　MkII 系列产品提供主轴和变速器。

1991 SLH 为新成立的 AGCO 打开美国拖拉机市场。

1995 SLH 收购道依茨 - 法尔。道依茨傲龙系列问世。

2005 SDF 在克罗地亚设立了联合收割机制造部门。

2011 SDF 制造出第一百万辆拖拉机 - Frutetto3
　S 90.3 hi-Steer。

SAME 道依茨 - 法尔 (SDF)。

　道依茨的首台拖拉机生产始于
1919 年，1930 年加入了 KHD。战
后时期，道依茨蓬勃发展，树立了德国
领先的拖拉机生产商的声誉。1968 年，
农业设备制造商法尔被 KHD 收购，道
依茨 - 法尔品牌正式成立。

　道依茨 - 法尔的收购对于 SDF 来
说是一项浩大的工程，这恰逢发展并不
全面的道依茨傲龙系列拖拉机上市。尽
管道依茨拖拉机生产初期遭遇了挫折，
但收购道依茨 - 法尔公司还是为 SDF
提供了机会，使其在联合收割机市场中
站稳了脚跟。

**"SAME…… 不是为了赚钱，而
是为了给意大利带来一个享有盛
誉的产业。"**

来自弗朗西斯科·卡萨尼的"精神意志"

　今天 SDF 在欧洲和亚洲建立了生
产基地，经销商在全球 140 多个国家
销售产品。为延续其强大的柴油发动
机设计传统，SAME 道依茨 - 法尔

于 2014 年推出了新型 FARMotion
系列发动机。这些 Tier IVa 3 缸和
4 缸发动机在该公司位于印度的工厂
生产。

农业发动机

SDF 推出了自己的柴油发动机系列。它们
被称为 FArMotion，是专门为拖拉机设计
的品牌。

通用组件

与其他生产多种拖拉机品牌的制造商一样，
SDF 也在其同类——如道依茨、兰博基尼和
赫莲姆系列产品中共享零部件。SAME 拖拉
机也保留了传统的橙色花纹。

SAME- 兰博基尼 - 赫莲姆公司重新走
上正轨，并完成了时至今日最重要的合
并。

　1995 年 2 月，SLH 收购了德国
工业集团科勒克 - 洪堡 - 道依茨（KHD）
的子公司道依茨 - 法尔。KHD 的主要
股东——德意志银行宣布，希望放弃其
在该公司的股份，这让 KHD 别无选
择，只能清算其销售不佳的拖拉机和设
备制造业务。SAME 也加入到德意志
公司的拖拉机部门，这家新公司被称为

果园生产

葡萄种植者需要专业的拖拉机，它们可以在较小的果树和葡萄架之间行进，并确保不会损坏拖拉机或农作物。这意味着为这些工作设计的机器需要比普通的机器更窄、更低。多年来，标准型拖拉机都被改装进行这项工作，但近几十年来，制造商们已经开始生产特定的机器，其中许多设备使用的技术，与他们的大型的、用于野外的机器一样精密。

◁ **梅西 - 弗格森 3350C**
年份 2001 **产地** 意大利
发动机 珀金斯 3 缸柴油机
马力 93 马力
变速器 前进挡 8，倒挡 8

自从与兰迪尼的合作结束后，梅西 - 弗格森的履带牵引拖拉机由 SAME 道依茨 - 法尔的意大利特雷维格里奥工厂制造。这条生产线可生产 50-100 马力的机器，因此该公司可为葡萄园、水果种植园和专业轮式拖拉机提供广泛的产品补充。

△ **纽荷兰 T4.105**
年份 2014 **产地** 意大利
发动机 FPT 4 缸柴油机
马力 105 马力
变速器 前进挡 24，倒挡 24

这种特殊改装的拖拉机诞生于意大利耶西的 CNH 工厂。它有着适合树木工作的时尚、低调驾驶室，以此减少拖拉机在树木繁茂区域行驶时遇到任何障碍的可能性。栏栅用于支开较低的树枝。

△ **SAME Frutteto 3.80S**
年份 2014 **产地** 意大利
发动机 Same 3 缸柴油机
马力 82 马力
变速器 前进挡 30，倒挡 15

作为意大利最大的拖拉机生产商之一，SAME 道依茨 - 法尔集团在该北部的特雷维格里奥工厂制造了专用于水果园和葡萄园的拖拉机以及农业机械。该系列产品由 SAME 自己的 3 缸发动机提供动力。

▷ **芬特 211V**
年份 2010 **产地** 德国
发动机 AGCO 动力 3 缸柴油机
马力 110 马力
变速器 无级变速

芬特公司用于葡萄园和水果种植领域的产品，是以在德国马尔可托贝尔多尔夫工厂制造的 200 系列拖拉机为基础的。这些拖拉机的独特之处在于使用了无级变速器。

◁ **法拉利雷神 85**

年份 2013 **产地** 意大利

发动机 隆巴尔迪尼 3 缸柴油机

马力 34 马力

变速器 前进挡 6，倒挡 3

法拉利是意大利国家中相对常见的姓氏，但遗憾的是，拖拉机制造商和同名汽车公司之间并没有任何联系。法拉利专门生产小型的、低于 100 马力的拖拉机，不同型号的拖拉机使用相同尺寸的车轮和铰接式转向系统。

技术

为葡萄园而制

在水果园和葡萄园作业，拖拉机的任务包括修剪树枝，割草，以及使用喷雾器喷洒专门用于保护植物的喷雾，如下图所示。意大利的耕地面积相当大，主要是葡萄园和果园，该国也拥有数家生产特殊用途拖拉机的大型生产商。

2010 年问世的兰迪尼·雷克斯 110F，是兰迪尼·雷克斯专业拖拉机系列中个头最大的一款，配备 110 马力的珀金斯发动机。

▷ **克拉斯 Nexos 240**

年份 2014 **产地** 法国

发动机 FPT 4 缸柴油机

马力 90 马力

变速器 前进挡 18，倒挡 18

在法国公司决定专注于汽车和卡车生产后，克拉斯收购了雷诺公司的拖拉机业务。它不仅继承了完整的农业拖拉机生产线，还继承了专为水果园和葡萄园设计的产品系列，并将其发展为新的 Nexos 系列。

△ **凯斯 IH Quantum 75N**

年份 2012 **产地** 意大利

发动机 FPT4 缸柴油机

马力 75 马力

变速器 前进挡 16，倒挡 16

凯斯 IH 和纽荷兰为同一家母公司所有，其拖拉机采用不同特点和操作控制的通用平台制造。这些拖拉机是意大利纽荷兰的兄弟公司制造的，仅在个别市场销售。

▽ **纽荷兰 T3.55F**

年份 2014 **产地** 意大利

发动机 FPT 3 缸柴油机

马力 55 马力

变速器 前进挡 16，倒挡 16

这款纽荷兰 T3 拖拉机的历史可以追溯到菲亚特旗下的水果园和葡萄园拖拉机系列，该系列是在菲亚特与福特合并拖拉机权益之前生产的，由母公司在其内部工厂制造。

AGCO 挑战者

"橡胶履带"技术是美国宇航局探索研究的产物，其目的是为了让无人驾驶月球车在月球表面行驶得更加稳定。在解决了一些早期问题之后，橡胶履带已经陆续取代了钢轨。AGCO 的挑战者号不仅能够减少土壤压实、提高工作速度，还能提供在当今大型农场周围快速移动所需的机动性。

AGCO 挑战者系列橡胶履带式拖拉机，继承了卡特彼勒挑战者 65 号于 1988 年开始的"革命"—— 大型后轮驱动设计，允许保留更多的下腹部间隙，使轨距更容易调节，让拖拉机更适合于行耕作业。一系列不同的履带可满足各种条件。这些履带产品有四种尺寸，从 18 英寸（45.7 厘米）用于行耕作业到 36 英寸（91.4 厘米）用于软土地作业。挑战者拖拉机配备了高度复杂的控制系统，包括 6 个用于发动机和变速箱管理的车载计算机系统，后置液压功能，卫星导航系统，拖拉机输出系统，以及维护和保养管理系统。

计算机控制

MT865C 是 MT800 系列中，外形和功率最大的型号。由卡特彼勒 C18 柴油发动机提供动力，配合 16 速全功率换档。用电脑控制所有机械传动和电子功能，这款机型代表了农业拖拉机的最高水平。

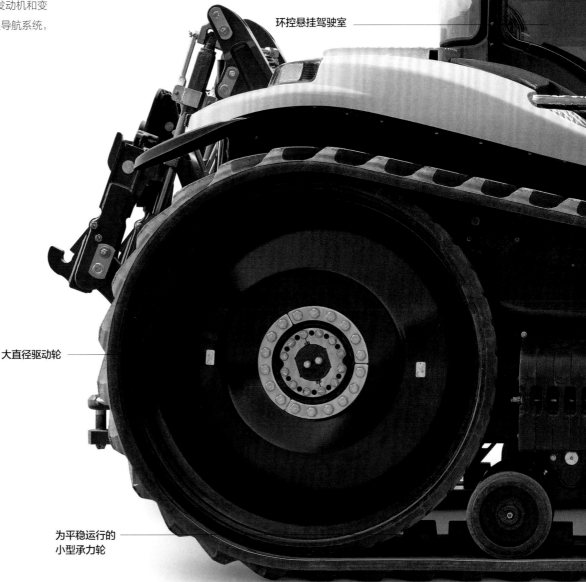

环控悬挂驾驶室

前视图

后视图

大直径驱动轮

为平稳运行的
小型承力轮

规 格	
型号	AGCO 挑战者 MT865C
年份	2009
产地	美国
产量	未知
发动机	583 马力卡特彼勒 C16 6 缸涡轮增压后制气冷柴油机
排量	1,105 立方英尺（18,100cc）
变速器	前进挡 16，倒挡 4
最大速度	25 英里 / 小时（40 千米 / 小时）
长度	22 英尺 6 英寸（6.85 米）
重量	18.8 吨

细节

1. 可拆卸的前部砝码，用于平衡后部挂载工具时的重心

2. 大直径前滚轴可减少滚动阻力

3. 干式空气滤清器，确保输送到发动机的空气清洁

4. 三点式悬挂和 Hillside Trim 式摆动拉杆

5. 驾驶员视角的方向盘和仪表盘

6. 计算机系统中控面板

便于维护的倾斜机盖

内埋钢缆的橡胶履带

可拆卸的配重砝码

更大的机器

最新一代的拖拉机设计反映出，越来越多的公司需要通过更低的人力成本获得更多的效益。拖拉机配备卫星导航系统，全功率变速箱，还有许多拖拉机配备了最新的 Tier IVa 柴油发动机，减少尾气排放，以符合最新的政府法规。这些高性能拖拉机一般都超过 50 英尺（15.2 米）宽，卫星导航设备可以防止在耕作过程中发生重叠或遗漏作业，从而降低了单位功率、人员和燃料消耗的成本。

△ 洛维兹 K745
年份 2002 **产地** 俄罗斯
发动机 奔驰或道依茨 V8 柴油机
马力 450 马力
变速器 前进挡 12，倒挡 2

洛维兹 K 系列多年来一直在大量生产。K745 是一台坚固可靠的机器，配备自动驾驶仪、卫星导航和两台后置摄像头。通过使用道依茨和梅赛德斯发动机，满足了所需的排放标准。

▷ AGRICO 4+250
年份 2003 **产地** 南非
发动机 戴姆勒－克莱斯勒 S60 6 缸柴油机
马力 250 马力
变速器 前进挡 6，倒挡 3

这是唯一在南非设计和生产的拖拉机。从 1985 年起，公司开始生产 125－400 马力范围内的 6 种型号。这款拖拉机的特点是前后三点连接，加上低高度外形和铰接式转向，其在所有动力范围内都具有较高的灵活性。

△ 凯斯 IH Stieger 535 黄金签名版
年份 2007 **产地** 美国
发动机 康明斯 QSX15 6 缸柴油机
马力 535 马力
变速器 前进挡 16，全动力倒挡 2

Stieger 535 是为了纪念第一款 Stieger 拖拉机诞生 50 周年而限量制造的。这台拖拉机在工厂安装了最新的自动导航系统，并且使用生物柴油，完全符合最新的排放法规。

△ AGCO 挑战者 MT965C
年份 2013 **产地** 美国
发动机 卡特彼勒 C18 6 缸柴油机
马力 510 马力
变速器 前进挡 16，倒挡 4 个

2008 年，Mt900 系列在创新设计领域赢得了一些大奖。燃油容量为 325 加仑（1,477 升），因此 Mt965C 可以长时间工作。

橡胶履带

选择橡胶履带或四轮驱动，很大程度上取决于它工作的土壤、气候和拖拉机的运行环境。这种橡胶履带机器已经发展成两种特殊的类型：由履带操纵的全履带式机器，以及带有 4 个独立轨道组件的铰接式机器。后者基本上是铰接式四轮驱动拖拉机的改型，车轮和履带式拖拉机共用相同的机械部件。

◁ AGCO 挑战者 MT865C
年份 2009 **产地** 美国
发动机 卡特彼勒 C16 6 缸涡轮增压和后冷式柴油机
马力 583 马力
变速器 前进挡 16，全动力倒挡 4

Mt865C 成功地实现了对 Mt865B 的升级，只做了很小的改动。它具有完善的电子功能，用于控制后部连接设备和卫星导航。它的车速为 25 英里 / 小时（40 千米 / 小时），驾驶室噪音很低。

▽ **纽荷兰 T9.560**
年份 2014 **产地** 美国
发动机 纽荷兰 FPT 光标 6 缸柴油机
马力 507 马力
变速器 前进挡 16，运输模式倒挡 2

T9.560 是一台大型拖拉机，配备 24 伏启动系统。发动机动力管理（EPM）系统可持续调整发动机输出以适应工作环境，并可以自动调整液压功率，满足不同运输模式对动力需求的变化。

▷ **约翰·迪尔 9560R**
年份 2014 **产地** 美国
发动机 约翰·迪尔 PowerTech 6 缸柴油机
马力 560 马力
变速器 前进挡 18，倒挡 6

9560R 型配备了一个全功率转换变速器，由约翰·迪尔的效率管理系统控制。它的最大行驶速度为 26 英里 / 小时（42公里 / 小时），具备 2 万磅（9072 公斤）的后部挂载能力。

△ **约翰·迪尔 8360RT**
年份 2011 **产地** 美国
发动机 约翰·迪尔 PowerTech 6 缸柴油机
马力 360 马力
变速器 约翰·迪尔全动力 /IVT

该履带式拖拉机有两种变速箱可供选择：约翰·迪尔全动力 /IVT（无级变速箱），可提供从164 英里 / 小时（50 米 / 小时）到 26 英里 / 小时（42 公里 / 小时）的变速。Powershift 自动变速器可以自由在前进挡和倒挡间切换。

▷ **梅西弗－格森 5410**
年份 2014 **产地** 法国
发动机 AGCO 动力 3 缸柴油机
马力 75 马力
变速器 前进挡 16，倒挡 16

德尔塔是一款精密的拖拉机，具有正向驱动的橡胶履带，可降低履带部件的摩擦力。转向是通过使拖拉机绕一个中心枢轴点弯曲来实现的。它的公路时速为 22英里（35 千米 / 小时）。

为最寒冷的旅程做准备

拖拉机从来没有在南极的冬季工作过，但在 2013 年 3 月，温度可能降至零下 130 华氏度（零下 90 摄氏度），一天接近 24 小时全黑时，五名经验丰富的探险家组成的团队试图驾驶拖拉机穿越南极。在斯科特船长过世 100 年之后，这个团队从皇冠湾出发，穿越南极，来到了位于麦克默多海峡的斯科特基地。

装备条件

所有团队成员都穿着很厚的衣服，他们装备有两个温暖的车厢，一个用来吃饭睡觉，另一个用来存放他们的物资。所有车厢和装载燃油的雪橇都由卡特彼勒 D6N 履带式拖拉机牵引，这款拖拉机经过针对性改造，可在极寒的冰雪上运行。这次考察耗时六个月，总行程超过 2000 英里（3219 公里），但在如此恶劣的环境中探险队都从未止步，他们在冰上超过 270 天，每天平均行进 22 英里（35 公里）。在 D6N 拖拉机前，有一台小型探地雷达，将关于地形的信息（特别是前方道路是否有裂缝的情况）传回 D6N。

科考队的两台改良型履带 D6N 中的第二台正在从南极科考补给舰上卸装。

其他用途拖拉机

自从第一台拖拉机诞生以来,拖拉机已经在农业以外找到了许多其他用途,从维护公园和运动场的草坪到养护道路,从伐木到专用公路运输。随着拖拉机的用途日益广泛,许多主流制造商开发了专用拖拉机型号,很多其他专业公司也在综合拖拉机和多功能汽车的领域进行市场研发。

▷ **芬特 936 瓦里奥·慕尼西帕尔**
年份 2008 **产地** 德国
发动机 道依茨 6 缸柴油机
马力 360 马力
变速器 无级 VPT

即使是最大的农用拖拉机,也能在各种环境中使用。多年来,芬特旗下的 360 马力 936 型拖拉机一直是该公司的旗舰产品,配备了瓦里奥无级变速器(CVt),1995 年,该变速器首次安装在 926 车型上。

△ **梅西·弗格森 6455 慕尼西帕尔**
年份 2007 **产地** 法国
发动机 AGCO 动力 6 缸柴油机
马力 105 马力
变速器 前进挡 24,倒挡 24

在该公司位于法国博韦的工厂里,梅西·弗格森 6400 系列拖拉机的市政版特点鲜明,可以提高驾驶员视野,包括一顶垂鼻式引擎盖和一扇右侧的单开窗户,可以一览无余地观察旁边的树篱切割头。

▷ **道依茨·法尔 傲龙 K410**
年份 2008 **产地** 德国
发动机 道依茨 4 缸柴油机
马力 100 马力
变速器 前进挡 24,倒挡 8

道依茨·法尔"科穆纳尔"版本的 K410 拖拉机由德国南部的 Lauingen 工厂制造,其外形与农业机型非常相似,但石灰绿色车身镶板变成了高速公路上常见的橙色。主要用于道路作业的机型通常配有特殊花纹的轮胎。

△ **无轨式 MT6**
年份 2010 **产地** 美国
发动机 康明斯 4 缸柴油机
马力 115 马力
变速器 液压传动

这种前向控制铰接式拖拉机的发动机直接安装在驾驶室后面的传统水平面上。MT6 没有阻碍前向视线,非常适合在前端安装的工具工作。

▷ **革新版 Metrac**
年份 2012 **产地** 澳大利亚
发动机 VMA4 缸柴油机
马力 70 马力
变速器 液压传动

等轮尺寸、低重心、前后联动 / 动力输出 / 液压输出,是这款改良型 Metrac 的标配,在奥地利、瑞士等欧洲山区农业区很受欢迎。它们的低底盘使得在斜坡上工作更加安全,因为传统的拖拉机有翻倒的危险。

△ **霍尔德·佐默 S990**
年份 2012 **产地** 德国
发动机 道依茨 4 缸柴油机
马力 92 马力
变速器 液压传动

德国制造商长期以来一直专注于制造专用拖拉机，从带有铰接转向的小型到中等马力的型号，再到具有向前安装驾驶室的慕尼西帕尔车型，例如这款 S990。附加工具可以安装在前后方的连杆上，它还有一个电源系统和一个负载平台。

△ **霍尔德 C270**
年份 2013 **产地** 德国
发动机 久保田 3 缸柴油机
马力 67 马力
变速器 液压传动

霍尔德系列拖拉机可以在高速公路上使用，在驾驶室的后面，有正向控制的操作台。其优势如图中所见，可以清理路面。

△ **约翰·迪尔 4049R**
年份 2014 **产地** 美国
发动机 洋马 4 缸柴油机
马力 49 马力
变速器 液压传动

小型拖拉机有许多用途，从在小农场工作到在体育场馆维护草坪。这台机器是在约翰·迪尔的美国紧凑型拖拉机厂制造的，为草坪维护任务配备了草皮轮胎，以减少胎面损伤草皮。

◁ **斯泰尔·晋罗菲**
年份 2014 **产地** 澳大利亚
发动机 FPT 4 缸柴油机
马力 130 马力
变速器 无级变速

除芬特之外，奥地利斯泰尔公司在 20 世纪 90 年代中期，率先采用了拖拉机无级变速器（CVT）。这款车型带有驾驶室保护架，可以更轻松安全地驾驶，也可以在林场工作时降低损坏风险。

经济和社会发展

　　拖拉机的动力可以减轻人和牲畜的工作量，但这一过程在一些落后国家却还处于早期阶段。两匹马每天耕地 1 英亩 (0.4 公顷)，但是一台 175 马力的拖拉机一小时可以耕地 2-3 英亩 (0.8-1.2 公顷)。此外，一个农民每年需要用 3 英亩 (1.2 公顷) 的土地来供养一匹牲口，这就又减少了农作物的生产量。

改变农耕面貌

　　1918 年，北美农场饲养了 2600 万匹马和骡子，但到 1950 年时，这些马匹和骡子的数量只剩下 800 万，为种植业腾出了大面积的土地。拖拉机也使人们从繁重的农业耕作中解放出来，从事许多其他行业。高度机械化使农业雇用人口不到 2%，但主要依靠原始农耕方式的国家可能需要 25% 或更多的人在土地上劳作。世界对粮食的需求持续增长，尽管许多国家都在使用拖拉机，但为了满足需要，农业机械化在未来会发挥更大的作用。拖拉机制造商也在为不同类型的农场设计适宜的机型。

马欣德拉 475-Di 拖拉机的钢笼式后轮为其提供了额外的抓地力，使其可以在印度的水稻农田中工作。

◁ **TYM1003**

年份 2014 **产地** 韩国

发动机 柏金斯 4 缸柴油机

马力 100 马力

变速器 前进挡 32，倒挡 32

东洋物产（TYM）总部位于韩国首都首尔，生产拖拉机、水稻联合收割机和插秧机。它的拖拉机生产线专注于 100 马力以下的领域，该系列最高端的 1003 型是 903 型的升级版本。

世界农耕

在西欧，一些世界上最受欢迎的拖拉机制造商和畅销车却不一定会得到认可。印度、中国、俄罗斯和南美洲的国家等世界最大的拖拉机市场，以及南欧、东欧和非洲等国，制造商们都在专注于简单的大功率车型。包括大尺寸的野外作业拖拉机，还包括许多用于特定任务和基本用途的小型拖拉机。

▽ **索利斯 20**

年份 2014 **产地** 印度

发动机 三菱 3 缸柴油机

马力 20 马力

变速器 前进挡 6，倒挡 2

索利斯是印度制造商索纳利卡的国际品牌。它生产 20 至 90 马力的拖拉机，而索利斯 20 是该系列最小的机器。它由一台恒定啮合变速箱的三菱发动机驱动。

△ **马恒达涡轮增压 6030**

年份 2012 **产地** 印度

发动机 马恒达 4 缸柴油机

马力 59 马力

变速器 前进挡 8，倒挡 8

印度马恒达工业工程集团作为全球最大的拖拉机制造商之一，拖拉机制造是其重要的组成部分。公司每年销售量大约 85000 台，是印度国内市场的领导者。

◁ **维美德 BT190**

年份 2014 **产地** 巴西

发动机 AGCO 动力 6 缸柴油机

马力 190 马力

变速器 前进挡 24，倒挡 24

在巴西达斯克鲁济斯维美德工厂生产的 BT90 拖拉机主要在南美国家市场销售，专注于运输和种植市场。BT190 动力输出范围在 150-210 马力不等。

△ **ArmaTrac 804e**

年份 2014 **产地** 土耳其

发动机 珀金斯 4 缸柴油机

马力 76 马力

变速器 前进挡 16，倒挡 8

▷ **YTO 180**

年份 2013 **产地** 中国

发动机 TY2951T 2 缸柴油机

马力 18 马力

变速器 前进挡 16，倒挡 4

土耳其厄昆特公司成立于 1953 年，直到 2003 年开始生产拖拉机。该公司以 Armatrac 品牌销售拖拉机，并提供从 50 马力到 110 马力的产品。其拖拉机的重要零部件来自老牌供应商，如珀金斯和 ZF 公司。

中国公司 YTO 是全国最大的轮式和履带式拖拉机生产商之一，生产的机型功率高达 180 马力。工厂位于河南洛阳，生产多种小型联合收割机，以及各种草原和耕作机具。

▽ **久保田 L3200**

年份 2014 **产地** 日本

发动机 久保田 3 缸柴油机

马力 32 马力

变速器 前进挡 8，倒挡 4，液压传动

久保田 L3200 是"三强"系列中最小的一款，处于紧凑型拖拉机领域的中间位置。作为标准变速箱的替代品，与许多紧凑型机器一样，它可以配备静液压传动装置，允许单踏板驱动，无需换挡。

△ **费尔德曼迷你 16**

年份 2014 **产地** 捷克

发动机 隆巴尔迪尼 2 缸柴油机

马力 16 马力

变速器 液压传动

费尔德曼迷你 16 是由多家意大利制造商设计的，是具有等尺寸轮子的、枢轴转向拖拉机的典型型号，但实际上它是在捷克共和国制造的。这种转向装置拖拉机的优点是，车身通过两个轴铰接，在有限的空间内具有更好的操作性。

▽ **白罗斯 3522.5**

年份 2012 **产地** 白罗斯

发动机 道依茨 6 缸柴油机

马力 320 马力

变速器 前进挡 36，全动力倒挡 24

这是迄今为止，在白俄罗斯共和国明斯克拖拉机厂生产的最大的拖拉机。3522.5 型的主要市场在俄罗斯和独联体国家。其配备的电子牵引控制系统可以提供约 10 吨尾部牵引能力。

谷仓在哪里，纽荷兰就建在哪里

伟大的制造商

纽荷兰

纽荷兰拖拉机发展的故事与发明家、行业先驱和制造业偶像的生活交织在一起。如今，纽荷兰公司是意大利跨国控股公司 CNH Global NV 的一部分，该公司是全球农业和建筑设备制造商，在 170 个国家设有代表处。

1895 年，在美国宾夕法尼亚州纽荷兰的一个谷仓里，年轻的门诺派铁匠亚伯拉姆·齐默尔曼创建了纽荷兰机械公司。齐默尔曼最早出名的是他设计的一款"防冻"发动机，这种发动机有着不同寻常的碗形水套，在北美严酷的冬季可以抵御严寒。齐默尔曼还生产动物饲料磨粉机和由它的引擎驱动的锯木机。

1947 年，蓬勃发展的纽荷兰机械公司被斯佩里公司收购，即后来的斯佩里·兰德公司。斯佩里家族在第一次世界大战期间创立了自己的公司，制造导航设备和炸弹瞄准器，并于 1933 年成立了斯佩里公司。

NEW HOLLAND AGRICULTURE

纽荷兰
农业
纽荷兰当前使用的商标
是在 2008 年推出的。

第二次世界大战期间，斯佩里研制了炸弹瞄准器、机载雷达和臭名昭著的球型炮塔枪，用于波音 B-17 "飞行堡垒"和 B-24 "解放"轰炸机。斯佩里收购纽荷兰机械公司的同时，饲料收获技术也取得了重大突破：纽荷兰割草机压缩机问世。为了扩张，该公司于 1964 年收购了比利时农业机械公司克拉埃斯的控股权，现名为斯佩里纽荷兰公司。

克拉埃斯（Claeys）在比利时泽达尔古姆（Zedelgum）的工厂生产脱粒机，名声鹊起。在斯佩里与纽荷兰合并时，该公司是欧洲最大的联合收割机制造商之一。在比利时公司的帮助下，

收割机械

1964 年，斯佩里纽荷兰收购了比利时联合收割机制造商克拉埃斯。今天，凯斯纽荷兰在谷物收割技术方面仍处于世界领先地位。

完整的生产线

位于艾塞克斯巴西尔登的英国 CNH 拖拉机制造厂，使用福特生产的设备制造了 6X 拖拉机。如今，除了美版凯斯 IH 和彪马车型之外，该工厂还生产纽荷兰 T6 和 T7。

斯佩里纽荷兰公司于 1975 年制造出世界上第一台双转子联合收割机——纽荷兰 TR。

1980 年代是动荡的时代，这迫使许多主要制造公司进行改组和合并。1986 年，福特收购了斯佩里纽荷兰公司，成立了福特纽荷兰公司。当时，福特是英国领先的拖拉机制造商。

1991 年，欧洲最大的拖拉机制造商菲亚特收购了福特纽荷兰公司 80% 的股份。1986 年，福特和菲亚特曾合作，成功生产福特·依维柯卡车。但菲亚特的合并标志着福特集团与拖拉机的故事即将落幕。正如当时所知，纽荷兰地球工程公司逐渐整合了国际资源，对用于制造拖拉机的零部件和供应商进行了合理化调整。在欧洲，这包括英国制造的福特 40 系列和意大利菲亚特赢家系列。

1995 年 11 月，为了配合即将推出的纽荷兰拖拉机系列推广，纽荷兰用在英国巴西尔登生产的 40 系列拖拉机

英国巴西尔登的纽荷兰工厂有超过 2 公里长的装配线。

8970 型

1895 亚伯·齐默尔曼在美国宾夕法尼亚州的
纽荷兰开设了他的铁匠铺

1900 齐默尔曼设计出固定式"防冻"发动机

1903 纽荷兰机械公司创立

1906 利昂·克拉埃斯在比利时创立他的打谷机业务

1933 斯佩里成立

1947 纽荷兰公司和斯佩里公司合并，以及纽荷兰
海宾德公司创立

TS110

1964 斯佩里·纽荷兰收购比利时联合收割机
制造商克拉埃斯

1974 斯佩里纽荷兰公司推出世界上第一台
双转子联合收割机

1986 福特收购斯佩里纽荷兰并组建福特纽
荷兰公司

1991 菲亚特收购福特纽荷兰，并成立纽荷兰
环球技术公司

1992 在宾夕法尼亚州的纽荷兰机械公司结束生产

T8040

1995 现有的福特和菲亚特系列拖拉机，重贴纽荷
兰拖拉机商标

1996 纽荷兰公司在佛罗里达州奥兰多推出新型 M
／60 和 I／35 系列拖拉机

1997 纽荷兰推出 TS 系列拖拉机

1999 纽荷兰和凯斯公司合成立凯斯纽荷兰
公司（CNH）。纽荷兰推出了巴西尔登
生产的 TM 系列拖拉机

2007 公司宣称所有纽荷兰拖拉机将支持 100%
的生物柴油燃料

T9

2009 纽荷兰的实验性 NH2 氢气拖拉机正式亮相

2011 引进 SCR 技术以满足 2014 年的 IVa
排放要求

2013 T6.140 甲烷动力拖拉机在德国汉诺威农机
展览会上亮相

2014 纽荷兰的巴西尔登工厂生产限量版金禧
拖拉机，纪念其连续生产 50 年

上取代了福特。与此同时，北美 70 系
列采用了纽荷兰这一名字，并在原本为
土黄色的菲亚特拖拉机重新喷涂了蓝色
涂装。

1996 年 1 月，纽荷兰在美国佛
罗里达州的奥兰多推出了全新的 M／
60 系列。这一新系列在巴西尔登制造，
包括 4 个型号，动力跨度为 100-140
马力，采用了 40 系列、70 系列以及
菲亚特胜利者系列的技术。还以菲亚特
9 系列为基础，还推出了 L／35 系列，
这是意大利制造的五款产品系列。最新
纽荷兰产品系列中最大的拖拉机是在加
拿大温尼伯通用工厂生产的，基于通用
铰接式 82 系列，由康明斯引擎提供动
力，该系列产品的输出功率从 260 马

力到 425 马力。

1996 年后期，纽荷兰 NV 在纽
约证券交易所上市。到 1998 年，它
在欧洲的拖拉机销售量超过绝大部分制
造商。与此同时，菲亚特于 1997 年
收购了凯斯 IH，并将其所有农业部门
合并组建成凯斯纽荷兰（CNH）集团。
作为交易的一部分，纽荷兰失去了对多
能拖拉机厂的兴趣，这家工厂被出售给
了布勒工业公司。

尽管现在英制的纽荷兰和奥地利制
造的凯斯 IH 拖拉机是相互独立的品牌，
但它们许多相同部件和技术都是由世界
各地的 CNH 工厂所提供。纽荷兰拖
拉机也在巴西，中国和印度生产。

针对即将到来的 IVa 层级排放法

限量版

为纪念 1964 年以来在英国巴
西尔登生产拖拉机 50 周年，
纽荷兰生产了限量版的
T6.160 和 T7.270
拖拉机。它们有独特
的金属"普罗丰多
蓝色"涂装，以及
黄金细节格栅和排气
管保护装置。

规，CNH 于 2006 年对其拖拉机系
列进行了升级，以实现对低硫生物柴
油燃料的全面兼容。该公司也是采用
FPT 依维柯引擎结合选择性催化还原

（SCR）技术的首批拖拉机制造商之
一。SCR 技术依靠尿素基柴油机废气
流体来减少柴油机废气中氮氧化物等有
害气体的含量。

加拿大工程

纽荷兰 70 系列拖拉机于 1993
年至 2002 年在加拿大温尼伯
生产。该系列是第一款采用纽荷
兰超级转向前轴的拖拉机。

与众不同

特种作业、大面积农场和特殊类型的专用型拖拉机历来都是小型企业的专属产品。不过,到了二十一世纪初,大型生产商已经进入这个领域,有些公司利用国际农业展览会推出了原型机,有些公司则立即启动并商业化生产这种机器。提高电源效率、减轻机器重量,以及寻找新的燃料来源是推动发展的关键因素。减少机器重量对土壤的影响、寻找新的燃料源都是发展背后的关键驱动力。

◁ **多重驱动的六轮拖拉机**
年份 2013 **产地** 英国
发动机 约翰·迪尔 6 缸柴油机
马力 240 马力
变速器 前进档 18 ,
倒档 6 动力换挡

总部位于英国格洛斯特郡的多重驱动公司是美国阿拉莫 (alamo) 公司的一部分,该公司提供四轮和六轮载重拖拉机的变种,设计用于装载喷雾器、化肥和石灰撒布器,以创建自给自足的自行推进装置。三轴改型专门用于澳大利亚广阔的农场。

△ **纽荷兰 T6050 Hi-Crop**
年份 2012 **产地** 英国
发动机 纽荷兰 6 缸柴油机
马力 100 马力
变速器 前进档 16, 倒档 8

双轮、四轮驱动拖拉机在 20 世纪 70 年代进入全盛期后,在英国逐渐失去市场。美国农民十分重视拖拉机的离地间隙和牵引力的特点,例如纽荷兰 T6050,适用于艰苦或高茬作物环境的作业。

◁ **JCB 山斯麦迪 4220**
年份 2014 **产地** 英国
发动机 AGCO 功率 6 缸柴油机
马力 220 马力
变速器 CVT 无级变速

1990 年, JCB 推出的高机动型拖拉机首次亮相。次年, JCB 正式推出其第一台拖拉机并改名为山斯麦迪。到 90 年代中期,由推出了两个系列,其中增加一个更小的新型四轮拖拉机。经过重新设计, 2014 年,新型 4000 系列问世。

△ **芬特·特瑞希克斯·瓦里奥**
年份 2011 **产地** 德国
发动机 MAN 6 缸柴油机
马力 540 马力
变速器 CVT 无级变速

在 2007 年德国农业技术和设备展上,这款概念拖拉机出人意料地展示了轮式和牵引式拖拉机的优点。可同时操纵前后轴,这台机器在公路上的时速可达 37 英里 (60 千米 / 小时) 。

新概念

拖拉机制造商不断寻求新的方式,以应对现代农业面临的挑战。从清洁燃料到减轻拖拉机重量对土壤影响、混合驱动系统等,许多新功能的设计都是由环境和经济需求驱动的。研究还扩展到世界各地农民的不同需求,使得在同一平台上制造的拖拉机能够适应和满足各种类型农场的普遍需求。

◁ **凯斯·IH 马格南 380 CVX Rowtrac**
年份 2014 **产地** 美国
发动机 FPT 6 缸柴油机
马力 380 马力
变速器 CVT 无级变速

在推出四轮橡胶履带铰接式拖拉机 18 年后。为进一步降低损耗,凯斯 IH 引入了电控式履带机,并分别推出了 340 马力和 380 马力的马格南 340 型和 380 型拖拉机。这些型号体现了马格南的一贯特征,保留了传统的前轴转向器。

△ **克拉斯 · Xerion 3800**
年份 2010 **产地** 德国
发动机 卡特彼勒 6 缸柴油机
马力 380 马力
变速器 CVT 无级变速器

克拉斯在 2003 年全力投入到拖拉机市场，收购了雷诺农业，但在过去的 15 年里一直致力于自主研发大马力拖拉机。1993 年，克拉斯推出了 250 马力的 Xerion 系列拖拉机，之后的版本拥有两倍以上的动力。

◁ **久保田 · Mudder M96s**
年份 2013 **产地** 日本
发动机 久保田 4 缸柴油机
马力 95 马力
变速器 前进档 8，倒档 4

尽管同等尺寸轮胎的拖拉机很大程度上在英国已失去了市场，但是北美农民称之为 "泥泞" 的拖拉机在美国等国家需求仍然强劲，尤其是蔬菜种植行业。

◁ **梅西 · 福格森 4708**
年份 2014
产地 中国 / 印度 / 巴西 / 土耳其
发动机 AGCO 4 缸功率柴油机
马力 82 马力
变速器 前进档 8，倒档 8

2014 年，AGCO 旗下的梅西·弗格森 (Massey Ferguson) 品牌宣布，在全球生产两种新型拖拉机，以满足全球农民的需求。2700 系列和 4700 系列机器是中国、印度、巴西和土耳其工厂生产的通用机械拖拉机。

△ **纽荷兰 T6.140 甲烷动力拖拉机**
年份 2013 **产地** 英国
发动机 FPT 4 缸甲烷机
马力 135 马力
变速器 CVT 无级变速

在研究了氢动力拖拉机的潜力之后，纽荷兰公司将其重点转向了甲烷作为实用性替代能源。2013 年，纽荷兰公司在德国农机展览会上展示了这款采用甲烷作为能源的 T6.140 拖拉机。

Valtra 自 1960 年起，就一直在巴西制造拖拉机。

伟大的制造商

AGCO

AGCO（Allis Gleaner Company）成立于 1990 年，由梅西 - 弗格森和芬特、Valtra、挑战者四大核心品牌合并而成，是世界上最大的多品牌拖拉机和农业设备制造集团，有着遍布全球的工厂和遍布 140 多个国家的经销商。

AGCO 的起源与柏林墙倒塌以及一系列试图利用东欧前景初露曙光之机进行的企业重组有着微妙的联系。这个故事始于，德国西部一家名为克吕克内 - 洪堡 - 道依茨 AG(KHD) 的工程公司决定出售其在北美子公司道依茨 - 阿利斯的股份，道依茨 - 阿利斯自 1985 年成立以来一直遭受持续的资金损失，因此 KHD 在 1988 年接洽了美国道依茨 - 阿利斯的高管请求，讨论了将公司完全留在美国手中的收购交易。协议达成的同时，1990 年 6 月 20 日，AGCO 由前道依茨 - 阿利斯的四位高管正式创立，这四位创立者分别是：罗伯特·卡特里夫，约翰·舒梅捷达，爱德华·斯文哥尔和吉姆·希维尔。

AGCO 成立之前，道依茨 - 阿利斯出售的德制道依茨拖拉机功率达到 40-150 马力，和美产 AGCO 联合收割机的功率一样。而额定功率高达 200 马力的大型拖拉机则是根据怀特农用设备的合同生产的。自 1989 年

以来，AGCO 在俄亥俄州的工厂生产了道依茨 9100 系列。

AGCO 成立之后继续销售 9100 系列，只是将道依茨的绿色涂装改为阿利斯 - 查尔默斯橙色涂装，以及将拖拉机重新命名为 AGCO-Allis 型号。

与此同时，AGCO 与意大利 SAME- 兰博基尼 - 赫利曼公司签署协议，以 AGCO 阿利斯的品牌销售气冷动力拖拉机，从而取代 KHD 道依茨系列产品。

从 1991 年购买怀特农用设备拖拉机装配工程公司开始，AGCO 追求扩张是通过不断收购其他公司实现的。同年，AGCO 还收购了赫斯顿公司，并在与凯斯 IH 的一次交易中收购了 50% 的干草和饲料实业公司。1992 年，AGCO 在纽约纳斯达克证券交易所发行了一半的股票供投资者购买。

AGCO 最初成功的一个关键因素就是它的灵活性。集团允许其经销商成为多品牌的销售点，不仅为客户提供多

种拖拉机选择，还提供整套的农业设备。不过，拖拉机一直是 AGCO 发展战略中最重要的组成部分。

1993 年，AGCO 获得了在美国分销梅西 - 弗格森产品的权利，并为公司的交叉网络营销增加了 1100 家经销商。1994 年 6 月，AGCO 完成对梅西 - 弗格森的收购，且完全控制了该公司，进而确立了自身作为全球性公司的地位。在那时，梅西 - 弗格森在 100 马力以下的全球拖拉机市场占有重要份额，并且拖拉机的销售额占其销售总额的 85%。AGCO 收购了麦康内尔拖拉机（后来成为 AGCO 的明星拖拉机）和南美洲的领先品牌，即道依

茨·阿根廷 SA，但讽刺的是，它在出售道依茨 - 阿利斯时被 KHD 清算。

1997 年，AGCO 收购了拥有尖端工程技术声誉的德国知名制造商芬特股份有限公司。芬特立即被确认为 AGCO 高价资产之一，并且在集团的管理下，高科技品牌得到了广泛的发展。瓦里奥拖拉机系列已得到扩大和改进，新的联合收割机和饲料收割机也已被添加到产品线中。芬特的收购使得 AGCO 可以利用德国制造商的先进技术，例如芬特·瓦里奥 900 系列首次采用的瓦里奥无级变速器（IVT）。无级变速器可实现极其准确的速度变化，并且这种技术已被开发应用到集团的其

AGCO

AGCO 的公司口号是"属于你的农业公司"

持续的创新者

芬特是 IVT（1995 年推出了 926 型瓦里奥拖拉机）的先驱型号。2015 年问世的 1050 瓦里奥型拖拉动力输出为 70 到 500 马力。

AGCO 产品由全球 3100 多家独立经销商销售。

8775 AGCO 阿利斯

1938 克吕克内－洪堡－道依茨 AG(KHD) 在德国
机械工程公司重组后成立。

1985 KHD 在北美创建道依茨－阿利斯公司。

1988 谈判揭开了道依茨－阿利斯的所有权从德国
转移到美国的序幕。

1990 AGCO 由道依茨－阿利斯的四位前高管成立。

1991 AGCO 收购了怀特在俄亥俄州的拖拉机装配公司。

怀特 6144

1992 AGCO 在纳斯达克证券交易所上市。

1993 取得了梅西－弗格森拖拉机在北美的地区销售权。

1994 AGCO 完全收购了梅西－弗格森公司
收购麦康内尔拖拉机公司。

1995 AGCO 购买了 Tye 公司（机具和耕作设备
制造商）的资产。

1996 AGCO 从 KHD 收购了道依茨·阿根廷公司。

1997 AGCO 收购了芬特股份有限公司。

挑战者 MT 865C

1998 AGCO 与道依茨 AG 合资开始在阿根廷
生产发动机

2000 AGCO 收购了自走式农业设备制造商
AG-Chem 设备公司

2001 AGCO 购买了 CAT 挑战者拖拉机的制造权

2002 AGCO 收购了梅西－弗格森在英国考文垂
的工厂，将其拖拉机的生产转移到法国
的博韦

芬特 936

2004 AGCO 收购了芬特制造商维美德及其子
公司 SISU 发动机工厂。

2007 AGCO 收购了意大利主要收割机制造商
拉维达·斯帕 50% 的业务。

2009 AGCO 宣布计划在中国开设两家制造厂。

2010 AGCO 收购了 Sparex 持有的拖拉机配件
和备件分销商 AGCO 收购了拉维达公司
的剩余部分。

2012 AGCO 收购阿尔及利亚拖拉机公司，并占有
其 49% 的股份。

技术跟踪

2001 年收购 CAT 挑战者，使 AGCO 能够
在大马力、橡胶履带市场分一杯羹。挑战者是
AGCO 在北美最成功的品牌。

他拖拉机品牌。

AGCO 在 2001 年获得了卡特
彼勒橡胶履带式 CAT 挑战者系列的制
造权。该协议使 AGCO 能够直接与
竞争对手在大马力领域市场展开竞争，
并为 AGCO 提供获得 CAT 机器牵
引系统（卡特彼勒 1986 年率先推出）
的额外好处。AGCO 还购买了 AG-
Chem 设 备 公 司（ 即 RoGator 和
TerraGator 喷雾器和喷头制造），
使其扩大到自喷雾器领域。

2002 年，AGCO 因收购了法国
著名汽车制造商旗下的雷诺农业，受
到法国工会的抵制。雷诺拖拉机部门
后被德国收割机制造商克拉斯收购。但
是，克拉斯和 AGCO 很快成为了合作
伙伴，因为前者继承雷诺在法国博韦
GIMA 变速器工厂的份额。1994 年，
雷诺与梅西－弗格森成立了合资企业。

2002 年 12 月，经过 56 年的运
营，AGCO 结束了位于英国考文垂班
纳巷的梅西－弗格森工厂的生产。拖拉
机制造业转移到博韦的工厂。

北欧拖拉机和发动机制造商瓦尔特
拉 (Valtra)，原名瓦尔梅特 (Valmet)，

于 2004 年加入 AGCO。该交易包括
对 SISU 柴油的收购。SISU 柴油是
一家越野发动机供应商，其发动机目前
用于众多农产品品牌。第一台瓦尔梅特
拖拉机是拥有 15 马力的 15A 型，于
1951 年制造。瓦尔特拉的名称是在
1970 年才被引入的，当时瓦尔梅特需
要一个单独的品牌来标识其系列的木材
起重机、装载机和挖土机。1997 年第
一批带有瓦尔特拉名字的拖拉机上世。

AGCO 的故事一直在延续，在其
不断扩大的全球农产品范围内，不断有
新的收购和新技术的整合。

全线设备制造商

梅西－弗格森是 AGCO 的最重要的品牌，
拥有最全的产品线。除拖拉机之外，该公司还
生产捆扎机和收割机、绿化设备等。

机器人时代来临

　　自动化在农业生产中的应用已经相当成熟：机器人分类土豆、奶牛场实现自动挤奶。而自动化技术在一些拖拉机上已应用多年。

　　无人驾驶拖拉机的实验可以追溯到 1956 年，当时一个英国研究小组演示了一个系统，该系统允许拖拉机跟踪埋在地下电缆网络中的电信号。无线电控制以及如今来自卫星的全球定位系统信号等技术的研究仍在继续。

拖拉机需要司机吗？

　　尽管许多先进的制造商展示了无人拖拉机可以执行一系列日常任务，但农民的反应一直很谨慎。担心着其可靠性和安全性，以及保险范围和道路使用的法律地位也不确定。

　　虽然无人驾驶拖拉机不在农民购物清单上，但一些机器人技术正在帮助驾驶员提高产量和效率。例如：全球定位导航系统可以比最有经验的农民引导拖拉机行驶一条更直的路线。

在这个位于西班牙的种植园里，拖拉机需要在橄榄树之间进行复杂的转向操作，而这种操作很难实现自动化。

拖拉机工作原理
拖拉机技术

拖拉机发动机

拖拉机发展初期最大的问题之一是发动机的可靠性不佳。在最初的 20 到 30 年里，拖拉机使用着最原始的燃料和点火系统，这意味着发动机很难启动。在工作现场，经常会发生熄火或卡阻，能够修理和调校发动机的熟练机械师是很少见的。几乎所有早期的发动机在某种程度上都依赖于汽油燃料，汽油要么作为燃料本身，要么被用于启动煤油发动机，但这需要加热到煤油点火所需的温度。尽管每升煤油产生的动力较小，但煤油的低成本让其成为农民的首选。20 世纪 20 年代和 30 年代期间，汽油和煤油发动机可靠性有所提高，直到 20 世纪 50 年代，易于启动的柴油发动机才被首次应用到拖拉机上，并逐渐成为标准配置。汽油到柴油的改变极大节省了燃油成本，并改善了引擎扭矩特性，能为车轮在复杂的工作环境中提供更大的动力。

清洁，"绿色"拖拉机动力

随着燃料成本的上升，和尾气排放对环境压力的增加，今天的发动机设计者们不断地寻求更高效地使用燃料的方法。现代柴油机采用电子技术将燃油喷射精确到毫秒，最大限度地减少了浪费。涡轮增压器利用排气气流提高燃烧效率，而中间冷却装置将空气冷却到最佳温度，以提高效率。

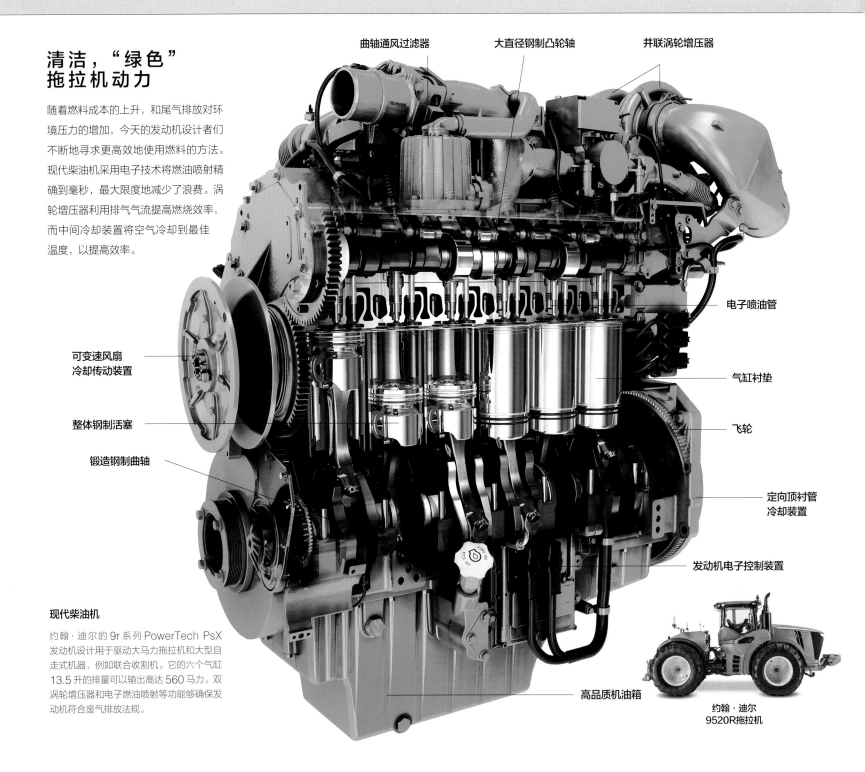

曲轴通风过滤器
大直径钢制凸轮轴
并联涡轮增压器
电子喷油管
可变速风扇冷却传动装置
气缸衬垫
整体钢制活塞
飞轮
锻造钢制曲轴
定向顶衬管冷却装置
发动机电子控制装置
高品质机油箱

现代柴油机

约翰·迪尔的 9r 系列 PowerTech PsX 发动机设计用于驱动大马力拖拉机和大型自走式机器，例如联合收割机。它的六个气缸 13.5 升的排量可以输出高达 560 马力。双涡轮增压器和电子燃油喷射等功能够确保发动机符合废气排放法规。

约翰·迪尔 9520R 拖拉机

拖拉机发动机的发展

拖拉机发动机的原理很简单：燃料在汽缸里燃烧，推动活塞，活塞的运动通过轴承转动传递到车轮上。然而，不同发动机实现运动的方法却大相径庭。单缸和双缸发动机采用飞轮来提供动力。热球发动机使用热金属球和压缩空气来燃烧做功。现代柴油机在空气被压缩到柴油足以自燃的压力时，向汽缸中喷射燃料。

平行对置 2 缸发动机

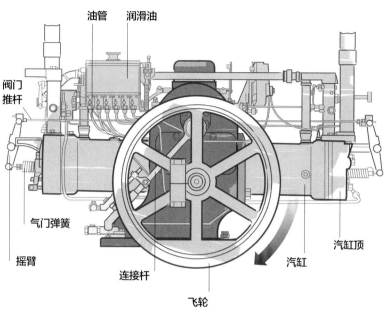

水平对置的双缸发动机具有运行平稳的特性，每个活塞的重量总是与其相对的活塞保持平衡。此外，在大多数情况下，两个气缸由相同的部件组成。使用标准件降低了制造成本，意味着经销商的库存也可以降低。

凯斯20-40，
1913

平行单缸发动机

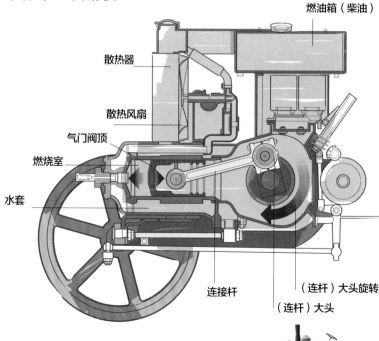

单缸发动机最初因其简单和易于维护的特性而广受欢迎，但它却很快就失去了吸引力。不对称的汽缸设计导致需要一个大型飞轮，另外还需要对汽缸尺寸进行限制，功率无法超过 50 马力。一旦农民的需求超过这些，多缸发动机就变成了必需品。

田园马歇尔
3A，1995

热球发动机

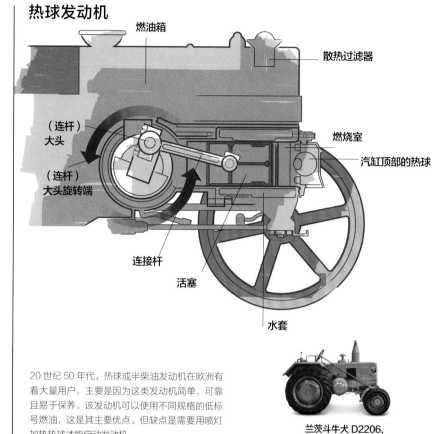

20 世纪 50 年代，热球或半柴油发动机在欧洲有着大量用户，主要是因为这类发动机简单、可靠且易于保养。该发动机可以使用不同规格的低标号燃油，这是其主要优点。但缺点是需要用喷灯加热热球才能启动发动机。

兰茨斗牛犬 D2206，
1952

立式 4 缸发动机

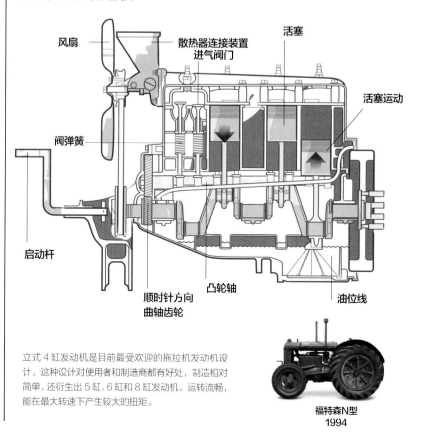

立式 4 缸发动机是目前最受欢迎的拖拉机发动机设计。这种设计对使用者和制造商都有好处，制造相对简单，还衍生出 5 缸、6 缸和 8 缸发动机。运转流畅，能在最大转速下产生较大的扭矩。

福特森N型
1994

车轮和液压系统

现代拖拉机多功能性归功于拖拉机历史中早期的发展。第一批拖拉机主要用于运输作业，用来牵引机械和拖车，但它们的发动机也能用于驱动皮带和皮带轮，以此驱动田园作业设备。将拖拉机向通用型推进一大步的是动力输出装置（PTO）的发展。这是由拖拉机发动机驱动的特殊轴杆，PTO 将动力从拖拉机传送到外接设备上。第一款成功的 PTO 设备于 1918 年被应用在国际收割机公司的 8-16"初级"拖拉机上。

三点连接装置

哈里·弗格森的三点联动是拖拉机设计中最重要的发明之一。弗格森系统允许使用拖拉机的液压动力来连接外接工具，让驾驶员对他们的设备有了前所未有的控制权。该装置的牵引控制可以精确地感知到拉动工具所需的力的大小，并相应地提高或降低机械臂。最初的连杆仅可以安装在后方，但现代拖拉机也可以在前方安装连杆，允许驾驶员同时使用两个外接设备。

高度限位臂   **高度调节臂**

上连接杆

左悬挂点   **左连杆臂**   **右连杆臂**

弗格森独创联动装置

首款三点联动装置如图，安装在大卫·布朗制造的 A 型拖拉机上。这是附加设备系统的基础，该系统在大多数现代农用拖拉机上仍然是标准配置。

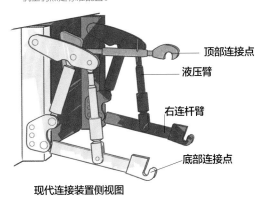

顶部连接点

液压臂

右连杆臂

底部连接点

现代连接装置侧视图

多功能电源

现代拖拉机，如这款约翰·迪尔，其发动机可以产生很大的功率，但这些功率不仅简单地用于驱动拖拉机。拖拉机动力系统的发展使拖拉机用途不仅限于运输和牵引作业，也打开了各种潜在的应用渠道。自 20 世纪初以来，电力供应一直是机械化发展的一个重要因素。一个早期的例子是 1903 年，约翰·斯科特教授在苏格兰制造的一台拖拉机，该拖拉机具有播种机和耕田机两种功能，外接设备通过电缆获得了拖拉机发动机的输出功率。

电源插座

当在公路上工作时，使用拖拉机的电源系统对操作灯光很有用。该电源可用于某些播种机计量系统等先进设备的操作。

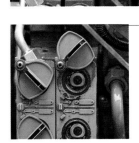

液压动力

连接设备和拖拉机液压系统的特殊芯阀是拖拉机的一个重要现代特征。例如，液压可以用于驱动翻斗拖车和可逆犁上的翻转机构。

现代联动装置

拖拉机的三点联动装置是液压驱动的。但对现代拖拉机的改进包括增加了电子导航系统和载荷传感器，以及一个快速连接装置，可以快速地将较低的升举臂固定到被拖曳的机器上。

车轮的创新

直到 20 世纪 30 年代中期，几乎所有的拖拉机都使用钢制车轮。普通钢轮用于一般运输，但当现场工作需要额外的抓地力时，钢轮就装上钢耳。带耳的拖拉机由于其对道路造成破坏，因此通常被禁止在公共道路上行驶，因此工程师开发了可拆卸的钢耳，使其能平稳行驶。钢圈不适合高速行驶，拖拉机的最高时速通常为每小时 3 英里 (4.8 公里 / 小时)。1932 年阿利斯 - 查默斯公司引进特种橡胶轮胎后，速度、牵引力和燃油经济性都得到了提高。在五年后的时间里，它们被安装到50% 的新拖拉机上。

钢轮
双城，1915

钢凸耳
阿利斯-查尔默斯，1939

金属钢圈轮
梅西·哈里斯 GP，1932

充气轮胎
阿利斯-查尔默斯，1936

远程控制

按下位于后挡泥板上的按钮，拖拉机驾驶员可以在与机器保持安全距离上，将附加设备连接到三点联动装置上。

气源接口

主要用于操作拖车和部分拖曳机械的空气制动器。空气制动器提供了更安全、更先进的制动能力，是一些地区的法规要求。

动力输出器

PTO 轴仍然是利用发动机动力来操作机械最流行的方式。它通常能提供发动机最大 85% 的动力。

拖拉机轮胎

胎面花纹有特殊要求。棱形图案用于非动力前轮，特殊的草坪轮胎使行驶更加舒适，超宽的低压轮胎可减少土壤压实。

实心橡胶轮胎

顺条纹胎面

专用工业胎面

典型雪弗龙胎面

草地胎面

浮力轮胎

拖拉机履带

尽管履带式拖拉机不如轮式拖拉机常见，但它在农业作业中发挥着十分重要的作用。履带式拖拉机比轮式有更好的抓地力和更大的牵引力，可以将拖拉机的重量分散在更大的表面积上，以减少土壤的压实，在崎岖不平或多山的地形上尤其有用。

钢制履带盘   引导轮

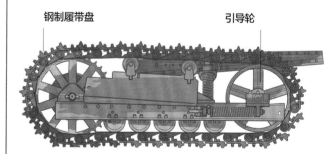

钢轨履带

在 20 世纪的大部分时间里，传统的钢轨履带在农民中是一种受欢迎的选择，他们想要更多的牵引力，但行驶速度缓慢，机器噪音非常大，而且经常被禁止在公路上行驶。

驱动轮   空气弹簧

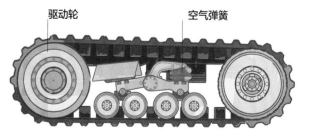

橡胶履带

卡特彼勒公司于 1987 年推出的钢质增强橡胶履带，基于美国宇航局的技术，它具有所有传统履带的优点，但它们比钢质履带快得多，噪音也小得多，而且由于它们造成的损害小得多，因此可以在公路上行驶。

驾驶技术

在设计现代拖拉机时，为驾驶员提供安全、舒适和高效的工作环境是十分重要的，但在拖拉机发展的早期，几乎不存在对驾驶员权益的关注。在拖拉机历史中最初的60年时间里，安装遮风挡雨的驾驶棚是一种罕见的奢侈品，如果拖拉机翻车，提供能够保护驾驶员的安全驾驶室甚至在更久后才出现。在一些机器上裸露的传动齿轮，轮辐沉重，在一些拖拉机上，齿轮传动轴、重型快速旋转飞轮的辐条，以及暴露在外的车轮钢架，往往没有防护，当拖拉机在崎岖不平的地面发生侧翻时，很容易对驾驶员造成伤害。相较拖拉机，卡车和货车设计会考虑驾驶员安全，并在其发展早期就开始采取措施保护驾驶员。将保护驾驶员免受伤害的驾驶室看作奢侈品的制造商和消费者都是让农用拖拉机改进速度如此之慢的"元凶"。

舒适座椅

早期的拖拉机座椅是一个金属弹簧支撑的坐垫。这种座椅是从马匹牵引农用设备发展来的，并不适合长时间工作。二战后，填充座椅设计很快取代了传统设计。如今的驾驶员座椅能各种调节，在某些情况下，还能根据驾驶员的体重自动调整悬架。

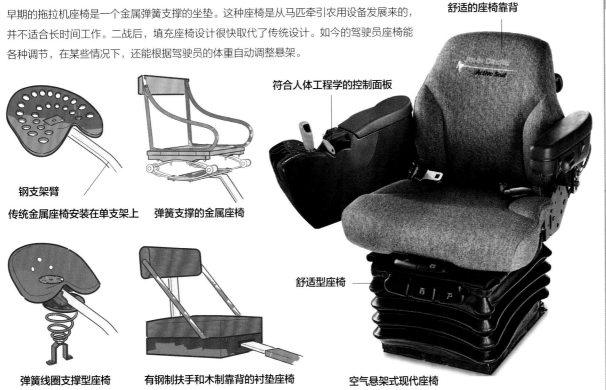

舒适的座椅靠背

符合人体工程学的控制面板

钢支架臂

传统金属座椅安装在单支架上 **弹簧支撑的金属座椅**

弹簧线圈支撑型座椅 **有钢制扶手和木制靠背的衬垫座椅**

舒适型座椅

空气悬架式现代座椅

> **技术**
>
> ### 拖拉机悬挂系统
>
> 具有悬挂系统的车轴和驾驶室（或两者）提供了一个更平稳、更舒适的驾驶。对于某些任务，这意味着更快的工作速度、更高的效率。例如，约翰·迪尔的前轴悬挂能吸收来自车轮的冲击负荷。
>
> **弹簧吸收冲击力**
>
> **扭杆**
>
> **液压稳定驾驶室**
>
> 雷诺最新的悬挂系统，通过在驾驶室每个角落的减震器周围安装弹簧，将驾驶室与拖拉机隔离开来。扭力杆控制横向运动。

驾驶员安全

随着拖拉机的普及，在翻车事故中死亡或严重受伤的司机人数不断上升，但直到1959年，瑞典才开始采取有效行动来解决这一问题。其他国家很快效仿瑞典。这种新型驾驶室的一个问题是噪音太大，长时间暴露在高噪音环境中会损害司机的听力。其结果是新一代的"Q"或安静的驾驶室问世。

遮蓬（以IH为例）

遮蓬比封闭驾驶室便宜，虽然在一些国家仍然允许使用，但对司机的安全保护有限。

"Q"型驾驶室（MF1080）

具有一些特殊的设计特点，如隔音，让"Q"型驾驶室达到较低的内部噪音等级规格，可以提供更好的工作环境。

现代驾驶室（约翰·迪尔6210R）

最新的驾驶室配有可加热座椅、冰箱和人体工程学的设计控制系统，所有这些都能让司机在户外待更长时间。

未来拖拉机

现代拖拉机的设计是为了帮助驾驶员充分使用机器的所有可用功率，以将生产力最大化。中马力和大马力拖拉机的传动功能可能包括自动换挡，以及触摸感应控制，使操作者能够实现更高精度的操作。许多机器都有节能选项，可以自动降低发动机转速，因此在功率需求较小的情况下可以降低燃油消耗。车上安装了带有国际标准化组织（ISO）数据的显示屏，可以让驾驶员不断升级例如农作物喷雾机等设备的系统。

驾驶员友好型驾驶室

最新的驾驶室的设计目的是为了最大限度的提高驾驶效率。驾驶过程中常用的控制界面、动力输出系统和液压功能等在右手扶手旁边，很容易操作。驾驶室内的现代特征包括彩色显示屏和内置杯架。

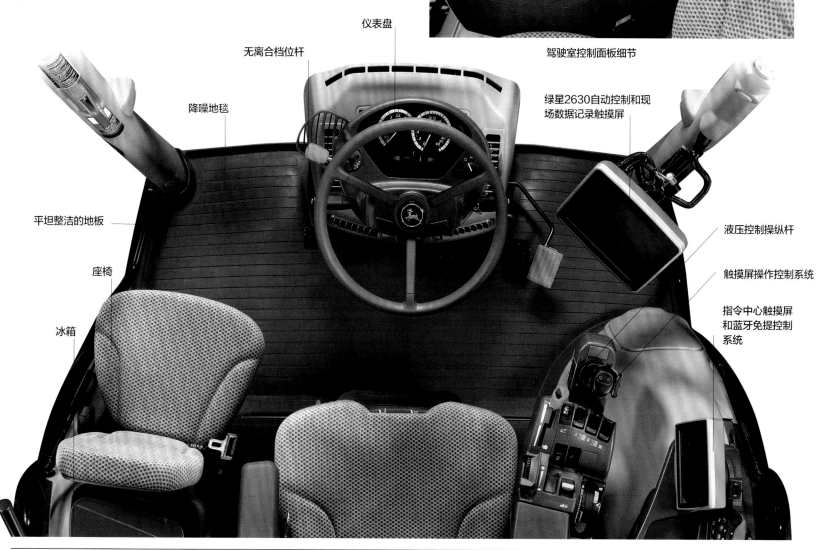

驾驶室控制面板细节

仪表盘

无离合档位杆

降噪地毯

绿星2630自动控制和现场数据记录触摸屏

平坦整洁的地板

座椅

液压控制操纵杆

触摸屏操作控制系统

指令中心触摸屏和蓝牙免提控制系统

冰箱

卫星辅助农耕

农业机械化于 1991 年进入太空时代，当时梅西·弗格森推出了一种使用全球定位系统 (GPS) 的收割机。这是精耕细作发展的第一步，精耕细作是一种利用先进技术实现更高工作精度的系统。GPS 通过提供精确的转向，自动改变化学药剂在不同领域的使用频率，从而简化了驾驶员的工作。

信号接收装置

卫星技术

拖拉机的信号接收器接收来自 GPS 卫星的信号，并把信号传给司机，让司机可以更精确作业。

天线

约翰·迪尔单信号接收器

GPS能在低亮度环境中保证工作精度

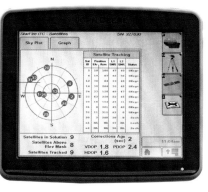

操作员界面

信号和控制显示屏能同时提供全方位的性能数据，触摸屏设备可以为驾驶员提供及时反馈。

术语表

空气滤清器 Air cleaner
一种将空气中的灰尘在被吸入发动机前将其除去的装置。早期的拖拉机有一个用棉布覆盖的"笼子"形状的滤清器。后来，采用水泡式空气滤清器，现代基本上都采用可更换的过滤纸滤芯。

关节转向 Articulation
一种转向方法，使拖拉机在中心枢轴点的中间弯曲。这种机械转向的简单方法是由方向盘驱动的液压油缸控制的。

自动控制 Autotronic control
可以通过电子按钮控制拖拉机制动器、差动锁、齿轮和动力输出功率。大多数功能都可通过一个按钮来实现。

生物柴油 Biodiesel
主要成分为柴油但含有生物添加剂的燃料，如油菜籽、玉米或豆油。

钻孔 Bore
蒸汽或内燃机气缸的钻孔

电缆控制单元
Cable control unit (CCU)
牵引车后动力输出箱上的一种装置，通过电缆控制牵引板的升降等动作。CCU还可以设置为控制拖曳工具的控制器。

可移动变速箱
Change-on-the-move transmission
一种用于少数拖拉机的早期形式的齿轮箱。然而受当时技术条件所限，未获得成功。福特拖拉机曾使用过一款可移动变速箱，其工作原理是通过一系列采用液压控制的行星齿轮组，使其可以在运动过程中变速。

连续可变无级变速传动
Continuously variable transmission (CVT)
一种传动系统，它将静液压传动装置的无级变速性与传统齿轮传动装置的机械效率相结合。

蟹形转向 Crab steering
一种转向模式，拖拉机上的所有车轴都是可转向的。可对系统进行编程，使一个轴用于方向控制。两个轴可以设置为以相反但同步的角度转动以产生小的转弯半径。两个车轴可以设置为同时朝相同方向转动，以便拖拉机侧向移动。

曲轴 Crankshaft
曲轴承受连杆传来的力，并将其转变为转矩，通过曲轴输出并驱动发动机上其他附件工作。

气缸 Cylinder
引导活塞在缸内进行直线往复运动的圆筒形金属件。空气在发动机气缸中通过膨胀将热能转化为机械能；气体在气缸中接受活塞压缩而提高压力。

数据控制 Datatronic control
拖拉机管理系统，允许操作员编程、协调和储存多种功能，如数据管理、工具操作等。

柴油 Diesel
是石油提炼后的一种液态油质燃料的产物。它由不同的碳氢化合物混合组成，主要成分是含9到18个碳原子的链烷、环烷或芳烃。它的化学和物理特性位于汽油和重油之间，轻柴油沸点在170℃至390℃间，重柴油沸点范围约350～410℃，密度为0.82~0.845千克/立方分米。

差速锁 Differential lock
一种锁定车轴差速器的装置，使得两个或所有车轮都可被同向驱动。多在车轮打滑时工作。车辆必须脱开差速锁才能实现转弯。

直驱传动 Direct-drive transmission
一种变速器，发动机通过一系列齿轮来传递功率。传动比取决于齿轮箱中齿轮的数量和布置。选择不同齿轮进行换挡操作时，拖拉机必须停车。

直喷发动机 Direct-injection engine
一种直接喷射燃料的柴油发动机。

牵引点 Draw bar
牵引式工具与拖拉机连接的点位。

驱动轮 Driving wheel
通过变速器将发动机的动力传递到地面的车轮（或多个车轮）。

双动力 Dual-power
安装在恒定齿轮箱中的一种变速器，通过液压操作的离合器和齿轮组，可以在任何选定的档位中选择两种换挡速度。实际上，这意味着8速变速箱可以有16种速度。

双车轮 Dual-wheels
安装在拖拉机正常车轮和轮胎设备外缘的额外车轮。双轮减少了地面压力，同时增加了与地面接触的轮胎面积，从而提高了牵引力。

测功机车 Dynamometer car
一种测量拖拉机牵引力的装置。动态测量仪由车轮驱动，通过改变和测量施加在其上的阻力，可以记录任何给定地面条件下拖拉机的动力。

等尺寸的车轮 Equal-sized wheels
拖拉机所有车轴上尺寸相同的车轮。

浮选轮胎 Flotation tyre
一种比标准轮胎压力低的轮胎，并且有一个特别大的横截面。这可以降低地面压力，同时增加了轮胎与地面接触的面积。

飞轮 Flywheel
安装在蒸汽机或内燃机曲轴末端的重轮。它从发动机的动力系统中储存能量，并在非动力冲程时将能量回传到曲轴。飞轮还携带传动离合器和环形齿轮，以便在启动时与启动机相啮合。

四冲程发动机 Four-stroke engine
每旋转两圈曲轴就有一次动力冲程的发动机。

整车制造商 Full-line manufacturer
生产整套农业设备的制造商。一个整车制造商可以为农民提供其所需的所有机械。

直驱传动 Direct-drive transmission

通用目的型号 General purpose
一种拖拉机，能完成"复合型农场"所需的大部分工作，如犁地、耕作、收割和驱动带有动力输出的工具。固定式机械可由皮带轮驱动。

热球发动机 Hot-bulb engine
发动机的一种，也称为半柴油机，需要外部热源来启动。它可以通过一个热球，或电火花塞启动。一旦运行，灯或火花不再需要。这些发动机能够使用较低标号的燃料。

马力 (hp) Horsepower
一种计量单位，用来表示拖拉机发动机产生的动力。1马力等于每秒550英尺磅或745.7瓦。

静液压传动装置
Hydrostatic transmission
一种通过液压介质将动力从发动机传送到车轮或履带的系统。它提供了一个在正向和反向无级变速范围内的速度。这个系统不是很高效，发动机的功率损失比其他类型的变速器大得多。

液压驱动刹车
Hydraulically actuated brakes
施加在制动踏板上的压力通过制动系统内的液压液传递到制动器上。

液压 Hydraulics
利用液体介质，在气缸内的压力下进行升降和控制工具的动作。

无限变速式无级变速 (IVT)
Infinitely variable transmission
一种变速系统，为发动机提供在所有速度状态下进行变速工作。

智能电源管理
Intelligent-power management
计算机控制拖拉机发动机与其传动系统之间协调工作，以达到最佳的燃料经济性和工作效率。

连杆
Linkage
把工具和设备固定在拖拉机前面或后面的机械装置。连杆可以控制工具上升或下降至工作状态，并在某些情况下控制爬犁等工具的深度。

低压点火
Low-tension ignition
早期拖拉机上使用的一种点火系统，利用电池或低压磁电机提供的低压电流点火。火花产生的接触点位于气缸内，通过机械手段实现点火。

多片离合器
Multi-plate clutch
由多组驱动盘和从动盘组成的离合器：驱动盘总是比从动盘多两个。履带式拖拉机转向离合器一般都是这种类型。在某些传动系统中，多片离合器用于在给定的齿轮组内啮合不同的比率。

内布拉斯加测试
Nebraska test
1919年由美国内布拉斯加大学首先提出的一种测试拖拉机的动力、燃油经济性和性能是否符合制造商要求的测试方法。在美国，拖拉机必须经过内布拉斯加的测试才能销售。

名义马力（额定马力）
Nominal horsepower
这是对早期蒸汽机功率的一种非常近似的测量方法，制造商们用它来让顾客们对发动机的功率与马的功率进行比较。Nhp是根据活塞面积计算的，但没有考虑活塞冲程或锅炉压力。

石蜡
Paraffin
一种可燃碳氢燃料，因为比汽油便宜，所以被用来驱动拖拉机发动机。石蜡要求发动机的压缩比低于连续使用汽油时的压缩比。与人们普遍认为的相反，石蜡、煤油和拖拉机汽化油（TVO）并不是完全相同的：石蜡的辛烷值为0，煤油为15-20，TVO为55-65。

汽油 / 石蜡发动机
Petrol/paraffin engine
汽油启动的发动机，预热后变为石蜡。通过发动机歧管使废气加热进入空气 / 燃料混合物，以帮助石蜡燃料的汽化。

枢轴转向 Pivot steer
一种允许机器在原地旋转或"枢转"的转向方法。这是通过两侧的轮子或履带反向运动来实现的。

动力输出轴（PTO）
Power takeoff
拖拉机后部的轴，可以连接柔性驱动轴，以将功率从拖拉机的发动机传递到需要外部动力的机具。制造商已经对输出轴的尺寸进行了标准化，转速分别为每分钟540和1000转。

带动力换档变速箱
Powershift transmission
在全功率、移动时和不使用离合器的情况下提供换挡能力的变速器。

精确农业
Precision farming
一种农业系统，使用卫星导航、地图绘制和定位来进行所有的野外作业。作物生长结果被下载到计算机绘图软件程序中，以便为该地区今后使用化肥和化学品提供信息。

额定功率（马力）
Rating (horsepower)
发动机的额定功率可以用许多不同的方法给出。额定值可以表示为制动马力（bhp）；牵引杆马力（dhp）；公制马力（din）；或千瓦（kW）。每个等级都有自己特定的测量标准方法。

每分钟转数（转 / 分）
Revolutions per minute (rpm)
轴在一分钟内转动的次数，如曲轴或动力输出轴。

松土器 Ripper
一种用于松软坚硬土壤或岩石的重型单体或多体工具。

行作物拖拉机
Row crop tractors
马铃薯和甜菜等作物按一定的距离成排种植。用于种植和收割的行作物机械必须将轮子设置正确的间距，以便拖拉机能够在这些作物之间的空隙中运行，同时不会损坏正在生长的作物。这种应用还需要窄轮设备。

刮刀 Scraper
一种重型的运土设备，用于挖掘、搬运和重新整理土壤。

选择性催化还原
Selective catalytic reduction (SCR)
一种通过使用催化剂，将废气中所含的氮氧化物转化成无害的氮和水的方法。

半柴油机
Semi-diesel engine
见热球发动机。

刹车组件
Skid unit
这些设备标准由拖拉机制造商提供给第三方制造商，这些制造商希望生产自己品牌的机器，但他们需要一个专用的动力装置。这些装置按客户规范提供，但通常包括发动机（配有发动机罩和油箱）、齿轮箱和后轴（带或不带液压装置）。驾驶室、车轮和前桥通常不是组件的一部分。一些客户将拖拉机驾驶室作为一个完整的部件，根据特定用途进行设计。

链轮 Sprocket
履带式拖拉机的一部分，与履带啮合，以便将发动机的动力传递给履带部件。正驱动的橡胶履带拖拉机也使用链轮将动力传递到履带上。

蒸汽机
Steam engine
一种利用从沸水中产生的高压蒸汽来驱动汽缸中的活塞的发动机。这个术语也可以指任何自动式、便携式、半便携式或固定式的蒸汽发动机。

超级转向
Super-steer
一种转向装置，能使转弯半径很小。此功能在实际使用中非常有用，例如在马铃薯或甜菜等窄间距农作物的农田上进行转向。

同步啮合 Synchromesh
变速箱中的一种机构，在换档过程中同步齿轮的速度，使换档更容易。

转速表 Tachometer
指示发动机在任何档位时转速的仪表。

四级排放标准
Tier IV emission standards
最新的政府规定，所有发动机制造商在制造拖拉机部件时，必须遵守法规，以减少空气污染。ⅠⅤ级排放标准从2008年开始逐步实施，并一直持续到2015年。

三点联动臂
Three-point linkage
把工具固定在拖拉机上的装置，包括两个下拉杆（臂）和一个上拉杆（臂）。该系统最初由哈里·弗格森获得专利，集成了液压升降和深度控制功能。

脱粒机
Threshing machine
由蒸汽机或拖拉机驱动的机器，用于机械地将谷类从谷壳和稻草中分离，同时将谷类清洁到可销售的标准。

转矩 Torque
旋转分量使物体绕轴旋转而产生的扭转力。

全损耗润滑系统
Total-loss lubrication system
在早期拖拉机上使用的一种系统，在这种系统中，供给发动机汽缸、或汽缸和轴承的油，是通过滴油或泵以规定的速度流到相应部件，以提供足够的润滑。一旦使用，油就会从系统中消耗。

轮距
Track width
从一侧车轮到另一侧车轮的距离。

牵引发动机
Traction engine
蒸汽驱动的全自动发动机的总称。发动机可用于驱动和移动脱粒机、打捆机、果壳切割器或任何其他需要动力的装置。该发动机也可以从事一般运输工作。

传动系统
Transmission
发动机输出动力的系统将发动机动力输出到车轮上。

震动线圈点火
Trembler coil ignition
早期拖拉机使用的点火系统。低压电流由飞轮内置的电池或发电机提供给震动线圈（每个气缸一个）。与发动机同步的分配器依次向每个线圈提供低压电流。随后线圈立即产生一个高压电流，引燃火花塞，进而点燃气缸。

螺丝扣顶部拉杆
Turnbuckle top-link
一个"三点联动"平衡装置。一个螺丝扣顶部连杆的一端有左旋螺纹，另一端有右旋螺纹，两个螺丝扣之间有一个螺母。可以调整螺丝扣顶部连杆的长度，以使所连接的机具保持水平。

二冲程发动机 Two-stroke engine
每转动一次曲轴就有一次动力冲程的发动机。

轮胎胎面 Tyre tread
拖拉机轮胎与地面接触部分橡胶的形状。轮胎胎面会被设计成各种形状，以保持拖拉机在各种路面条件下高效稳定地工作。

行程（冲程）Stroke
发动机中活塞从气缸一端到另一端的距离。

尿素基柴油废气
Urea-based diesel exhaust fluid
一种由32.5% 尿素和67.5% 去离子水组成的液体。这种液体作为一种可消耗的水溶液注入废气，与废气发生反应，以减少现代柴油发动机产生有害的一氧化二氮。

可变马力（vhp）
Variable horsepower
变速箱和发动机输出功率之间的交互系统。在低速档，功率设置为发动机的标准额定值。在更高的档位中，功率设置提高到预定的水平。这增加了工作速率，同时也保护了变速箱不受扭矩过载的影响，如果在低速档使用高功率设置，则会导致扭矩过载。

产量图
Yield mapping
"精确农业"的一部分，用来收集和记录某一地区农作物产量变化的信息。

索引

All page references are given in *italics*

Ursus
  1204 *167*
  OMP 55C *132*
USSR
  1921–1938 *49*
  1939–1951 *83*
  1965–1980 *174–5*
  see also Russia
UTB Universal 530 *165*
utility vehicles *226–7*

Valmet
  15A *237*
  360D *164*
  1780 Turbo *194*
  9400 *193*
Valtra *183, 208*
  A63 *211*
  and AGCO *236, 237*
  BT190 *230*
Varity *183*
verge cutting *202, 226–7*
Versatile *191, 233*
  82 series *233*
  935 *200*
  1080 "Big Roy" *151, 170*
  Deltatrack 450DT *223*
Vickers
  Aussie *54*
  VR180 *175*
  World Tractor Trials *62–3*

Vierzon
  201 *124–5*
  H2 *77*
vineyards *40, 59, 120, 121, 136, 144, 218, 219*
Volgograd BT-100 *197*
Volgograd Tractor Plant *209*
Volvo-BM 470 *125*
Volvo-BM Valmet *193*

Wagner TR-9 *144*
Walker, Fletcher *76*
Wallis, Henry M. *154*
Wallis Club *19*
Wallis Tractor Company *54, 154, 155*
Wallis & Steevens *15*
Walsh & Clark oil ploughing machine *31*
Waltanna
  4-250 *170*
  200 *196*
War Agricultural Executive Committees
  (WAEC) *94, 95, 112–13*
War Department (UK) *36*
Warder, Bushnell & Glassner *52*
Waterloo Boy *29, 44–5*
  Model N *29, 44, 45*
Waterloo Gasoline (Traction) Engine Co. *18, 44, 45*
Waukesha *140*
Weeks-Dungey New Simplex *27*
wheels *244–5*
wheelslip *170*

White 6144
  125 Workhorse *187*
  6195 *186*
  9100 Series *236*
  Field Boss 2-110 *187*
White Farm Equipment (WFE) *187, 236, 237*
White Motor Co. *153, 170*
William Galloway Co. *27*
William Weeks *27*
Williams, Robert C *151*
Williams Brothers (Montana) *173*
Williamson, Henry *49*
Winnipeg tractor trials *13*
Women's Land Army (WLA) *38–9, 92–3, 95, 113*
Women's Legion *38*
World Tractor Trials *49, 55, 60, 62–3*
World War I
  Beating the U-boat *13, 34–5*
  British food production campaign *26*
  Ferguson *102*
  Fordson *106*
  Holt 75 Gun Tractor *36–7*
  Holt Manufacturing Comapny *79*
  Titan 10-20 *52*
  US Army's Artillery Tractor *32–3*
  Women's Land Army *38–9*
World War II *83*
  Caterpillar *79*
  David Brown *138, 139*
  Fiat *160*
  International Harvester *53*
  Lanz *61*

World War II *continued*
  Military Might *94–5*
  Roadless Half-Track *96–7*
  Specials and Conversions *108–9*
  War Agricultural Executive Committees
    (WAEC) *112–13*
  Women's Land Army *92–3*

XYZ

yield mapping combines *183*
YTO 180 *230*
Yube Bell-Tread *43*
Zetor
  3045 *163*
  9540 *193*
  Crystal 12011 *165*
  Major 80 *211*
Zimmerman, Abraham *232, 233*

致谢

Dorling Kindersley would like to thank Stuart Gibbard for his support throughout the making of this book.

In addition, Dorling Kindersley would like to extend thanks to the following people for their help with making the book: Sue Gibbard; Dennis Bacon; Rory Day; Ted Everett, AGCO; Steve Mitchell, ASM Public Relations Ltd; Mark James, Wade D. Ellett, and Neil Dahlstrom, John Deere; Erik de Leye, Media Relations Representative, EAME, Caterpillar Inc., for checking the text for Caterpillar; Sarah Pickett and Richard Wiley, CNH Industrial; Jason Sankey, Marketing Communications Manager, JCB Agriculture, and Jane Cornwall, Press Office Administrator, JCB World Headquarters; Graham Barnwell, SAME Deutz-Fahr; Caroline Benson, Museum of English Rural Life, University of Reading.

The publisher would like to thank the following people for their help with making the book: Steve Crozier at Butterfly Creative Solutions, Adam Brackenbury, and Tom Morse for colour retouching; Amy Orsborne, and Daine Stahr for design help; Joanna Edwards and Catherine Saunders for editorial help; Sonia Charbonnier for technical support; Sachin Singh at DK Delhi for DTP help; Joanna Chisholm for proofreading; Helen Peters for the index.

The publisher would also like to thank the following museums, companies, and individuals for their generosity in allowing Dorling Kindersley access to their tractors for photography:

Carrington Steam and Heritage Show, 2014
Main Road, Carrington, Nr. Boston Lincolnshire, PE22 7DZ, UK
www.carringtonrally.co.uk

With special thanks to Malcolm Robinson and Alex Bell and all the tractor owners

Chandlers (Farm Equipment) Ltd.
Main Road, Belton, Grantham, Lincolnshire, NG32 2LX, UK
www.chandlersfe.co.uk
With special thanks to Gavin Pell and Mick Thrower

James Coward, Thorney, Spalding, Lincolnshire, UK

Robert H. Crawford & Son
Agricultural Engineers & Manufacturers Frithville, Boston, Lincolnshire, PE22 7DU, UK
www.rhcrawford.com
With special thanks to Robert Crawford

Roger and Fran Desborough,
Halesworth, Suffolk, UK

Doubleday – Holbeach
Old Fendyke, Holbeach St Johns, Spalding, Lincolnshire, PE12 8SQ, UK
www.doubledaygroup.co.uk
With special thanks to Graham Collishaw

Doubleday – Swineshead
Station Road, Swineshead, Boston, Lincolnshire, PE20 3PN, UK
www.doubledaygroup.co.uk
With special thanks to Zoe Doubleday-Collishaw and Luke Spencer

Andrew Farnham, Wisbech, Cambridgeshire, UK
with special thanks to Reg Mattless, Tracy Farnham, and David Drake

Fenland Tractors
Station Yard, Postland, Crowland, Peterborough, Cambridgeshire, PE6 0JT, UK
With special thanks to Martyn Stanley for his help during the photoshoot
www.fenlandtractors.co.uk

Henry Flashman, Gunnislake, Cornwall, UK

Geldof Tractors
Vierschaar 4, B-8531, Harelbeke, Belgium
www.geldof-tractors.com
With special thanks to Michel Geldof and Steven Vanderbeke

Stuart Gibbard
Gibbard tractors, specialists in original tractor literature
www.gibbardtractors.co.uk

Peter Goddard, Diss, Norfolk, UK

Great Dorset Steam Fair
The National Heritage Show
Tarrant Hill, Blandford Forum, Dorset, DT11 8HX, UK
www.gdsf.co.uk
Special thanks to Martin Oliver and Sarah Oliver and all the tractor owners

Happy Old Iron
B-3670, Meeuwen, Belgium
www.happyoldiron.com
With special thanks to Marc Geerkens and Lennert Geerkens

Paul Holmes, Boston, Lincolnshire, UK

Tim Ingles, Moreton in Marsh, Gloucestershire, UK

Keystone Tractor Works
880 W Roslyn Road, Colonial Heights, VA 23834, USA

Richard and Valerie Mason,
Swineshead, Boston, Lincolnshire, UK

Rabtrak Ltd.
The Poplars, Fulney Drive, Spalding, Lincolnshire, PE12 6BW, UK
www.rabtrak.co.uk

Paul Rackham Ltd. Tractor Collection
Camp Farm, Roudham, Norwich, Norfolk, NR16 2RL, UK
With special thanks to Paul Rackham and to Lee Martin for his help during the photoshoot

Rural Pastimes at Euston Park
Euston, Suffolk, IP24 2QH, UK
http://www.eustonruralpastimes.org.uk
With special thanks to Tim Shelley, Henry Castle, and all the tractor owners

The Shuttleworth Collection
Shuttleworth (Old Warden Aerodrome)
Nr Biggleswade,
Bedfordshire, SG18 9EP, UK
www.shuttleworth.org

Piet Verschelde Antique Tractors
Mannebeekstraat 1 B-8790, Waregem, Belgium
www.pietverschelde.com
With special thanks to Piet Verschelde

David Wakefield, Bury, Huntingdon, Cambridgeshire, UK

The Ward Collection
with additional thanks to Oliver Wright for his help during the photoshoot

Andrew Websdale, Norwich, Norfolk, UK

Lister Wilder
The Park, Portway, Crowmarsh, Wallingford, Oxfordshire, OX10 8FG, UK

A R Wilkin, Barnham, Norfolk, UK

PICTURE CREDITS
The publisher would like to thank the following for their kind permission to allow Dorling Kindersley to photograph their vehicles:
(Key: a-above; b-below/bottom; c-centre; f-far; l-left; r-right; t-top)

All DK images shot by Gary Ombler

1 DK: Courtesy of Paul Rackham Ltd (c). **2–3 DK:** Courtesy of Paul Rackham Ltd (c). **4 DK:** Courtesy of Paul Rackham Ltd (br). **5 DK:** Courtesy of Henry Flashman (bl), Courtesy of Paul Rackham Ltd. (br). **6 DK:** Courtesy of Paul Rackham Ltd. (br); Courtesy of Richard and Valerie Mason (bl). **7 DK:** Courtesy of Doubleday Swineshead (BR); Courtesy of Paul Rackham Ltd. (bl). **8 DK:** Courtesy of Andrew Websdale (br); Courtesy of Henry Flashman (bl). **9 DK:** Courtesy of Doubleday Swineshead (br); Courtesy of Richard and Valerie Mason (bl). **10–11 DK:** Courtesy of Robert Crawford (c). **14 DK:** Courtesy of Ernie Eagle (tc); Courtesy of Happy Old Iron, Marc Geerkens (cl). **15 DK:** Courtesy of Trevor Wrench and Trish Bloomfield (tl); Courtesy of Natel Taylor (cra); Courtesy of the Farwell family (cr); Courtesy of Mary and Brian Snelgar (bl). **18 DK:** Courtesy of The Ward Collection (cr); Courtesy of Happy Old Iron, Marc Geerkens (tc); Courtesy of Robert Crawford (clb). **19 DK:** Courtesy of Malcolm Robinson (tc); Courtesy of Mike Kendall (bc). **20 DK:** Courtesy of Robert Crawford (bl); Courtesy of Robert Crawford (clb). **20–21 DK:** Courtesy of Robert Crawford (c). **21 DK:** Courtesy of Robert Crawford (all). **22 DK:** Courtesy of The Ward Collection (cra), (cla), clb); Courtesy of Geldof Tractors (tr); Courtesy of Mick Patrick (br). **23 DK:** Courtesy of The Ward Collection (crb), (clb); Courtesy of Roger and Fran Desborough (ca), (bc); **26–27 DK:** Courtesy of Paul Rackham Ltd. (c). **27 DK:** Courtesy of D. West, Canterbury (tr); Courtesy of The Ward Collection (tl); Courtesy of Happy Old Iron, Marc Geerkens (bl); Courtesy of Paul Rackham Ltd. (cra). **28 DK:** Courtesy of The Ward Collection (br), (cla); Courtesy of Keystone Tractor Works (cra); Courtesy of Geldof Tractors (CLB). **29 DK:** Courtesy of Paul Rackham Ltd. (tr), (bc); Courtesy of Paul Rackham Ltd. **30 DK:** Courtesy of Simon Wyeld and family (cla); Courtesy of The Ward Collection (CRB); Courtesy of R.C. Gibbons (bl). **31 DK:** Courtesy of The Ward Collection (cra), (bc); Courtesy of Richard Vincent (tl). **34 DK:** Courtesy of The Ward Collection (crb); Courtesy of Derek Mellor (cla); Courtesy of Paul Rackham Ltd. (tr), (bl). **35 DK:** Courtesy of The Ward Collection (CRB); Courtesy of Paul Rackham Ltd. (bc), (tc). **36 DK:** Courtesy of Paul Rackham Ltd. (bl, all). **36–37 DK:** Courtesy of Paul Rackham Ltd. (c). **37 DK:** Courtesy of Paul Rackham Ltd. (all). **40 DK:** Courtesy of Happy Old Iron, Marc Geerkens (tc), (cla), (bc); Courtesy of Geldof Tractors (bl). **40–41 DK:** Courtesy of The Ward Collection (c). **41 DK:** Courtesy of The Ward Collection (br); Courtesy of James Coward (CA); Courtesy of Geldof Tractors (tr); **42 DK:** Courtesy of The Ward Collection (cr), (tc); Courtesy of Piet Verschelde (bc). **45 DK:** Courtesy of Doubleday Swineshead (ftr); Courtesy of John Bowen-Jones (tr); Courtesy of Keystone Tractor Works (tl); Courtesy of Paul Rackham Ltd. (ftl). **46 DK:** Courtesy of Paul Rackham Ltd. (c).

50 DK: Courtesy of L. Gilbert: Chellaston (tr); Courtesy of Paul Rackham Ltd. (cr); Courtesy of Peter Goddard (clb), (br). **51 DK:** Courtesy of Andrew Farnham (tr); Courtesy of Paul Rackham Ltd. (tl); Courtesy of Peter Goddard (bc). **54 DK:** Courtesy of Paul Rackham Ltd. (cla); Courtesy of Roger and Fran Desborough (bc). **55 DK:** Courtesy of Paul Rackham Ltd. (bl); Courtesy of Peter Robinson (crb); Courtesy of Roger and Fran Desborough (tl), (tr). **56 DK:** Courtesy of Paul Rackham Ltd. (clb), (bl); **56–57 DK:** Courtesy of Paul Rackham Ltd. (c); **57 DK:** Courtesy of Paul Rackham Ltd. (all). **58 DK:** Courtesy of James Coward (c); Courtesy of Geldof Tractors (bl); Courtesy of Roger and Fran Desborough (tr); Courtesy of S.M. Sheppard (br). **59 DK:** Courtesy of Happy Old Iron, Marc Geerkens (clb); Courtesy of Happy Old Iron, Marc Geerkens (cra); Courtesy of Geldof Tractors (br); Courtesy of Paul Rackham Ltd. (tr), (cla). **61 DK:** Courtesy of Geldof Tractors (tl), (tr); Courtesy of Piet Verschelde (ftr). **64 DK:** Courtesy of R. Parcell (c); Courtesy of Keystone Tractor Works (bl); Courtesy of Paul Rackham Ltd. (tr). **64–65 DK:** Courtesy of Keystone Tractor Works (c). **65 DK:** Courtesy of Robin Simons (tc); Courtesy of Peter Goddard (bl); Courtesy of Keystone Tractor Works (cla), (cra), (br). **66 DK:** Courtesy of Paul Rackham Ltd. (bl, both). **66–67 DK:** Courtesy of Paul Rackham Ltd. (c). **67 DK:** Courtesy of Paul Rackham Ltd. (all). **68 DK:** Courtesy of Keystone Tractor Works (cb); Courtesy of Paul Rackham Ltd. (bl); Courtesy of Stuart Gibbard (ca). **68–69 DK:** Courtesy of Paul Rackham Ltd. (cb). **69 DK:** Courtesy of Keystone Tractor Works (br), (cb); Courtesy of Paul Rackham Ltd. (tc), (cla); Courtesy of Peter Goddard (cra). **70 DK:** Courtesy of The Ward Collection (clb), (bl). **70–71 DK:** Courtesy of The Ward Collection (c). **71 DK:** Courtesy of The Ward Collection (all). **72 DK:** Courtesy of Happy Old Iron, Marc Geerkens (tc); Courtesy of Paul Rackham Ltd. (cra); Courtesy of Roger and Fran Desborough (cb); Courtesy of The Ward Collection (tl). **73 DK:** Courtesy of The Ward Collection (tr); Courtesy of Paul Rackham Ltd. (crb); Courtesy of Paul Rackham Ltd. (cra). **76 DK:** Courtesy of Geldof Tractors (cra); Courtesy of Piet Verschelde (tc); Courtesy of The Shuttleworth Collection (cla). **76–77 DK:** Courtesy of Roger and Fran Desborough (cb). **77 DK:** Courtesy of Geldof Tractors (cla), (tr), (tl); Courtesy of Paul Rackham Ltd. (crb); Courtesy of Piet Verschelde (bc). **79 DK:** Courtesy of Paul Rackham Ltd. (tr); Courtesy of Roger and Fran Desborough (tl). **80–81 DK:** Courtesy of Paul Rackham Ltd. (C) **84 DK:** Courtesy of Henry Flashman (tr); Courtesy of Paul Rackham Ltd. (clb) (cla); (b). **84–85 DK:** Courtesy of D. Disdel (bc). **85 DK:** Courtesy of Andrew Farnham (cla); Courtesy of Keystone Tractor Works (cr); Courtesy of Paul Rackham Ltd. (tl), (tr). **86 DK:** Courtesy of Henry Flashman (clb, both); **86–87 DK:** Courtesy of Henry Flashman (c). **87 DK:** Courtesy of Henry Flashman (all). **88 DK:** Courtesy of Paul Rackham Ltd. (cla), (cl). **88–89 DK:** Courtesy of Paul Rackham Ltd. (c); **89 DK:** Courtesy of James Coward (br), (crb); **89 DK:** Courtesy of Ken Barber (cra). **90 DK:** / Courtesy of Keystone Tractor Works (cla), (crb), (bl); **90–91 DK:** Courtesy of Paul Rackham Ltd. (tc), (bc). **91 DK:** Courtesy of Keystone Tractor Works (tc), (cra), (cb), (br). **94 DK:** Courtesy of Paul Rackham Ltd. (cr), (bc). **94–95 DK:** Courtesy of Paul Rackham Ltd. (c). **95 DK:** Courtesy of Mick Osborne (cb); Courtesy of Paul Rackham Ltd. (cl), (bc), (crb). **96 DK:** Courtesy of Paul Rackham Ltd. (bl, both). **96–97 DK:** Courtesy of Paul Rackham Ltd. (c). **97 DK:** Courtesy of Paul Rackham Ltd. (all). **98 DK:** Courtesy of Geldof Tractors (cla); Courtesy of Piet Verschelde (clb), (br) (c). **99 DK:** Courtesy of Happy Old Iron, Marc Geerkens (bl), (cb), (cr); Courtesy of Piet Verschelde (tr). **100 DK:** Courtesy of Happy Old Iron, Marc Geerkens (tr), (ca), (br); Courtesy of Piet Verschelde (clb). **100–101 DK:** Courtesy of Happy Old Iron, Marc Geerkens (c); **101 DK:** Courtesy of Geldof Tractors (br), (tr); Courtesy of Piet Verschelde (bc); Courtesy of Stuart Gibbard (cla). **103 DK:** Courtesy of Peter Rudling (tr); Courtesy of Paul Rackham Ltd. (tl), (ftl). **104 DK:** Courtesy of Dave Buckle (crb); Courtesy of John Hipperson (bl); Courtesy of Paul Rackham Ltd. (cla), (BR); Courtesy of Roger and Fran Desborough (tr). **105 DK:** Courtesy of Matthew Waters (crb); Courtesy of Paul Rackham Ltd. (ca); Courtesy of Paul Rackham Ltd. (bl). **107 DK:** Courtesy of Jim Brown (ftr); Courtesy of Paul Rackham Ltd. (tr), (ftl); Courtesy of Peter Robinson (tl). **108 DK:** Courtesy of Keystone Tractor Works (bc); Courtesy of Paul Rackham Ltd. (clb). **108–109 DK:** Courtesy of Richard and Valerie Mason (c). **109 DK:** Courtesy of Tony Jones (tr); Courtesy of A. Oglesby (tc). **110 DK:** Courtesy of Martin Shemelds (bl); Courtesy of Paul Holmes (cra). **111 DK:** Courtesy of Paul Rackham Ltd. (crb); Courtesy of Richard and Valerie Mason (tl). **114–115 DK:** Courtesy of Paul Rackham Ltd. (c). **118 DK:** Courtesy of Keystone Tractor Works (tr), (crb), (cla), (bl), (br). **119 DK:** Courtesy of Keystone Tractor Works (tr), (bl), (crb). **120 DK:** Courtesy of Peter Rudling (clb); Courtesy of Andrew Farnham (tr); Courtesy of Paul Rackham Ltd. (bc); Courtesy of Roger and Fran Desborough (cla). **120–121 DK:** Courtesy of Peter Goddard (c). **121 DK:** Courtesy of David Mason (ca); Courtesy of Matthew Waters (crb), (tr); Courtesy of John Simpson (bl); Courtesy of Paul Rackham Ltd. (br), (tl). **122 DK:** Courtesy of Andrew Websdale (bl, both). **122–123 DK:** Courtesy of Andrew Websdale (cl). **123 DK:** Courtesy of Andrew Websdale (all). **124 DK:** Courtesy of Geldof Tractors (bl); Courtesy of Paul Rackham Ltd. (tr), (cla); Courtesy of Piet Verschelde (br). **125 DK:** Courtesy of Andrew Websdale (br); Courtesy of Happy Old Iron, Marc Geerkens (crb), (tl); Courtesy of Piet Verschelde (tr). **126 DK:** Courtesy of Geldof Tractors (cla); Courtesy of Paul Rackham Ltd. (tr); Courtesy of Piet Verschelde (cb). **126–127 DK:** Courtesy of Piet Verschelde (bc). **127 DK:** Courtesy of Geldof Tractors (br); Courtesy of Piet Verschelde (tr), (cr). **128 DK:** Courtesy of Paul Rackham Ltd. (bl, both). **128–129 DK:** Courtesy of Paul Rackham Ltd. (c). **129 DK:** Courtesy of Paul Rackham Ltd. (all). **132 DK:** Courtesy of James Coward (tr); Courtesy of Piet Verschelde (cla), (bl). **133 DK:** Courtesy of Happy Old Iron, Marc Geerkens (bc); Courtesy of Henry Flashman (br); Courtesy of Paul Holmes (tr); Courtesy of Paul Rackham Ltd. (cl); Courtesy of Piet Verschelde (cla). **134 DK:** Courtesy of Keystone Tractor Works (tc); Courtesy of Paul Holmes (c); Courtesy of Paul Rackham Ltd. (bl). **134–135 DK:** Courtesy of Keystone Tractor Works (tc), (cb). **135 DK:** Courtesy of Richard and Valerie Mason (tc). **136 DK:** Courtesy of Happy Old Iron, Marc Geerkens (cr), (br); Courtesy of Keystone Tractor Works (tr); Courtesy of Mrs S. Needle (bl). **137 DK:** Courtesy of Happy Old Iron, Marc Geerkens (bl), (br); Courtesy of Keystone Tractor Works (tr), (c). **139 DK:** Courtesy of Adam Rayner (tl); Courtesy of Paul Rackham Ltd. (ftl); Courtesy of Stuart Gibbard (tr). **140 DK:** Courtesy of Keystone Tractor Works (br); Courtesy of Paul Rackham Ltd. (clb); Courtesy of Stuart Gibbard (tr). **141 DK:** Courtesy of Doubleday Swineshead (bl); Courtesy of Keystone Tractor Works (c), (tl), (tr). **142–143 DK:** Courtesy of Richard and Valerie Mason (cb). **143 DK:** Courtesy of Richard and Valerie Mason (all). **144 DK:** Courtesy of Happy Old Iron, Marc Geerkens (cla); Courtesy of Richard and Valerie Mason (bl). **144–145 DK:** Courtesy of J Hardstaff (c). **145 DK:** Courtesy of John Pickard (br); Courtesy of Richard and Valerie Mason (tl), (cr); Courtesy of Stuart Gibbard (tr). **148 DK:** Courtesy of John Bowen-Jones (c). **152 DK:** Courtesy of Happy Old Iron, Marc Geerkens (cla); Courtesy of John Bowen-Jones (bl). **152–153 DK:** Courtesy of Happy Old Iron, Marc Geerkens (ca). **153 DK:** Courtesy of Happy Old Iron, Marc Geerkens (c), (crb); Courtesy of Henry Flashman (tc); Courtesy of Keystone Tractor Works (bl). **155 DK:** Courtesy of Mick Patrick (ftl); Courtesy of Paul Rackham Ltd. (tl); Courtesy of Happy Old Iron, Marc Geerkens (tr); c. DK (ftr). **156 DK:** Courtesy of B. Murduck (clb); Courtesy of Paul Holmes (tr); Courtesy of R. Oliver (ca); **156 DK:** Courtesy of Richard and Valerie Mason (bl). **156–157 DK:** Courtesy of Peter Rash (c). **157 DK**: Courtesy of Andrew Farnham (tl); Courtesy of Paul Rackham Ltd. (tr). **156–157 DK:** Courtesy of Paul Rackham Ltd. (bc). **158 DK:** Courtesy of D. Sherwin (clb); Courtesy of Paul Rackham Ltd. (tr); Courtesy of Richard and Valerie Mason (cla). **158-159 DK:** Courtesy of D. Sherwin (bc); **159 DK:** Courtesy of Piet Verschelde (tl); Courtesy of Raymond Peter Coupland (br). **162 DK:** Courtesy of Happy Old Iron, Marc Geerkens (tc), Courtesy of Geldof Tractors (clb). **162–163 DK:** Courtesy of A.M. Smith (tc); Courtesy of Happy Old Iron, Marc Geerkens (bc). **163 DK:** Courtesy of S. Oliver (cr). **166 DK:** Courtesy of Richard and Valerie Mason (bl, both). **166–167 DK:** Courtesy of Richard and Valerie Mason (bc). **167 DK:** Courtesy of Richard and Valerie Mason (all). **168 DK:** Courtesy of A. Hardesty (crb); **168 DK:** Courtesy of Richard and Valerie Mason (tr), (cla), (bl). **168–169 DK:** Courtesy of Paul Rackham Ltd. (tc). **169 DK:** Courtesy of Gavin Chapman (tc); Courtesy of Phillip Warren (br). **170 DK:** Courtesy of Peter Tack (ca). **174–175 DK:** Courtesy of Fenland Tractors (cb). **175 DK:** Courtesy of Fenland Tractors (br). **176–177 DK:** Courtesy of Richard and Valerie Mason (c). **180 DK:** Courtesy of Doubleday Holbeach (clb); Courtesy of Stuart Gibbard (cla). **180–181 DK:** Courtesy of Doubleday Holbeach (bc); Courtesy of Bryan Bowles (tc). **181 DK:** Courtesy of Doubleday Holbeach (tr). **183 DK:** Courtesy of Andrew Farnham (ftl); Courtesy of Peter Tack (tl). **186-187 (c) DK (bc). 188 DK:** Courtesy of Doubleday

Holbeach (cla). **189 DK:** Courtesy of Richard and Valerie Mason (tr). **191 DK:** Courtesy of B. Murduck (tl); Courtesy of Bryan Bowles (ftl); Courtesy of Richard and Valerie Mason (tr); Courtesy of Stuart Gibbard (ftr). **192 DK:** Courtesy of Andrew Farnham (cla). **195 DK:** Courtesy of Robert Crawford (cla). **196 DK:** Courtesy of Tim Ingles (cb). **198 (c) DK** (bl, both). **198-199** (c) DK (cb). **199 (c) DK** (all). **201 (c) DK** (cla). **202 DK:** Courtesy of David Wakefield (bl, both). **202-203 DK:** Courtesy of David Wakefield (cb); Courtesy of David Wakefield (all). **204 (c) DK** (cb). **205 DK:** Courtesy of David Wakefield (tl). **206-207 DK:** Courtesy of Doubleday Swineshead (c). **210 DK:** Courtesy of Chandlers Ltd (tr); Courtesy of Doubleday Holbeach (cla). **210-211 DK:** Courtesy of Rabtrak Ltd. (ca). **212 DK:** Courtesy of Doubleday Swineshead (bl), (cb), (cb), (bl), (clb), (bc). **212-213 DK:** Courtesy of Doubleday Swineshead (cb). **213 DK:** Courtesy of Doubleday Swineshead (all). **214 DK:** Courtesy of Doubleday Holbeach (tc), (cla), (c). **214-215 DK:** Courtesy of Chandlers Ltd (cb). **215 DK:** Courtesy of Chandlers Ltd (tr); Courtesy of Doubleday Holbeach (cla); Courtesy of Doubleday Swineshead (cr). **217 DK:** / Courtesy of Happy Old Iron, Marc Geerkens (tr). **218–219 DK:** Courtesy of Lister Wilder (bc). **220 DK:** / Courtesy of Chandlers Ltd. (clb, both). **220-221 DK:** Courtesy of Chandlers Ltd (cb). **221 DK:** Courtesy of Chandlers Ltd. (all). **222 DK:** Courtesy of Chandlers Ltd. (bc). **223 DK:** Courtesy of Doubleday Swineshead (bl). **230 DK:** Courtesy of Rabtrak Ltd. (cra), (bc). **231 DK:** Courtesy of Chandlers Ltd (tl); Courtesy of Rabtrak Ltd. (tr). **233 DK:** Courtesy of Doubleday Holbeach (tr). **235 DK:** Courtesy of Doubleday Holbeach (ca). **237 DK:** Courtesy of Chandlers Ltd. (tr), (ftr). **240–241 DK:** Courtesy of Doubleday Swineshead (c). **243 DK:** Courtesy of Peter Goddard (bc); Courtesy of Mick Patrick (ca); Courtesy of Paul Rackham Ltd. (cra), (br). **244 DK:** Courtesy of Doubleday Swineshead (cb), (c), (bc); Courtesy of Paul Rackham Ltd. (clb). **244–245 DK:** Courtesy of Doubleday Swineshead (c). **245 DK:** Courtesy of Doubleday Swineshead (ca), (bc), (c); Courtesy of Keystone Tractor Works (cla); Courtesy of Paul Rackham Ltd. (cra); Courtesy of Peter Goddard (tlc); Courtesy of Roger and Fran Desborough (trc). **246 DK:** Courtesy of D. Sherwin (bc); Courtesy of Doubleday Swineshead (br). **247 DK:** Courtesy of Doubleday Swineshead (br).

The publisher would like to thank the following for their kind permission to reproduce their photographs:

Key: a-above; b-below/bottom; c-centre; f-far; l-left; r-right; t-top)

SGC: Stuart Gibbard collection

12 SGC: (c). **13 SGC:** (ca, br). **14 David Parfitt:** (bl). **16 SGC:** (tl, bl, cl, cr). **17 David Parfitt:** (ftr). **SGC:** (ftl, tl, tr). **18 David Parfitt:** (br). **SGC:** (cla). **19 Gunnar Österlund:** (clb). **David Peters:** (crb). **20 SGC:** (tl). **24–25 SGC:** (c). **26 SGC:** (cla, tc, bc). **27 SGC:** (cb, bc). **28 SGC:** (tr). **29 SGC:** (tl). **30 SGC:** (tr). **31 Brian Knight:** (tr). **32–33 The Library of Congress, Washington DC:** LC-H261- 24822 [P&P] (c). **35 SGC:** (clb). **36 Roy Larkin:** (tl). **38–39 SGC:** (c). **41 SGC:** (crb). **42 David Parfitt** (cla). **SGC:** (bl, bc, tc). **43 David Parfitt:** (cr). **SGC:** (cla). **44 John Deere:** John Deere Art Collection (bl). **John Deere:** (tl, cl). **45 John Deere:** (cr, bc). **SGC:** (cl). **48 SGC:** (c). **49 SGC:** (c, br). **50 David Parfitt:** (cla). **52 Case IH:** Wisconsin Historical Society (cl). **SGC:** (tl, bl, cr). **53 FPP:** (ftr). **SGC:** (cr). **The Library of Congress, Washington DC:** 1a35288u (bc). **54 SGC:** (tc, cr). **55 David Peters:** (cl). **56 SGC:** (tl). **60 John Deere. SGC:** (tl, bc). **61 John Deere:** (br). **SGC:** (cl, cr). **62-63 Museum of English Rural Life:** (c). **66 SGC:** (tl). **70 Museum of English Rural Life:** (tl). **73 Cheffins:** (clb). **Brian Knight:** (tr). **David Parfitt:** (bc). **74-75 SGC:** (c). **78 Caterpillar:** (bc, cr). **Wikipedia:** (tl). **79 FPP:** Claas (ftr). **David Parfitt:** (ftl). **Caterpillar:** (bl, c, br). **82 Bridgeman Images:** © The Estate of Terence Cuneo (c). **83 SGC:** (ca, br). **85 Corbis:** Bettmann (br). **86 Saskatchewan Western Development Museum:** Clark Collection, WDM-1981-S-197 (tl). **88 David Parfitt:** (tc, bl). **89 SGC:** (tl). **92–93 SGC:** (c). **94 David Parfitt:** (tr, clb). **SGC:** (cla). **96 SGC:** (tl). **99 SGC:** (br). **101 David Peters:** (cr). **102 Getty Images:** J. A. Hampton / Stringer (tl). **SGC:** (bl, cr). **103 SGC:** (ftr, cr, bc). **106 Corbis:** Bettmann (tl). **SGC:** (bc). **The Library of Congress, Washington DC:** cph.3c11278 (cla). **107 SGC:** (c, cr, fcr, br). **108 David Peters:** (bc). **SGC:** (cla). **109 David Parfitt:** (cb). **SGC:** (cr, br). **110 SGC:** (cla). **111 SGC:** (tr, cr). **112–113 SGC:** (c). **116 SGC:** (cr). **117 SGC:** (ca, br, bl). **122 SGC:** (tl). **126 David Peters:** (bl). **127 Brian Knight:** (tl). **128 John Deere:** (tl). **130–131 Corbis:** Bettmann (c). **133 David Peters:** (br). **134 Mecum Auctions:** (cla). **135 SGC:** (cr). **136 Brian Knight:** (cla). **138 SGC:** (tl, cl, cr). **138–139 SGC:** (bc). **139 SGC:** (cr). **Robert Sykes:** (ftr). **140 SGC:** (cl). **142 SGC:** (tl). **144 David Peters:** (tc, clb). **146–147 SGC:** (c). **150 SGC:** (c). **151 SGC:** (br, ca). **152 John Deere:** (crb). **154 akg-images:** Universal Images Group / Unversal History Archive (bl). **Case IH:** Wisconsin Historical Society (tl, cl). **154–155 Case IH:** Wisconsin Historical Society (bc). **155 Case IH:** (br). **157 SGC:** (br, fbr/MF 175). **159 Case IH:** Wisconsin Historical Society (tr). **David Peters:** (ca). **SGC:** (cr). **160 Archivio e Centro Storico Fiat:** (tl). **SGC:** (cl, bl, cr). **161 SGC:** (bl, crb, tl/Fiat 505C, ftl, tr/Fiat 680, ftr). **162 David Peters:** (cla, bc). **163 Brian Knight:** (tr, br). **164 FPP:** Belarus (c); Kubota (cla); Valmet (cra). **SGC:** (bc). **164–165 David Peters:** (bc). **165 SGC:** (tl, tr, cr, br). **166 SGC:** (tl). **168 SGC:**

(cl). **169 FPP:** Simon Henley (tr). **170 David Peters:** (cl, bl, tr, crb). **171 David Peters:** (tc, clb). **SGC:** (br). **172–173 David Peters:** (c). **174 SGC:** (cla, tr). **175 David Parfitt:** (cr). **SGC:** (tl, tr, clb). **178 Courtesy of JCB:** (c). **179 Alamy Images:** Dinodia Photos (br). **SGC:** (c). **180 John Deere:** (bc). **181 AGCO Ltd:** (cr, br, clb). **182 AGCO Ltd:** (cl). **SGC:** (cr, fcr). **Michael Williams:** (tl, bl). **183 AGCO Ltd:** (tr, ftr). **Michael Williams:** (bc). **184–185 SGC:** (c). **186 FPP:** AGCO (br); Deutz-Allis (cra). **David Peters:** (cl). **SGC:** (tr). **187 FPP:** (cr); AGCO (br, tr). **SGC:** (tl). **188 FPP:** International (tr). **SGC:** (bl, br, cr). **189 SGC:** (bc, crb); **Robert Sykes** (clb). **190 SGC:** (tl, fbl, bl). **191–192 SGC:** (bc). **191 SGC:** (cr, br). **192 Case IH:** (br). **FPP:** Renault (tr). **SGC:** (clb). **193 FPP:** Deutz-Fahr (cl); Steyr (tr); Zetor (cr); Same (bc); Valmet (br). **194 FPP:** CBT (ca); Valmet (br); John Deere (cla). **Mahindra & Mahindra Ltd:** (bl). **SGC:** (tc). **195 FPP:** Belarus (tr). **Brian Knight:** (br). **SGC:** (bl). **196 FPP:** AGCO. **David Peters:** (tr). **197 FPP:** Claas (br). **John Deere:** (tl). **SGC:** (tr, c, bl). **198 Case IH:** (tl). **200 David Peters:** (cla, clb, bc, tr, cr). **201 Mecum Auctions:** (tr). **David Peters:** (tl, bc). **202 Courtesy of JCB:** (tl). **204 FPP:** Steyr (tr). **Brian Knight:** (cra). **David Peters:** (cla). **205 FPP:** Claas (br); Clayton (tr); Ken Topham (cr). **SGC:** (cl). **208 AGCO Ltd:** (c). **209 Alamy Images:** ITAR-TASS Photo Agency (ca). **Case IH:** (br). **210 John Deere:** (bl); **AGCO Ltd:** (crb). **211 FPP:** Kubota (clb); Lindner Traktoren (tr). **New Holland Agriculture:** (br). **Steyr:** (bc). **212 John Deere:** (tl). **214 AgriArgo UK Ltd Distributor for McCormick Tractors in UK:** (clb). **FPP:** Courtesy of JCB (cb). **216 Image supplied courtesy of the Same Deutz-Fahr Group:** (tl, c, bl, cr). **217 FPP:** Deutz-Fahr (ftr). **Image supplied courtesy of the Same Deutz-Fahr Group:** (cl, ftl, tl, br). **218 AGCO Ltd:** (cla). **New Holland Agriculture:** (tr). **Image supplied courtesy of the Same Deutz-Fahr Group:** (cl). **219 FPP:** ARGO (cra); Claas (c). **Lamberhurst Engineering Ltd:** (tl). **SGC:** (cr, br). **220 AGCO Ltd:** (tl). **222–223 AGCO Ltd:** (c). **222 Case IH:** (clb). **David Peters:** (tr, ca). **223 John Deere:** (crb). **SGC:** (tc). **Versatile:** (br). **224–225 www.thecoldestjourney.org:** (c) **226 AGCO Ltd:** (tr). **Tristan Balint:** (cl). **FPP:** AGCO (cla); Deutz-Fahr (cr); Reform (bc). **226–227 Steyr:** (c). **227 John Deere:** (cr). **Max-Holder:** (tr). **SGC:** (cl). **228–229 Corbis:** Martin Harvey (c). **230 FPP:** AGCO (cb); TYM (tc); ArmaTrac (clb). **Wikipedia:** Natalie Maynor (cla). **231 FPP:** Belarus (bc). **232 New Holland Agriculture:** New Holland Agriculture Photo Library (tl, cl). **SGC:** (cr, bl). **233 Alamy Images:** FLPA (bc). **SGC:** (ftl, tl), **New Holland Agriculture:** (ftr, cra). **234 AGCO Ltd:** (cr). **Case IH:** (bc). **Countrytrac:** (tr). **Courtesy of JCB:** (clb). **SGC:** (cla). **235 AGCO Ltd:** (bl). **Kubota:** (cb). **New Holland Agriculture:** (br). **236 AGCO Ltd:** (tl, cl). **236–237 AGCO Ltd:** (bc). **237 AGCO Ltd:** (br). **FPP:** AGCO (ftl). **SGC:** (tl). **238-239 AWL Images:** Hemis (c). **242 John Deere:** (br). **246 Mecum Auctions:** (bl). **247 John Deere:** (bl, bc).

All other images © Dorling Kindersley
For further information see: www.dkimages.com

Images on title, contents, and introduction
page 1 International Junior 8-16
pages 2–3 Lanz Bulldog
page 4 International Junior 8-16
page 5 MM UDLX (bl), Roadless Half-Track (br)
page 6 Fowler Challenger 3 (bl), Northrop 5004T (br)
page 7 Massey Ferguson 50(bl), John Deere 6210R (br)
page 8 MM UDLX(bl), Renault N73 Junior (br)
page 9 Doe Triple-D (bl), John Deere 6210R (br)

Images on chapter opener pages
pages 10-11 1900-1920 Hornsby-Akroyd
pages 46-47 1921-1938 Case Model C
pages 80-81 1939-1951 David Brown VAK1
pages 114-115 1952-1965 Ferguson FE-35
pages 148-149 1965-1980 John Deere 4020
pages 176-177 1981-2000 Ford TW-35
pages 206-207 After 2000 John Deere 6210R
pages 240-241 How Tractors Work John Deere 6210R